“创新设计思维”
数字媒体与艺术设计类新形态丛书

全｜彩｜微｜课｜版

Premiere Pro 2022 视频编辑实战教程

互联网＋数字艺术教育研究院 策划

张文 编著

人民邮电出版社
北京

图书在版编目（CIP）数据

Premiere Pro 2022 视频编辑实战教程 : 全彩微课版 / 张文 编著. -- 北京 : 人民邮电出版社, 2023.4（2024.1重印）
（“创新设计思维”数字媒体与艺术设计类新形态丛书）
ISBN 978-7-115-60388-3

Ⅰ. ①P… Ⅱ. ①张… Ⅲ. ①视频编辑软件－教材 Ⅳ. ①TP317.53

中国版本图书馆CIP数据核字(2022)第205206号

内 容 提 要

本书主要讲解使用Premiere Pro 2022剪辑视频的知识与操作方法，并结合案例介绍软件的实际操作技巧。全书共7章，主要内容包括视频剪辑概述、走进Premiere的世界、字幕效果设计实战、视频效果设计实战、音频效果设计实战、调色效果设计实战、短视频剪辑全流程。

本书通过解析典型案例的设计思路，详细介绍软件的实际操作方法，从而达到培养读者的设计思维，提高读者的实际操作能力的目的。同时，所有案例、实战训练、综合案例均配有微课视频，读者扫描二维码即可观看。

本书可作为普通高等院校设计学类相关专业的教材，也可作为Premiere初学者的自学参考书。

◆ 编　　著 张 文
责任编辑 许金霞
责任印制 王 郁 陈 犇
◆ 人民邮电出版社出版发行　　北京市丰台区成寿寺路 11 号
邮编 100164　　电子邮件 315@ptpress.com.cn
网址 https://www.ptpress.com.cn
天津市银博印刷集团有限公司印刷
◆ 开本：787×1092 1/16
印张：14.75　　2023 年 4 月第 1 版
字数：385 千字　　2024 年 1 月天津第 3 次印刷

定价：79.80 元

读者服务热线：(010)81055256　印装质量热线：(010)81055316
反盗版热线：(010)81055315
广告经营许可证：京东市监广登字 20170147 号

前 言

Premiere（简称PR）是Adobe公司推出的视频后期编辑软件，在日常设计中应用非常广泛，视频剪辑、广告动画、视频特效、电子相册、高级转场、自媒体视频、短视频等的制作都要用到它。用Premiere制作视频已成为大多数传媒工作者工作中不可缺少的工具。

本书主要讲解使用Premiere Pro 2022剪辑视频的理论知识与操作方法，通过案例演示详细讲解视频剪辑的思路与方法，目的是培养读者的创造性思维，使其能够独立制作出完整、优秀的视频剪辑作品。

本书在讲解过程中尽量避免使用专业术语，在讲授上采用原理分析配合案例操作的方式，以易于读者理解与掌握；随书提供本书所有教学案例的源文件，并提供所有教学案例的讲解视频，最大限度地便于读者学习。本书采用Premiere Pro 2022进行编写，建议读者使用此版本学习。

本书特点

本书精心设计了“知识讲解+提示+实操案例+本章小结+实战训练+综合案例”等教学环节，符合读者吸收知识的过程，能有效激发读者的学习兴趣，培养读者举一反三的能力。

知识讲解：讲解重要的知识点和常用的软件功能、操作技巧等。

提示：讲解重要的操作细节或扩展知识。

实操案例：结合每章知识点设计实操案例，帮助读者理解与掌握所学知识。

本章小结：总结每章的知识点，帮助读者回顾所学内容。

实战训练：结合本章内容设计难度适中的练习题，提高读者的实战能力。

综合案例：结合全书内容设计综合案例，培养读者综合应用的能力。

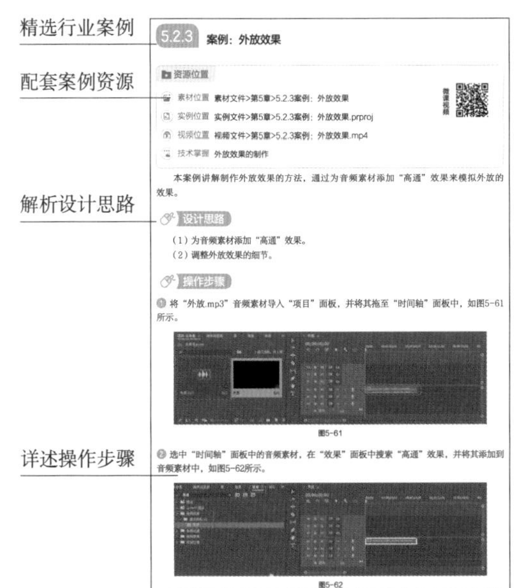

5.2.3 案例：外放效果

资源位置

素材位置 素材文件>第5章>5.2.3案例：外放效果

实例位置 实例文件>第5章>5.2.3案例：外放效果.prproj

视频位置 视频文件>第5章>5.2.3案例：外放效果.mp4

技术掌握 外放效果的制作

本案例讲解制作外放效果的方法，通过为音频素材添加“高通”效果来模拟外放的效果。

设计思路

（1）为音频素材添加“高通”效果。

（2）调整外放效果的细节。

操作步骤

① 将“外放.mp3”音频素材导入“项目”面板，并将其拖至“时间轴”面板中，如图5-61所示。

图5-61

② 选中“时间轴”面板中的音频素材，在“效果”面板中搜索“高通”效果，并将其添加到音频素材中，如图5-62所示。

图5-62

5.3 本章小结

视频是一种声画结合的艺术。创作中除了对视频画面进行处理外，对声音的处理也是必不可少的。在影视作品中可以通过对写实声音的增强或减弱、增加或减少等表达一定的主观情感，充分发挥声音的表现力。本章主要讲解了音频的编辑、音频过渡，以及音频效果的添加等，让读者对音频的剪辑有了全面的了解。

5.4 实战训练：大厅音频效果

资源位置

素材位置 素材文件>第5章>5.4实战训练：大厅音频效果

实例位置 实例文件>第5章>5.4实战训练：大厅音频效果.prproj

视频位置 视频文件>第5章>5.4实战训练：大厅音频效果.mp4

技术掌握 “基本声音”面板的使用

本实训的目的是制作大厅音频效果。通过对“基本声音”面板中的相关参数进行设置，可以完成大厅音频效果的制作。

设计思路

使用“基本声音”面板中的“对话”功能制作大厅音频效果。

操作步骤

① 将“大厅.mp3”音频素材导入“项目”面板，并将其拖至“时间轴”面板中，如图5-69所示。

图5-69

教学内容

本书主要讲解视频剪辑的理论知识与操作技巧。全书分为7章，各章的简介如下。

第1章主要介绍视频剪辑的基础知识，包括视频基础、数字视频、常见的视频和音频格式、线性编辑和非线性编辑及影视剪辑基础知识等。

第2章主要介绍Premiere的基本应用，包括新建项目、剪辑流程、输出设置、认识工作区、剪辑基本操作、视频的升格与降格、“效果控件”面板的运用、视频序列的设置和操作技巧等。

第3章~第6章主要讲解应用Premiere进行字幕效果设计、视频效果设计、音频效果设计、[illegible]

第7章为综合案例，全面介绍短视频剪辑的全流程，并通过综合案例提高读者的综合应用能力。

教学资源

本书提供了丰富的教学资源，读者可登录人邮教育社区（www.ryjiaoyu.com），在本书页面中下载。

微课视频：本书所有案例配套微课视频，扫描书中二维码即可观看。

5.2 音频效果设计案例

本节主要讲解一些特殊的音频效果的制作方法。对于完整的影片来说，声音具有重要的作用，无论是直接配音还是后续添加的音频效果、伴乐等，声音都是影片不可缺少的部分。

5.2.1 案例：音频降噪

资源位置

素材位置 素材文件>第5章>5.2.1案例：音频降噪

实例位置 实例文件>第5章>5.2.1案例：音频降噪.prproj

视频位置 视频文件>第5章>5.2.1案例：音频降噪.mp4

技术掌握 音频降噪技术的应用

微课视频

本案例讲解为音频降噪的操作思路，主要用于对一些有噪声的音频文件进行降噪处理。

素材和效果文件：本书提供了所有案例需要的素材和效果文件，素材和效果文件均以案例名称命名。

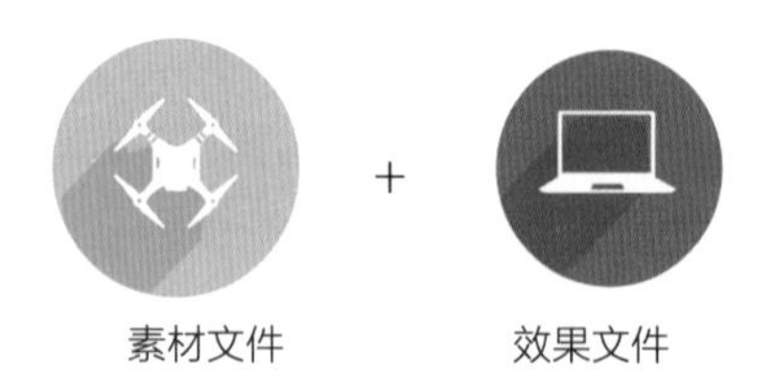

教学辅助文件：本书提供PPT课件、教学大纲、教学教案、拓展案例库、拓展素材资源等。

编者

2022年8月

目录

第1章 视频剪辑概述

第2章 走进 Premiere 的世界

第3章 字幕效果设计实战

第4章 视频效果设计实战

第 5 章 音频效果设计实战

第 6 章 调色效果设计实战

第 7 章 短视频剪辑全流程

本书微课视频清单

2.6.4 绿屏抠像
2.6.5 电影遮幅效果制作
2.8 上下模糊、三屏视频制作
3.1.5 使用photoshop批量添加字幕
3.2.1 书写文字效果
3.2.2 霓虹灯效果
3.2.3 打字机效果
3.2.4 镂空效果
3.2.5 扫光效果
3.2.6 溶解效果
3.2.7 对话弹窗效果
3.2.8 计时器效果
3.4 电影风格字幕开头效果
4.2.1 马赛克效果
4.2.2 铅笔画效果
4.2.3 漫画效果
4.2.4 梦幻场景
4.2.5 双重曝光效果
4.2.6 镜像效果
4.2.7 长腿效果
4.3.1 帧定格效果
4.3.2 分屏效果
4.3.3 直播弹幕效果
4.3.4 呼吸镜头效果
4.3.5 希区柯克变焦
4.3.6 网格效果
4.3.7 图片视觉错位效果
4.5 翻页转场
5.2.1 音频降噪
5.2.2 通话效果
5.2.3 外放效果
5.2.4 回声效果
5.4 大厅音频效果
6.2.1 小清新调色
6.2.2 老电影风格化调色
6.2.3 保留单色
6.2.4 一键调色
6.4 使用色相和饱和度曲线调色
7.1.3 短视频剪辑实战
7.2.1 导入素材
7.2.2 制作字幕素材
7.2.3 制作文字快闪动画

第1章 视频剪辑概述

视频已成为大众传媒不可缺少的一部分，它在传媒领域占有重要的地位，可以让观众快速了解事件的内容。本章主要讲解视频相关的理论知识及影视剪辑基础知识。

1.1 视频基础

视频泛指将一系列静态图像以电信号的方式加以捕捉、记录、处理、存储、传送与重现的影像技术。连续的图像变化每秒超过24幅时，根据视觉暂留原理，人眼就无法辨别单幅的静态画面，而会看到平滑、连续的活动图像，这样的连续活动图像叫作视频。

1.1.1 视频的概念

视频由一系列单独的静态图像组成，其单位用帧或者格来表示。目前，电视信号的技术标准称为电视制式。我们可以将其理解为，为了播放电视画面或者声音而采用的一种技术标准（一个国家或者地区播放节目时采用的特定技术标准）。

我国电视信号采用的是PAL制式，该制式能以最少的信号容量实现电视图像。我国电视画面采用的场扫描频率是50Hz，它隔行扫描的场频率能够把帧分为奇、偶两个部分，奇、偶的交错扫描相当于遮挡板。这样不仅可以在进行高速扫描时使观众不易察觉出画面的闪烁，还解决了信号带宽的问题。

1.1.2 视频的构成

视频是以画面和声音为介质，在运动的时间和空间里创作内容来传递信息。视频以视觉形象为基础，既可以传播连续、活动的图像，也可以传播声音和文字信息，还可以把形、声、色、字综合在一起。

一般来说，视频由画面和声音两种元素组成。画面元素作为视频的基础元素，是表现视频主题的主要方式，也是推动故事发展、传情达意的关键。声音元素包含人声、音乐及生活中的各种声音，声音既可以推动故事情节的发展、交代环境，又可以创造出独特的意境。

1. 画面元素

视频的画面元素一般可以分为主体、前景、背景等，如图1-1所示。

图1-1

主体：画面中要体现的主要形象，也是画面的中心。主体可以是一个被摄对象，也可以是一组被摄对象；可以是人，也可以是物。

前景：画面中位于主体前方或者靠近镜头的人物、景物等。大部分情况下，前景处于陪体地位，是环境的组成部分。

背景：画面中位于主体后方的景物，属于环境的组成部分。

2. 声音元素

声音是视频的重要组成部分。视频中的声音主要包括人声、音乐、音响3个部分。

人声：视频中人物所发出来的声音，分为对白、独白、旁白、解说词等形式。它不仅能够传递信息、推动情节发展，还能够体现人物情绪，展现人物性格。

音乐：经过加工处理的声音，它必须通过演奏、演唱才能形成，在视频中起着划分段落、烘托气氛等作用。

音响：视频中除了人声和音乐之外，其他所有的声音（包含以背景音响或者环境音响的形式出现的声音）均为音响。使用音响可以展现立体环境、渲染画面气氛、刻画人物的内心世界或者推动故事情节的发展。

1.1.3 常用的视频术语

下面介绍常用的视频术语。

1. 剪辑

剪辑，即将大量素材，经过选择、分解与组接，制作成一个连贯流畅、含义明确、主题鲜明并有艺术感染力的作品。美国导演格里菲斯（Griffith）采用了先用分镜头拍摄，然后把这些镜头组接起来的方法，因而产生了剪辑艺术。剪辑既是影片制作过程中必不可少的一项工作，也是影片艺术创作过程中进行的一次再创作。

2. 剪辑序列

剪辑序列是指由多个剪辑组合而成的复合剪辑。一个剪辑序列可以是一个完整的视频，也可以是其中的一部分。多个剪辑序列可以组合成一个更大的剪辑序列。

3. 采集

视频采集就是将摄像机、录像机、激光视盘机、电视机输出的模拟信号，通过专用的模数转换设备，转换为二进制数字信息的过程。在视频采集工作中，视频采集卡是主要设备，它分为专业和家用两个级别。使用专业级视频采集卡不仅可以进行视频采集，还可以实现硬件级的视频压缩和视频编辑。使用家用级视频采集卡只能完成视频采集和初步的硬件级压缩工作。还有更“低端”的电视卡，用它虽然可以进行视频采集，但其通常都不具有硬件级的视频压缩功能。

4. 帧

帧就是单幅画面，相当于电影胶片上的一格镜头。每秒的帧数越多，画面就越流畅。

5. 帧速率

帧速率是指每秒刷新画面的数量。对影片内容而言，帧速率是指每秒所显示的静止帧数，要生成平滑连贯的动画效果，帧速率一般不低于8帧/秒；而电影的帧速率一般为24帧/秒。捕捉动态视频内容时，此数值越高越好。

6. 逐行扫描

逐行扫描（也称为非交错扫描）是一种对位图进行编码的方法，是通过扫描或显示像素，并在电子显示屏上“绘制”视频图像的两种常用方法之一。由于每一帧都由电子束按顺序一行接着一行连续扫描而成，因此这种扫描方式被称为逐行扫描。在电视的标准显示模式中，p表示逐行扫描。

7. 隔行扫描

隔行扫描（也称为交错扫描）也是一种对位图进行编码的方法，是通过扫描或显示每行像素，并在电子显示屏上“绘制”视频图像的另一种常用方法。它是一种在不消耗额外带宽的情况下，将视频显示的帧速率加倍的技术。隔行扫描信号包含两个场（在两个不同时间捕获的视频帧），这增强了观者的运动感知效果，并利用似动现象减少了闪烁。隔行扫描是显示设备表示运动图像的方法，每一帧都被分割为奇偶两场交替显示的图像；它是一种减小数据量并保证帧速率的压缩方法。在电视的标准显示模式中，i表示隔行扫描。

1.2 数字视频

本节主要介绍数字视频的基础理论知识，包括数字视频的获取、视频的色彩空间等内容。对数字视频基础理论知识的学习可以为后期的视频剪辑打下良好的基础。

1.2.1 数字视频的获取

在视频剪辑工作中，数字视频的采集和非线性编辑系统是相关联的，视频质量会影响最终输出影片的质量，获取视频的质量又和视频的拍摄质量有关。

1. 数字视频的来源

① 使用视频采集卡采集或数字摄像机拍摄得到的数字视频；

② 由静态图像或文字序列组合形成的视频文件序列，如常见的延时摄影；

③ 利用计算机生成的动画。

2. 视频采集卡的类型

视频采集卡用于接收来自视频输入端的模拟视频信号，并将该信号采集、量化成数字信号，然后将其压缩编码成数字视频流。大多数视频采集卡都具备硬件级压缩功能，即在采集视频信号时先在卡上对视频信号进行压缩，然后通过PCI接口把压缩的视频数据传送到主机上。一般的视频采集卡采用帧内压缩的算法把数字视频存储成AVI文件，高档一些的视频采集卡还能直接把采集到的数字视频实时压缩成MPEG文件。

3. 用数字摄像机获取数字视频

数字摄像机是获取数字视频的重要工具，包括镜头、电荷耦合器件、数字信号处理（Digital Signal Processing，DSP）芯片、存储器和显示器等部件，DSP芯片是数字摄像机的核心。

电荷耦合器件（Charge Coupled Device，CCD）是光敏像素实现光电转换的关键器件。与摄像管相比，CCD具有灵敏度高、清晰度高、信噪比高、体积小、耗电量小、无几何失真等优点。数字摄像机的工作原理如下：光学透镜组将图像汇聚到CCD阵列后，由CCD在中央控制器的作用下将光图像信号转换成电图像信号，再传送到专用DSP芯片。DSP芯片负责把电图像信号转换成数字信号，然后转换为内部存储格式（数字电视信号采用MPEG-2压缩标准）保存在存储设备中待进一步处理。数字摄像机一般都带有高分辨率的CCD和能将信号实时压缩、存储的高速编码芯片，其发展方向是在信号处理上采用更高的比特率，以及具有更精确的图像校正功能。

数字电视信号的质量与数字摄像机的质量有关。因此，要制作高质量的电视节目，数字摄像机除了应具备高集成、易操作的特性外，还应具备以下几方面的特点。

（1）分辨率高。一般要求水平分辨率在1000线以上，垂直分辨率在800线以上。

（2）信噪比高。信噪比是音箱回放的正常声音信号与无信号时噪声信号（功率）的差值，单位为dB。一般来说，信噪比越高，说明混在信号里的噪声越小，回放时的声音质量越高。信噪比一般不低于70dB，高保真音箱的信噪比应在110dB以上。

（3）灵敏度高。在信号较弱时或者在较暗场合也能摄取景物。

（4）适应4：3与16：9的画面转换。

（5）具有较好的稳定性、可靠性和较高的性价比。

1.2.2 数字视频的相关理论知识

1. 电视制式

电视制式就是电视信号的标准，制式之间的主要区别在于帧频、分辨率、信号带宽及载频、色彩空间的转换关系上。目前，全世界正在使用的电视制式有3种，分别是PAL制式、NTSC制式、SECAM制式。我国大部分地区使用PAL制式，日本、韩国及东南亚地区与美国等使用NTSC制式，俄罗斯则使用SECAM制式。

PAL（Phase-Alternative Line）即正交平衡调幅逐行倒相制。这种制式的帧速率为25帧/秒，每帧625行312线，标准分辨率为720像素×576像素。

NTSC（National Television Systems Committee）即正交平衡调幅制。这种制式的帧速率为29.97帧/秒，每帧525行262线，标准分辨率为720像素×480像素。

SECAM（Sequential Couleur Avec Memoire）即行轮换调频制。这种制式的帧速率为25帧/秒，每帧625行312线，标准分辨率为720像素×576像素。

2. 视频分辨率

视频分辨率实际是指图片的分辨率。一个视频是由无数张分辨率相同的图片组成的，分辨率的高低决定了视频清晰度，分辨率越高，视频质量也就越高。但分辨率越高，视频流的比特率就会越大，可能会给网络传输和终端播放带来压力。分辨率是用于度量图像内数据量多少的一个参数，通常表示成像素每英寸。我们平常说的分辨率是指图像的高/宽像素值，严格意义上的分辨率是指单位长度内的有效像素值。区别就在这里，图像的高/宽像素值的确和尺寸无关，但单位长度内的有效像素值就和尺寸有关了。显然，尺寸越大，有效像素值越小。

目前，监控行业主要使用QCIF（176像素×144像素）、CIF（352像素×288像素）、HALF D1（704像素×288像素）、D1（704像素×576像素）这几种分辨率。其中使用最多的为D1标准，它是数字电视系统显示格式的标准，共分为以下5种规格。

D1：480i格式（525i），720像素×480像素（水平480线，隔行扫描），和NTSC制式 的模拟电视的清晰度相同，行频为15.25kHz，相当于4CIF（720像素×576像素）。

D2：480p格式（525p），720像素×480像素（水平480线，逐行扫描），较D1隔行扫描要清晰不少，和逐行扫描的DVD规格相同，行频为31.5kHz。

D3：1080i格式（1125i），1920像素×1080像素（水平1080线，隔行扫描），是高清方式采用最多的一种分辨率，分辨率为1920×1080i/60Hz，行频为33.75kHz。

D4：720p格式（750p），1280像素×720像素（水平720线，逐行扫描），分辨率为1280×720p/60Hz，行频为45kHz。虽然分辨率比D3低一些，但是因为是逐行扫描，所以很多人感觉其比1080i（实际逐次540线）的视觉效果更加清晰。不过也有人感觉，在最大分辨率达到1920像素×1080像素的情况下，D3要比D4更加清晰，尤其是在文字的表现上。

D5：1080p格式（1125p），1920像素×1080像素（水平1080线，逐行扫描），是目前民用高清视频的最高标准，分辨率为1920×1080p/60Hz，行频为67.5kHz。

其中，D1 和D2标准是一般模拟电视的最高标准，D3的1080i标准是高清电视的基本标准，它可以兼容720p格式。

1.2.3 视频制作的相关概念

随着新媒体技术的快速发展与应用，如今，视频已经成为大众化的媒体形式。从影片到电视节目，再到短视频播放平台等，数字视频正在慢慢进入人们的生活。下面介绍一些简单的视频制作概念。

1. 视频素材

视频素材主要来源于用摄像设备等录制的素材，视频素材在Premiere的“时间轴”面板中的显示效果如图1-2所示。

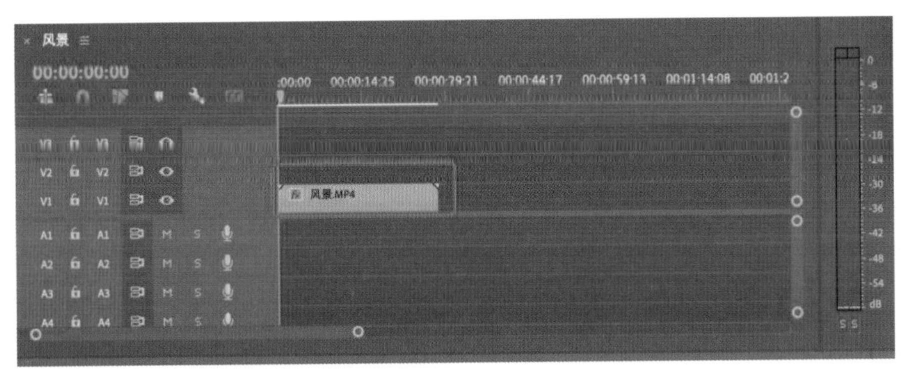

图1-2

2. 音频素材

音频是一个专业术语，用于描述音频范围内和声音有关的设备及其作用。人类能够听到的所有声音都可以称为音频，包括噪声。声音被录制下来以后，可以通过数字音乐软件处理，也可以把它制作成CD。做成CD后，声音不会改变。音频只是存储在计算机中的声音，如果计算机配备有相应的音频卡（声卡），我们就可以把所有的声音录制下来，声音的声学特性（如声音的高低等）都可以用计算机硬盘存储下来。音频素材在Premiere的“时间轴”面板中的显示效果如图1-3所示。

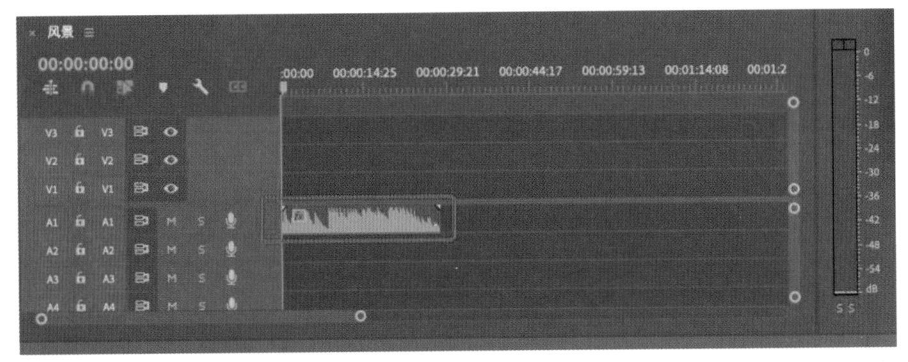

图1-3

3. 图片素材

图片是图画、照片、拓片等的统称。图是指用点、线、符号、文字和数字等描绘事物几何特征、形态、位置及大小的一种形式。随着数字采集技术和信号处理理论的发展，越来越多的图片以数字形式存储。图片素材在Premiere的“时间轴”面板中的显示效果如图1-4所示。

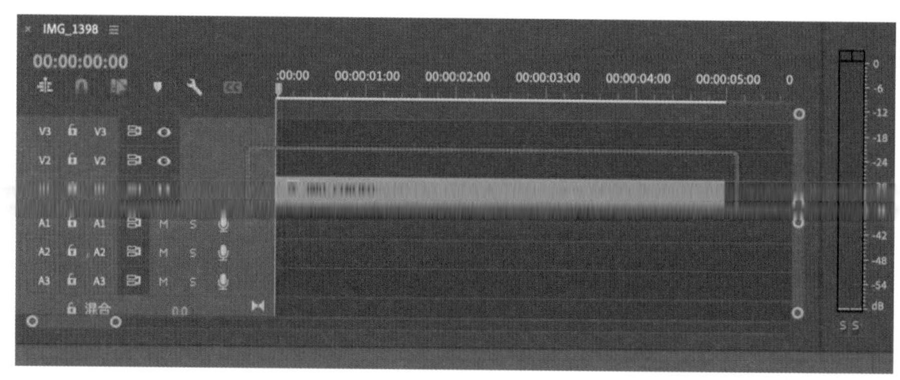

图1-4

1.2.4 视频的色彩空间

和日常生活中看到的颜色一样，视频中的颜色也有色相、饱和度、亮度等属性，也就是说，不同的视频有不同的色彩空间。

数字图像的生成、存储、处理和显示对应不同的色彩空间，需要做不同的处理和转换。色彩空间主要分为4种：RGB色彩空间、CMYK色彩空间、HSV色彩空间、Lab色彩空间。

1. RGB色彩空间

RGB色彩空间是工业领域的一种颜色标准，通过对红（R）、绿（G）、蓝（B）3个颜色通道的变化及它们之间的相互叠加来得到各式各样的颜色。RGB代表红、绿、蓝3个通道中的颜色，这个标准几乎包括了人类视力所能感知的所有颜色，是运用范围最广的色彩空间之一。显示器大都采用RGB色彩空间，通过电子枪打在屏幕的红、绿、蓝三色发光材料上来产生色彩。计算机一般都能显示32位颜色。红、绿、蓝三色的叠加情况如图1-5所示，中心三色叠加的区域为白色，这也体现了加法混合的特点——越叠加越明亮。

2. CMYK色彩空间

CMYK色彩空间是一种四色印刷模式。利用色料的三原色混色原理，加上黑色油墨，共计4种颜色，进行混合与叠加，可形成所谓的“全彩印刷”。4种标准颜色中，C=Cyan=青色，又称为“天蓝色”或“湛蓝色”；M=Magenta=品红色，又称为“洋红色”；Y=Yellow=黄色；K=Black=黑色，其叠加情况如图1-6所示。

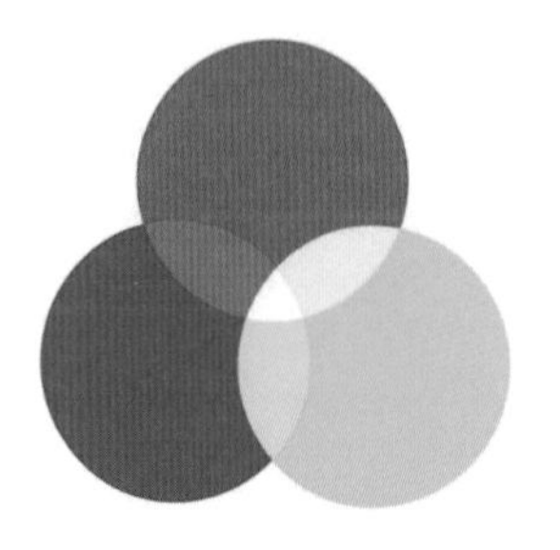

图1-5

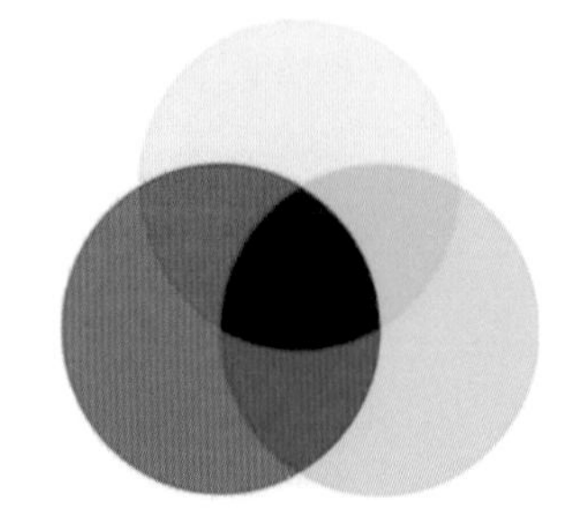

图1-6

3. HSV色彩空间

HSV色彩空间从人的视觉系统出发，用色相、饱和度和亮度来描述色彩。HSV色彩空间可以用一个圆锥模型来描述。这种圆锥模型相当复杂，但能把色相、亮度和饱和度的变化情况表现得很清楚。通常把色相和饱和度统称为色度，用来表示颜色的类别与深浅程度。由于人眼对亮度的敏感程度远强于对色度的敏感程度，为了便于进行色彩处理和识别，经常采用HSV色彩空间，它比RGB色彩空间更符合人眼的视觉特性。图像处理和计算机视觉系统中的大量算法都可在HSV色彩空间中使用，它们可以分开处理且是相互独立的，如图1-7所示。

4. Lab色彩空间

Lab色彩空间是由国际照明委员会制定的一种色彩模式。自然界中的任何颜色都可以在Lab色彩空间中表现出来，该色彩空间比RGB色彩空间还要大。另外，这种色彩空间是以数字化的方式来描述人眼的视觉特性的，与设备无关，因此它弥补了RGB色彩空间和CMYK色彩空间必须依赖设备的不足，如图1-8所示。

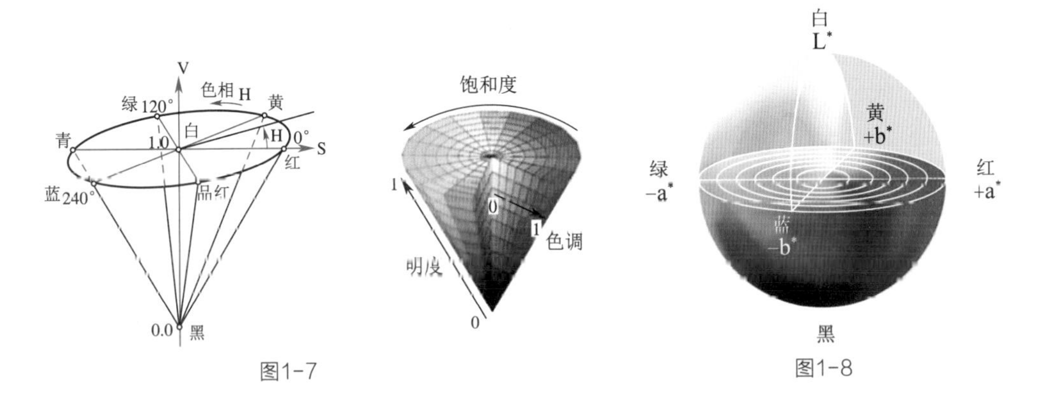

图1-7

图1-8

1.3 常见的视频和音频格式

在视频的后期制作中会有很多常用的文件格式，下面对几种常见的文件格式进行简单介绍。

1.3.1 常见的视频格式

常见的视频格式有AVI、WMV、MPEG、MOV、ASF、FLV等。

1. AVI格式

AVI格式是由微软公司发布的视频格式，在视频领域可以说是历史最悠久的格式之一。AVI格式调用方便、图像质量好，压缩标准可任意选择，它也是应用最广泛的格式之一。

2. WMV格式

WMV格式是一种独立于编码方式的在互联网上实时传播多媒体的技术标准，微软公司希望用其取代QuickTime等技术标准以及WAV、AVI等格式。WMV格式的主要优点在于媒体类型可扩充、支持本地或网络回放、媒体类型可伸缩、流的优先级化、支持多种语言、扩展性强等。

3. MPEG格式

MPEG格式包括MPEG-1、MPEG-2和MPEG-4等视频格式。MPEG系列标准已成为国际上影响最广的多媒体技术标准，其中MPEG-1和MPEG-2是基于预测编码、变换编码、熵编码及运动补偿的第一代数据压缩编码技术；MPEG-4（ISO/IEC 14496），即MP4格式，则是基于第二代压缩编码技术制定的国际标准，它以视听媒体对象为基本单元，采用基于内容的压缩编码方式，实现了数字视频与音频、图形合成应用及交互式多媒体的集成。

MPEG系列标准对VCD、DVD等视听电子产品及数字电视、高清电视、多媒体通信等信息产业的发展产生了巨大而深远的影响。

4. MOV格式

MOV格式即QuickTime影片格式，它是苹果公司开发的一种音频、视频文件格式，用于存储常用的数字媒体信息、保存音频和视频信息，支持包括Windows 7在内的所有主流计算机平台。

5. ASF

ASF是微软公司为了和RealPlayer 竞争而开发的一种可用于直接在网上观看视频节目的文件压缩格式。ASF使用了MPEG-4 格式的压缩算法，压缩率和图像的质量都很不错。因为ASF是一种可以在网上即时观赏视频的“流”格式，所以它的图像质量比VCD 差一点也并不奇怪，但它比同是视频“流”格式的RAM 格式的效果要好。

6. FLV格式

FLV是Flash Video的简称，FLV格式是一种新的视频格式。采用这种格式的媒体文件极小，加载速度极快，使得网络观看视频成为可能。它的出现有效解决了视频文件导入Flash后，导出的SWF文件庞大，不能很好地在网络上使用等缺点。

1.3.2 常见的音频格式

音频文件格式专指用于存放音频数据的文件的格式。目前有两类主要的音频文件格式：无损压缩格式，如WAV、APE、FLAC、ALAC、WavPack；有损压缩格式，如MP3、AAC、Ogg Vorbis、Opus。

1. 无损压缩格式

WAV格式是微软公司推出的一种音频存储格式，主要用于保存Windows平台下的音频源。WAV文件存储的是声音波形的二进制数据，由于没有经过压缩，所以WAV波形文件很大。

用Monkey's Audio可以将WAV音频文件压缩为APE文件。压缩后的APE文件要比WAV源文件小得多。用Monkey's Audio将APE文件解压缩后，得到的WAV文件与压缩前的WAV源文件完全一致。

FLAC格式的源码完全开放，而且几乎兼容所有的操作系统。它的编码算法已经通过了严格的测试，而且在文件点损坏的情况下依然能够正常播放。该格式不仅有成熟的Windows制作程序，还得到了众多第三方软件的支持。此外，该格式是唯一得到硬件支持的无损格式，Rio公司的硬盘随身听Karma、建伍公司的车载音响MusicKeg以及PhatBox公司的数码播放机都支持FLAC格式。

ALAC 格式为苹果公司开发的无损音频压缩编码格式，可将非压缩音频格式（WAV、AIFF）压缩至原大小的40%～60%，且其编解码速度很快。

WavPack格式允许用户压缩、恢复用8、16、24、32位整型以及32位浮点型表示的WAV格式音信档案，它还支持多声道资料流以及非常高的取样频率。WavPack格式引入了一种独特的“混合”模式，它使用一个附加的档案让自己具有了有损压缩的优点。

2. 有损压缩格式

MP3格式为ISO/IEC国际标准，是现在最普及的数字音频编码和有损压缩格式之一，几乎所有的终端和软件都支持此格式。

AAC格式为ISO/IEC国际标准，是MP3的下一代格式。相比于MP3格式，AAC格式音质更好，文件更小，因此得到了众多公司的支持。

Ogg Vorbis格式由Xiph.Org基金会开发，能够完整保留20kHz下的音质细节，采用可变比特率（Variable Bit Rate，VBR），并能够动态调整比特率以达到最佳的编码效果。

Opus同样是由Xiph.Org基金会开发的，它是符合IETF标准的一种开放格式，是Ogg Vorbis的下一代格式。它用单一格式包含声音和语音，具有低延迟的特性，适合在网络上进行即时声音传输。

1.4 线性编辑和非线性编辑

随着计算机技术的快速发展，剪辑技术已经从早期的线性编辑发展到非线性编辑。对剪辑工具来说，这是一次质的飞跃。

1.4.1 线性编辑

线性编辑利用电子手段，根据节目内容的要求将素材连接成新的连续画面，是传统的电视节目编辑方式。线性编辑是一种需要按时间顺序从头至尾进行编辑的节目制作方式，它所依托的是以一维时间轴为基础的线性记录载体，如磁带编辑系统。素材在磁带上按时间顺序排列，这种编辑方式要求编辑人员先编辑素材的第一个镜头，最后编辑结尾镜头，这意味着编辑人员必须对一系列镜头的组接做出确切的判断，事先做好构思，因为一旦开始编辑，就不能轻易改变这些镜头的组接顺序。此时对编辑带的任何改动，都会直接影响磁带上的信号，从改动点之后直至结尾的所有部分都将受到影响，需要重新编辑一次或者进行复制。现在逐渐不再使用这一方式了。

线性编辑也具有不可比拟的优点：可以很好地保护素材，能多次使用；不损伤磁带，能发挥磁带随意录制、随意抹去的特点，制作成本低；能保持同步信号与控制信号的连续性，组接平稳，不会出现信号不连续、图像跳闪的情况；可以迅速、准确地找到最适合的编辑点，正式编辑前可预先检查，编辑后可立刻观看编辑效果，发现不妥可马上修改；声音与图像可以做到完全吻合，还可分别进行修改。

1.4.2 非线性编辑

非线性编辑借助计算机来进行数字化制作，几乎所有的工作都在计算机中完成，不再需要许多外部设备，对素材的调用可以瞬间实现，不用反复在磁带上寻找，突破了必须按时间顺序进行编辑的限制，可以按各种顺序编辑素材，具有快捷、简便、随机的特性。非线性编辑需要使用专用的编辑软件、硬件，现在绝大多数的电视、电影制作机构都采用非线性编辑系统。

以Premiere 为例，其编辑流程主要分成如下5个步骤。

1. 素材的采集与输入

采集就是利用Premiere 将视频和音频的模拟信号转换成数字信号并存储到计算机中，或者将外部的数字视频存储到计算机中，使其成为可以处理的素材。输入主要是指把用其他软件处理过的图像、声音等导入Premiere中。

2. 素材的编辑

素材的编辑就是设置素材的入点与出点以选择最合适的部分，然后按时间顺序组接不同素材的过程。

3. 特技处理

对于视频素材，特技处理包括转场、特效、合成的处理等。对于音频素材，特技处理包括转场、特效的处理等。令人震撼的画面效果就是在这一过程中产生的。而非线性编辑软件功能的强弱往往也体现在这一方面。配合某些硬件，Premiere还能够实现特技播放。

4. 字幕的制作

字幕是节目中非常重要的部分，它包括文字和图形两个方面。在Premiere中制作字幕很方便，几乎没有无法实现的字幕效果，并且有大量的字幕模板可以选择。

5. 视频的输出

节目编辑完成后，就可以将其输出到录像带上，也可以生成视频文件，发布到网上，刻录成VCD和DVD等。

1.4.3 常见的非线性编辑软件

从非线性编辑系统的作用来看，它能集录像机、切换台、数字特技机、编辑机、多轨录音机、调音台等设备于一身，几乎包括所有的传统后期制作设备。这种高度的集成性使得非线性编辑系统的优势十分明显。

目前常用的非线性编辑软件主要有如下几种。

1. Adobe Premiere Pro

Adobe公司推出的基于非线性编辑设备的视频编辑软件Premiere在影视制作领域取得了巨大的成功。其被广泛应用于电视节目制作、广告制作、电影剪辑等领域，成为计算机领域应用最广泛的视频编辑软件之一。

Adobe Premiere Pro 2022引入了丰富、直观的“导入和导出”模式，具有 Frame.io 集成的新审阅工作区，具有由 Adobe Sensei 提供支持的“自动颜色”等功能，其图标如图1-9所示。

2. Final Cut Pro

Final Cut Pro 是苹果公司于1999年推出的一款专业视频非线性编辑软件。Final Cut Pro 支持进行后期制作所需的大部分功能，导入并组织媒体素材、编辑与添加效果、改善音效、颜色分级以及交付等操作都可以在该软件中完成，其图标如图1-10所示。

图1-9

图1-10

3. Vegas

Vegas是计算机上用于进行视频编辑、音频制作、合成制作、字幕制作和编码的专业产品。它具有漂亮、直观的界面和功能强大的音视频制作工具，为DV视频、音频、流媒体作品和环绕声的制作提供了完整的解决方法，其图标如图1-11所示。

4. Avid

Avid提供从节目制作、管理到播出的全方位数字媒体解决方案。作为业界公认的专业化、数字化标准，Avid可以为媒体制作领域的专业人士提供视频、音频、电影、动画、特技及流媒体制作等多方面的先进技术，Avid可用于制作电视节目、新闻、商业广告、音乐节目和CD，以及企业宣传节目和大部分影片，其图标如图1-12所示。

5. EDIUS

EDIUS是专为广播和影视后期制作环境设计的非线性编辑软件，它针对新闻记者研发了无带化视频制播和存储功能。EDIUS拥有完善的工作流程，提供实时、多轨道、多格式混编、合成、色键、字幕和时间线输出功能。支持所有主流编解码器的源码编辑，用不同的编码格式在时间线上混编时无须转码。另外，用户无须渲染就可以实时预览各种特效，其图标如图1-13所示。

图1-11

图1-12

图1-13

1.5 影视剪辑基础知识

1.5.1 长镜头

长镜头是一种拍摄手法。这里的镜头的长短，指的不是镜头焦距的大小，也不是镜头距离拍摄物的远近，而是拍摄时开机点与关机点的时间距离，也就是影片片段的长短。长镜头并没有绝对的标准，是指相对较长的单一镜头，通常用来表达导演的特定构思和审美情趣，例如，人物心理描写、武打场面等都经常使用长镜头来表现。

长镜头是指用比较长的时间，对一个场景、一场戏进行连续拍摄，最终形成的一个比较完整的镜头。顾名思义，它就是在一段持续时间内连续摄取的、占用胶片较多的镜头。摄像机从开机到关机拍摄的内容为一个镜头，一般来说，一个超过10秒的镜头可以被称为长镜头。长镜头能包含较多所需内容或作为一个蒙太奇句子（不同于由若干短镜头切换组接而成的蒙太奇句子）。

长镜头主要分为以下3类。

1. 固定长镜头

机位固定不动、连续拍摄同一个场面所形成的镜头被称为固定长镜头。最早的电影就是用固定长镜头来记录现实或舞台演出过程的。卢米埃尔兄弟（Lumière）在1897年发行的358部影片几乎都是用一个镜头拍完的。

2. 景深长镜头

用拍摄大景深的技术手段进行拍摄，使处在不同纵深位置上的景物（从前景到后景）都能被看清，这样的镜头被称为景深长镜头。例如，拍摄呼啸而来的火车，用景深长镜头可以拍摄清楚火车从远处（相当于远景）逐渐驶近（相当于全景、中景、近景、特写）的画面。一个景深长镜头实际上相当于一组远景、全景、中景、近景、特写镜头。

3. 运动长镜头

用推、拉、摇、移、跟等运动拍摄方法拍摄的多景别、多角度（方位、高度）变化的长镜头被称为运动长镜头。一个运动长镜头可以完成一组由不同景别、不同角度的镜头构成的蒙太奇镜头的表现任务。

1.5.2 蒙太奇

蒙太奇在法语里是“剪接”的意思，后来，它被发展成电影中的一种镜头组合理论。在涂料、涂装行业，蒙太奇也有独树一帜的艺术手法和自由式涂装的含义。将不同镜头拼接在一起往往会产生各个镜头单独存在时所不具有的特定含义。

蒙太奇具有叙事和表意两大功能，我们可以据此把蒙太奇划分为3种基本类型：叙事蒙太奇、表现蒙太奇、理性蒙太奇。第一种主要用于叙事，后两种主要用于表意。在此基础上，还可以进行第二级划分，具体介绍如下。

1. 叙事蒙太奇

叙事蒙太奇这一表现手法由美国电影大师格里菲斯率先使用，是影片中一种常用的叙事手法。它以交代情节、展示事件的发展过程为主旨，按照故事发展的时间流程、因果关系来切分与组合镜头、场面和段落，从而引导观众理解剧情。这种蒙太奇的组接脉络清楚、逻辑连贯、明白易懂。叙事蒙太奇又包含以下几种具体技巧。

（1）平行蒙太奇

平行蒙太奇常并列表现在不同时空（或同时异地）发生的两条或两条以上的情节线索，虽然相互独立，但它们在一个完整的结构中。格里菲斯、希区柯克（Hitchcock）都是善于运用这种蒙太奇的大师。平行蒙太奇应用广泛，首先，用它处理剧情，可以删减部分过程以便实现概括集中，节省篇幅，能扩大影片的信息量，加强影片的节奏；其次，由于这种手法将几条线索并列表现，让它们相互烘托，形成对比，因此易于产生强烈的艺术感染效果。例如，在影片《星际穿越》中，导演用平行蒙太奇的手法表现父亲在太空的情节线索和女儿在地球的情节线索，两条线索并无交集，直到最后父亲返回地球见到女儿。

（2）交叉蒙太奇

交叉蒙太奇又被称为交替蒙太奇，它将同一时间、不同地域发生的两条或数条情节线索迅速而频繁地交替剪接在一起，其中一条线索的发展会影响其他线索，各条线索相互依存，最后汇合在一起。使用这种剪辑技巧极易制造悬念，营造出紧张、激烈的气氛，加强影片的矛盾与冲突，是掌握观众情绪的有力手法。惊险片、恐怖片和战争片常用此法表现追逐和惊险的场面。

（3）颠倒蒙太奇

颠倒蒙太奇是一种将结构打乱的表现手法，先展现故事或事件的当前状态，再介绍故事的始末，表现为概念上的“过去”与“现在”的重新组合。它常借助叠印、划变、画外音、旁白等进行倒叙。运用颠倒蒙太奇，虽然打乱了事件的发展顺序，但时空关系仍需交代清楚，叙事手法仍应具有逻辑。例如，《泰坦尼克号》先讲现实生活，然后引入回忆，讲述了处于不同阶层的穷画家杰克和贵族女露丝冲破世俗的偏见坠入爱河，最终杰克把生存的机会让给了露丝的感人故事。

（4）连续蒙太奇

连续蒙太奇不像平行蒙太奇或交叉蒙太奇那样多线索叙事，而是按照事件发展的逻辑顺序，有节奏地连续叙事。这种叙事方式自然流畅，朴实平顺，但由于缺乏时空与场面的变换，因此无法直接展示同时发生的情节，难以突出各条情节线之间的对立关系，不利于概括，易出现拖沓冗长、平铺直叙的情况。因此，在一部影片中很少单独使用这种蒙太奇，多与平行蒙太奇、交叉蒙太奇手法混合使用，相辅相成。例如，《偷天换日》中门锁脱落（特写）—查理开门（近景）—抬头仰视（远景）—走进去（中景），按照人的视觉和心理习惯安排镜头，述说流畅，简单易懂，自然地说明了主人公的活动状态。

2. 表现蒙太奇

表现蒙太奇以镜头对列为基础，通过相连镜头在形式或内容上的相互对比，让单个镜头具有其本身所不具有的丰富含义，多用于表达某种情绪或思想。其目的在于激发观众的联想，引起观众的思考。

（1）抒情蒙太奇

抒情蒙太奇在保证故事和场景连贯性的同时，可表现出超越剧情的思想和情感。它将意义重大的事件分解成一系列近景或特写，从不同的景别和角度捕捉事物的本质，渲染事物的特征。最常见、最易被观众感受到的抒情蒙太奇，往往在一段叙事场景之后，恰当地切入象征某种情绪的空镜头。

（2）心理蒙太奇

心理蒙太奇是描写人物心理的重要手段，它通过对画面镜头的组接或声画的有机结合，形象、生动地展示出人物的内心世界，常用于表现人物的梦境、回忆、幻觉、遐想、思索等精神活动。这种蒙太奇在剪接时多用交叉、穿插等手法，其特点是画面和声音的片段性、叙述的不连贯性和节奏的跳跃性。在《疯狂的石头》中，包世宏发现价值千万的玉被调包后，切入了与主题毫不相干的片段，以表现他的思维已经混乱。

（3）隐喻蒙太奇

隐喻蒙太奇通过对镜头或场景进行类比，含蓄而形象地表达导演想要传递的某种寓意。这种手法往往会将不同事物之间的某种相似的特征突现出来，以引起观众的联想，从而领会导演的寓意并感受到故事的情绪色彩。隐喻蒙太奇运用极度简洁的表现手法，具有巨大的概括力和强烈的情绪感染力。不过，运用这种手法时应当谨慎，将隐喻与叙述有机结合，避免给人生硬、牵强的感觉。

（4）对比蒙太奇

对比蒙太奇类似文学作品中的对比描写，即在内容（如贫与富、苦与乐、生与死、高尚与卑劣、胜利与失败等）或形式（如景别大小、色彩冷暖、声音强弱、动静等）上让镜头或场景之间形成强烈对比，相互冲突，以表达创作者的某种想法或强化所表现的内容和思想。

3. 理性蒙太奇

理性蒙太奇通过画面之间的关系，而不是通过单纯的一环接一环的连贯性叙事表情达意的。理性蒙太奇与连贯性叙事的区别在于，即使它的画面属于实际发生的事，但按理性蒙太奇组合后的事实也是主观视像。理性蒙太奇是爱森斯坦（Eisenstein）创立的，主要包含杂耍蒙太奇、反射蒙太奇和思想蒙太奇。

（1）杂耍蒙太奇

爱森斯坦给杂耍蒙太奇下的定义是：在一个特殊的时刻，其中出现的一切元素都用于把导演的思想传达给观众，使观众进入对应的精神世界或心理状态。这种手法在内容上可以随意选择，不受原剧情约束，最终达到说明主题的效果。与表现蒙太奇相比，这是一种更理性、更抽象的蒙太奇形式。1928年以后，爱森斯坦进一步把杂耍蒙太奇推进为“电影辩证形式”，以视觉形象的象征性和内在含义的逻辑性为根本，而忽略了被表现的内容，最终陷入纯理论的困境，同时也出现了创作上的失误。后人吸取了他的教训，现代电影对杂耍蒙太奇的使用变得较为慎重。

（2）反射蒙太奇

反射蒙太奇不像杂耍蒙太奇那样会为表达抽象概念而插入与剧情看似毫无关系的象征画面，它会将所描述的事物和用来做比喻的事物放入一个空间。它们相互依存，或是为了形成对照，或是为了确定组接在一起的事物之间的关系，或是为了通过对照与联想揭示剧情中包含的类似事件，以此影响观众的感官和意识。例如，李安的《饮食男女》，厨师老朱退休后，渐尝老年生活的诸多尴尬，每周日费心做出的一桌丰盛菜肴并无将3个女儿聚集到饭桌上的吸引力，已经长大成人的她们，心里藏了许多比陪父亲吃饭更重要的事。

（3）思想蒙太奇

思想蒙太奇是维尔托夫（Vertov）提出的，它通过对新闻影片中的文献资料的编排来表达某种思想。这种蒙太奇是一种抽象的表现形式，在银幕和观众之间会产生一定的“间离效果”。

1.5.3 剪辑六要素

美国知名导演罗伊·汤普森（Roy Thompson）在《剪辑的语法》一书中提出了剪辑六要素：信息、动机、镜头构图、拍摄视角、连贯、声音。

1. 信息

镜头视角应该给观众呈现有用的信息，剪辑师剪辑出的每一个镜头都应该是有意义的，能起到给观众传递某种信息的作用。

2. 动机

动机即从一个镜头切换到另一个镜头的原因，动机可以是视觉的，也可以是听觉的，它说明了为什么要从上一个镜头切换到下一个镜头。

3. 镜头构图

镜头构图是考虑切入或切出镜头时的一个重要因素。剪辑师利用恰当的镜头构图让画面更生动活泼，给观众一种身临其境之感。例如，剪辑师可以在视频里设置一些运动的物体作为线索，以引导观众视线，并保持一定的趣味性。

4. 拍摄视角

对恰到好处地剪辑在一起的两个镜头来说，要避免同景别切换。换句话说，如果剪辑师将拍摄角度相同的两个镜头剪辑在一起，会使剪辑点给人一种跳跃的感觉，这一行为会影响观众的观看体验，甚至会让观众出现时间极短的思维中断。

5. 连贯

连贯是使转场保持平稳、流畅，避免观众注意到剪辑痕迹的关键。在剪辑中一般要处理4种形式的连贯，即内容连贯、动作连贯、位置连贯、声音连贯。

6. 声音

声音是为电影说明或传达信息的一种好方式。视听语言就是让视频内容得以呈现、将信息传递给用户的最理想的工具。

1.6 本章小结

本章带领读者进入了剪辑的世界，让读者对剪辑的基础知识有了一定的了解；让读者对视频的构成、常见的视频和音频格式、常见的剪辑术语等有了一定的认识，了解了基础的数字视频的获取及制作方法，并掌握了一定的后期剪辑思路。

第2章 走进Premiere的世界

本章主要讲解Premiere的入门知识，帮助读者了解剪辑流程、Premiere的基本操作，让读者对视频剪辑有基本的整体性认识，为之后的字幕添加、转场应用、音乐衔接、效果使用等打下基础，方便读者快速理解并掌握视频剪辑的操作。

2.1 剪辑三部曲

在开始剪辑前，我们要先掌握剪辑的整体流程，这样可以提高工作效率，达到事半功倍的效果。本节将对新建项目、剪辑流程、输出设置进行讲解，带领读者进入Premiere的世界。

2.1.1 新建项目

首先打开Premiere，然后单击“新建项目”按钮，如图2-1所示。

弹出“新建项目”对话框，如图2-2所示。“名称”指的是工程文件的名称。“位置”指的是保存工程文件的路径，单击“位置”右侧的“浏览”按钮可以自定义设置工程文件的保存路径。其余选项保持默认即可。最后单击“确定”按钮，就可以新建一个项目。

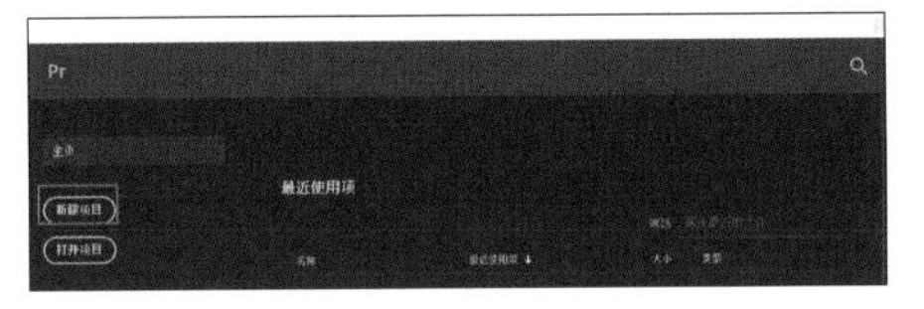

图2-1

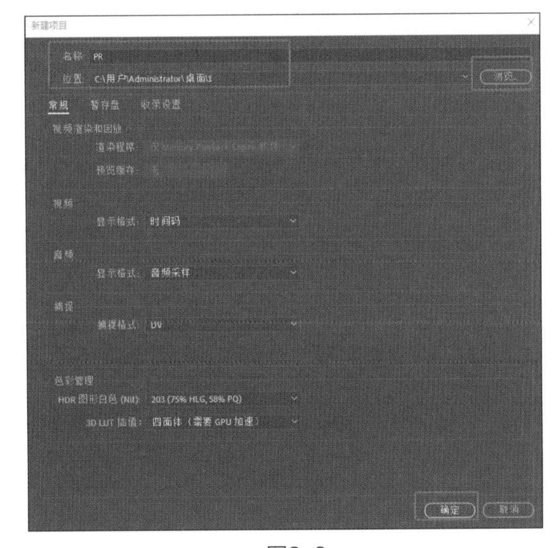

图2-2

提示

Premiere中的工程文件又叫源文件，也叫项目文件，其扩展名为.prproj，它记录了Premiere中的编辑信息和素材路径。需要注意的是，工程文件不包含素材文件本身，我们在使用时要将其和素材文件放在同一路径下才能进行操作。

2.1.2 剪辑流程

新建项目之后会进入Premiere的操作界面，先将操作界面调整为“编辑”模式，在工作区模式栏中选择“编辑”选项，如图2-3所示。

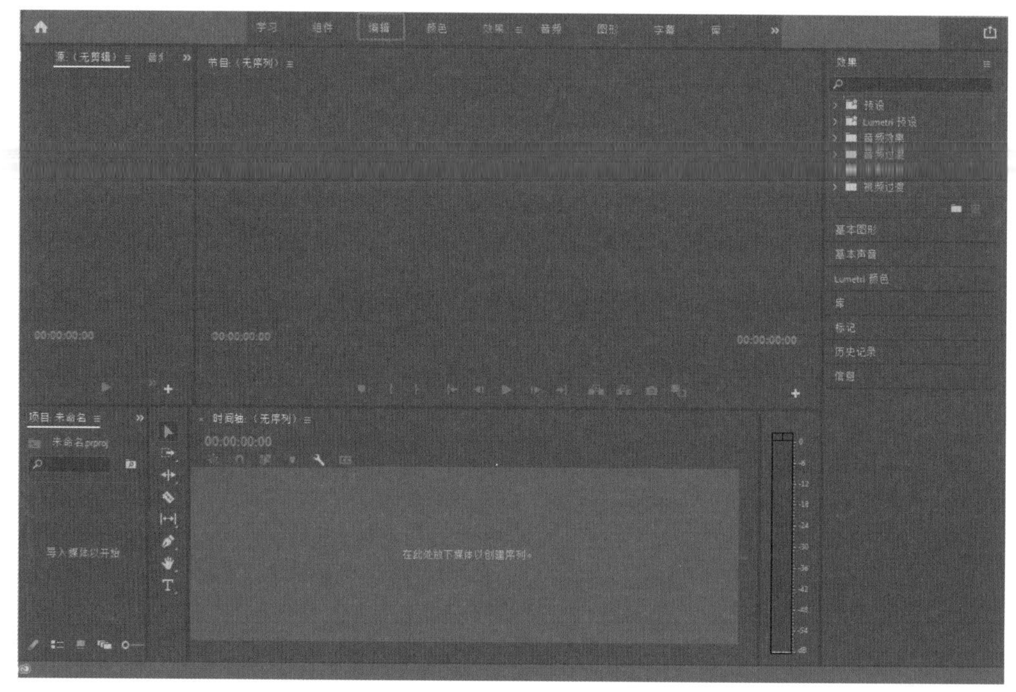

图2-3

在剪辑视频之前要先导入素材，双击“导入媒体以开始”区域（位于“项目”面板中），弹出“导入”对话框，选中要导入的素材，单击“打开”按钮，如图2-4所示。

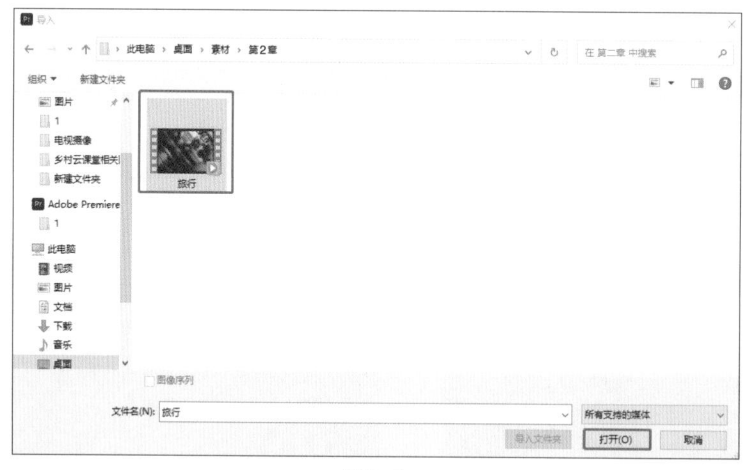

图2-4

接下来开始新建序列，单击“新建项”按钮，在弹出的下拉列表中选择“序列”选项，如图2-5所示。

在弹出的“新建序列”对话框中单击“设置”选项卡，将“编辑模式”设置为“自定义”，“时基”设置为“25.00帧/秒”，将“帧大小”的“水平”设置为1920、“垂直”设置为1080，“像素长宽比”设置为“方形像素（1.0）”，其余选项保持默认，单击“确定”按钮，如图2-6所示。

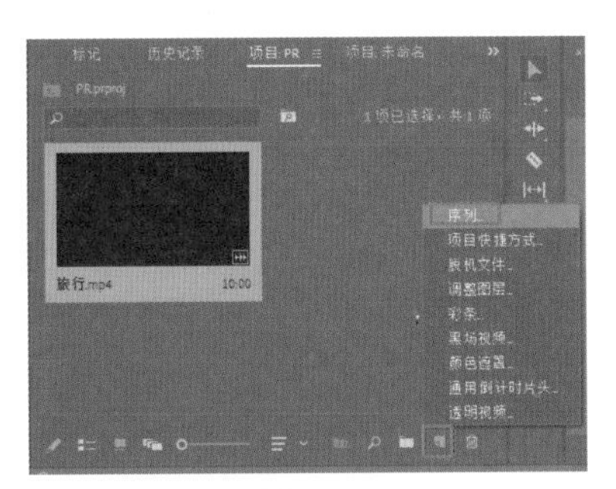

图2-5

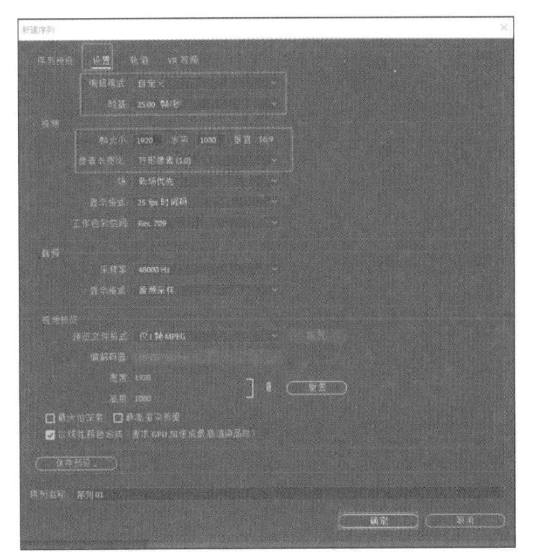

图2-6

新建序列之后需要将导入的素材拖到“时间轴”面板中，方法为：选中所需素材，按住鼠标左键将其拖至“时间轴”面板中，松开鼠标左键，如图2-7所示。

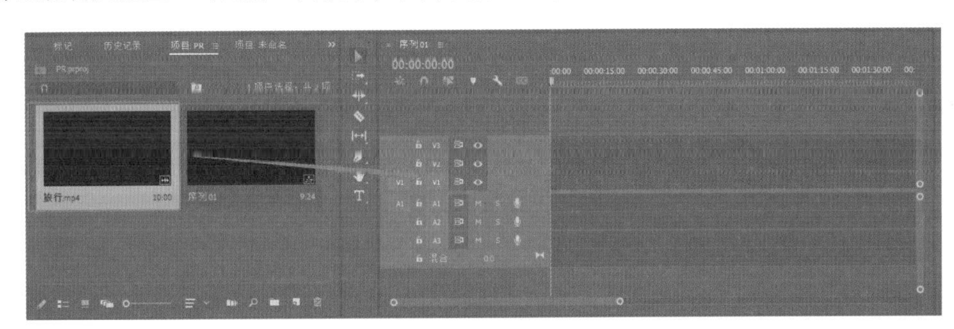

图2-7

这时会弹出“剪辑不匹配警告”对话框，单击“保持现有设置”按钮，如图2-8所示。

图2-8

导入素材和新建序列之后，操作界面中的效果如图2-9所示。

图2-9

提示

序列：确定最终成片的参数。

时基：又称为帧速率，它是指每秒显示静止画面的数量。例如，25帧/秒就是每秒显示25幅画面，帧数越高，视频画面越细腻。若该值低于16帧/秒，则视频会出现卡顿。

帧大小：代表视频的尺寸，即长和宽方向上的像素点数量。

剪辑不匹配警告：出现这个提示的含义是，新建序列和视频素材的参数不完全相同，包括分辨率、时基、像素长宽比等。出现这种情况时一般以设置的序列为准。

2.1.3 输出设置

视频剪辑完成之后需要把视频导出。在导出前需要做以下设置。

将时间指示器移至需要导出的视频的开始位置，按快捷键I设置入点，然后将时间指示器移至需要导出的视频的结束位置，按快捷键O设置出点，这样就可以确定视频导出的范围，如图2-10所示。

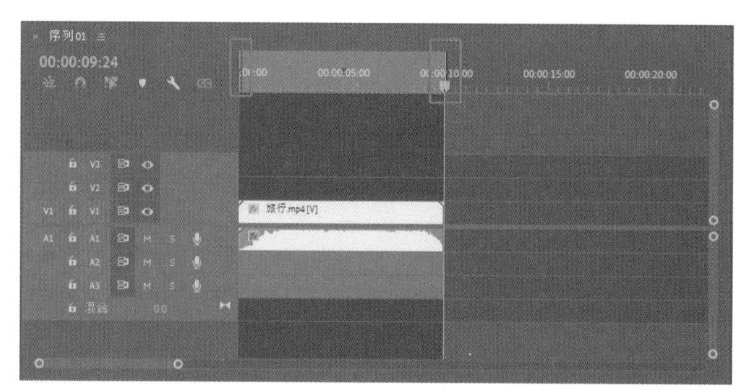

图2-10

接下来进行导出参数设置。执行“文件>导出>媒体”命令，弹出“导出设置”对话框，将“格式”设置为H.264，“预设”设置为“匹配源-高比特率”，设置视频的保存位置，并自定义其输出名称，勾选“导出视频”选项和“导出音频”选项。设置完成后，单击“导出”按钮，如图2-11所示。

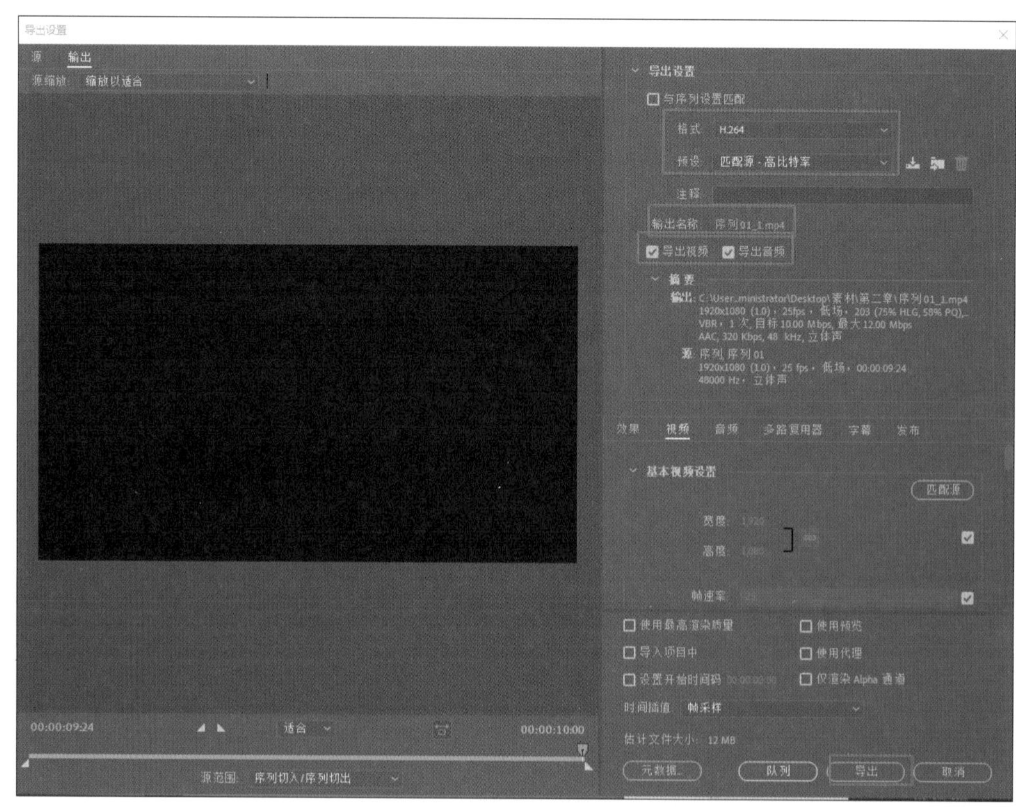

图2-11

设置出点和入点时注意输入法一定要切换到英文状态下。
导出设置的快捷键是Ctrl+M。
将“格式”设置为H.264后，导出的视频为MP4格式。

2.2 认识工作区

本节主要带领读者熟悉Premiere工作区，这是剪辑视频的基础，有助于提高后期的视频剪辑效率。开始剪辑前，双击桌面上的Adobe Premiere Pro 2022图标，就可以将其打开，其启动界面如图2-12所示。

图2-12

Adobe Premiere Pro 2022的工作区主要由标题栏、菜单栏、“源”“效果控件”“音频剪辑混合器”面板组、监视器面板、“项目”面板、“工具”面板、“时间轴”面板等组成，如图2-13所示。

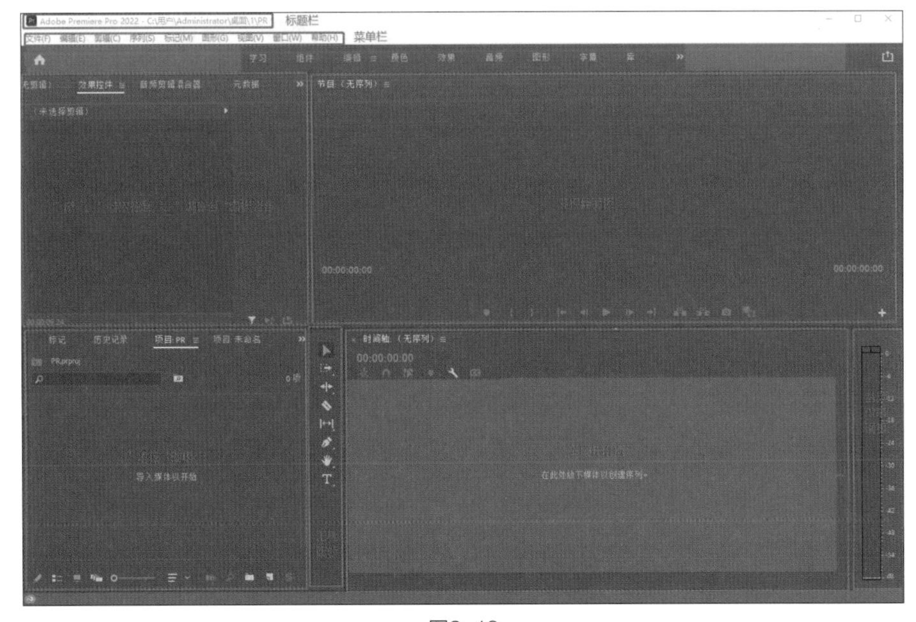

图2-13

2.2.1 菜单栏

Premire的菜单栏有“文件”“编辑”“剪辑”“序列”“标记”“图形”“视图”“窗口”“帮助”9个菜单，如图2-14所示。

文件(F) 编辑(E) 剪辑(C) 序列(S) 标记(M) 图形(G) 视图(V) 窗口(W) 帮助(H)

图2-14

菜单解析

- “文件”菜单：包含新建、打开项目、关闭项目、保存、另存为、退出等命令，如图2-15所示。
- “编辑”菜单：包含可以在整个程序中使用的编辑命令，如复制、粘贴等命令，如图2-16所示。

图2-15

图2-16

- “剪辑”菜单：包含更改素材的运动方式、不透明度等的命令，如图2-17所示。
- “序列”菜单：使用其中的命令可以在“时间轴”面板中预览素材，并能更改“时间轴”面板中的视频和音频轨道，如图2-18所示。

图2-17

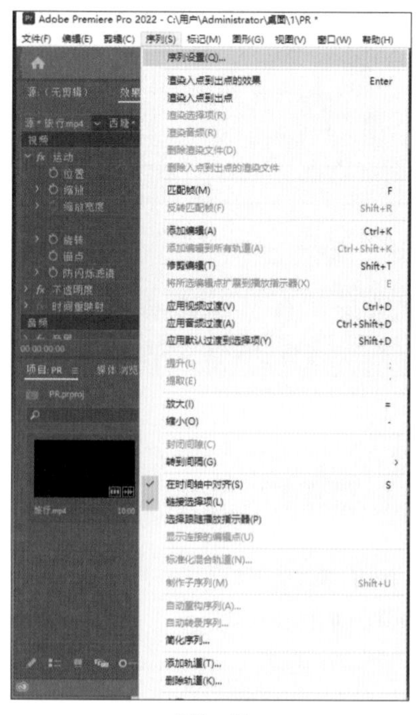

图2-18

- “标记”菜单：其中的命令主要用于编辑“时间轴”面板中素材的标记和监视器面板中素材的标记，使用标记可以快速跳转到“时间轴”面板中的特定区域或素材的特定帧处，如图2-19所示。
- “图形”菜单：用于对打开的图形和文字进行编辑，如图2-20所示。

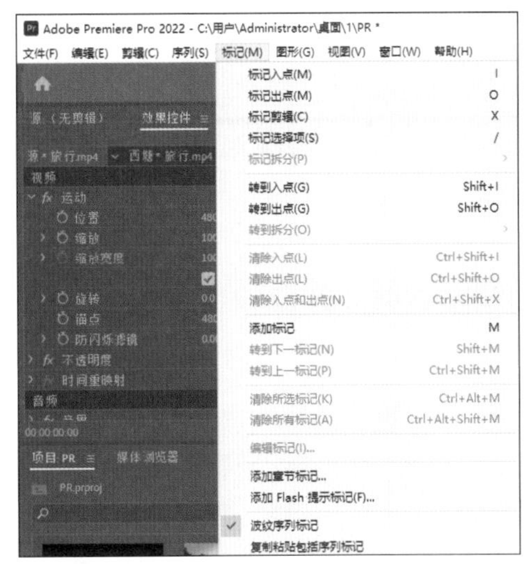

图2-19

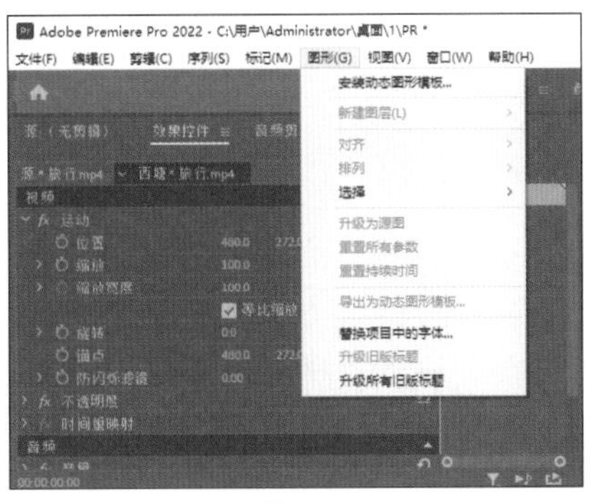

图2-20

- “视图”菜单：用于设置回放分辨率、标尺、参考线、放大率等参数，如图2-21所示。
- “窗口”菜单：用于管理工作区中的各个窗口，如图2-22所示。
- “帮助”菜单：包含应用程序的帮助命令，如图2-23所示。

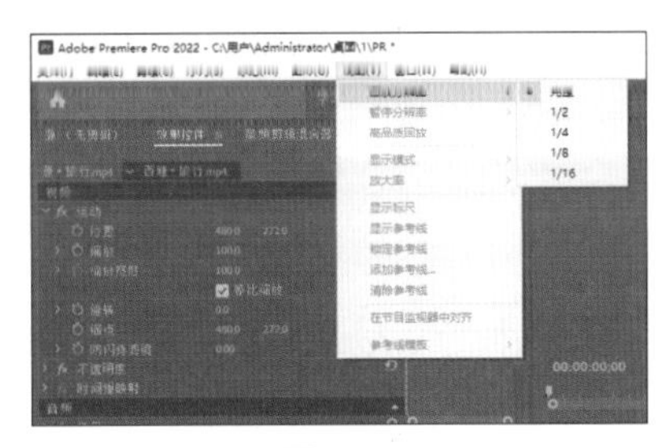

图2-21

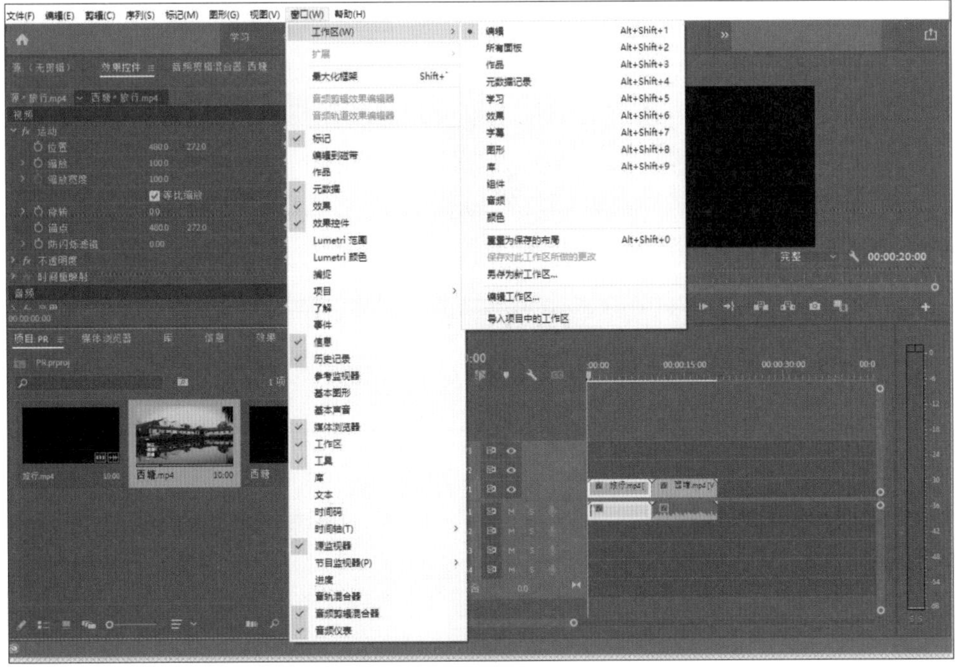

图2-22

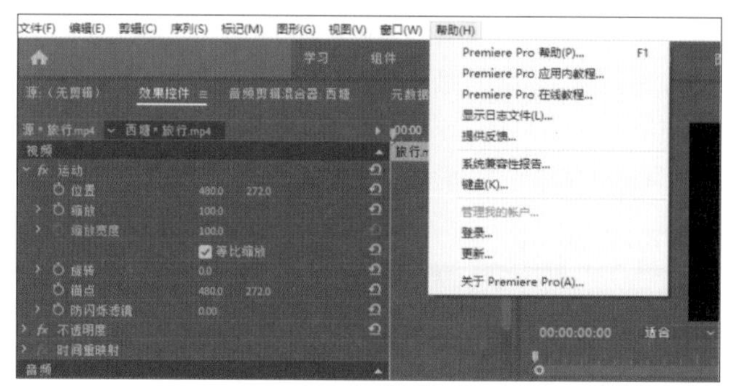

图2-23

2.2.2 “源”“效果控件”“音频剪辑混合器”面板组

1.“源”监视器面板

双击“项目”面板的视频素材之后，在“源”监视器面板会出现视频素材的预览画面，这个面板是原始素材的预览面板，如图2-24所示。其参数与“节目”监视器面板中的相同。

图2-24

2.“效果控件”面板

在“时间轴”面板中若不选择任何素材，则“效果控件”面板为空，如图2-25所示。

若在“时间轴”面板中选择素材，此时可在“效果控件”面板中调整素材效果的参数。例如，选择视频素材，默认状态下会显示“运动”“不透明度”“时间重映射”3种参数，如图2-26所示。

图2-25

图2-26

重要参数解析

（1）运动。“运动”参数又分为“位置”“缩放”“旋转”“锚点”“防闪烁滤镜”等调控参数，如图2-27所示。

- 位置：“位置”参数能够实现视频素材在“节目”监视器面板中移动，是视频编辑过程中经常使用的一种运动参数，如图2-28所示。

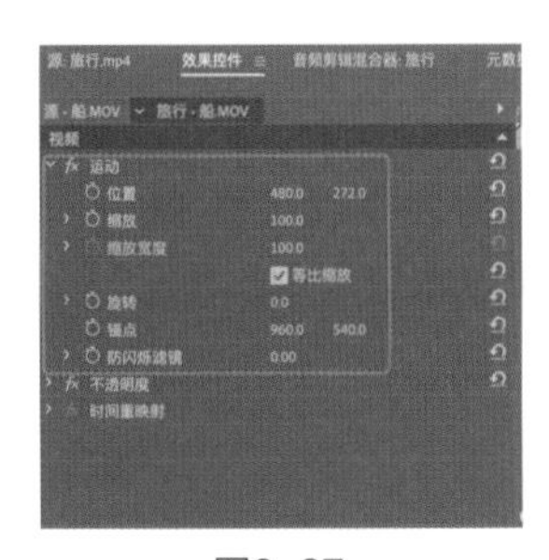

图2-27

图2-28

- 缩放：“缩放”参数可以对视频素材进行放大和缩小效果处理，如图2-29所示。

图2-29

- 旋转：“旋转”参数能增加视频的旋转动感，对视频素材进行旋转处理，如图2-30所示。

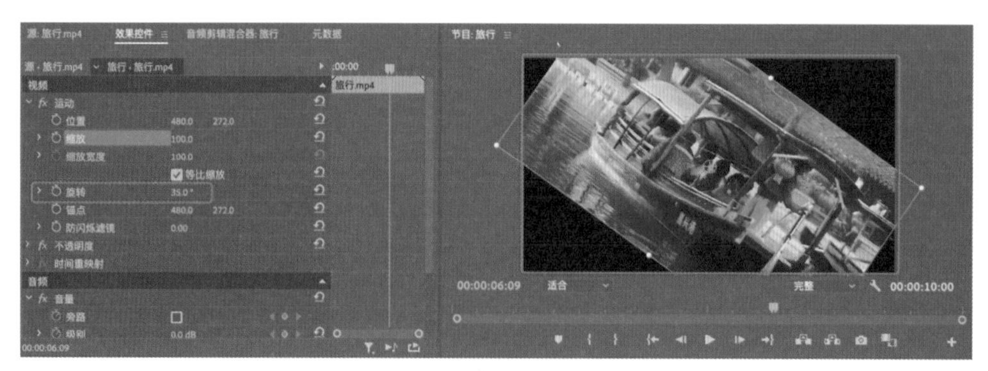

图2-30

• 锚点："锚点"参数可以决定位置、缩放及旋转效果的控制原点。正是因为有了锚点，缩放和旋转才会以锚点为中心进行改变。如果改变锚点的位置，那么旋转和缩放将同时受到影响。"锚点"右侧的两组数字代表锚点 x 轴、y 轴的坐标信息，如图2-31所示。

图2-31

• 防闪烁滤镜："防闪烁滤镜"参数用于消除视频中的闪烁现象，如图2-32所示。

图2-32

（2）不透明度。"不透明度"包括"不透明度"和"混合模式"两个参数设置，如图2-33所示。

• 不透明度："不透明度"就是所选视频素材的显示程度，数值越小，剪辑越透明。设置不透明度关键帧，可以实现视频素材在序列中显示或消失、渐隐渐现等动画效果，常用于创建淡入淡出效果，使画面过渡自然，如图2-34所示。

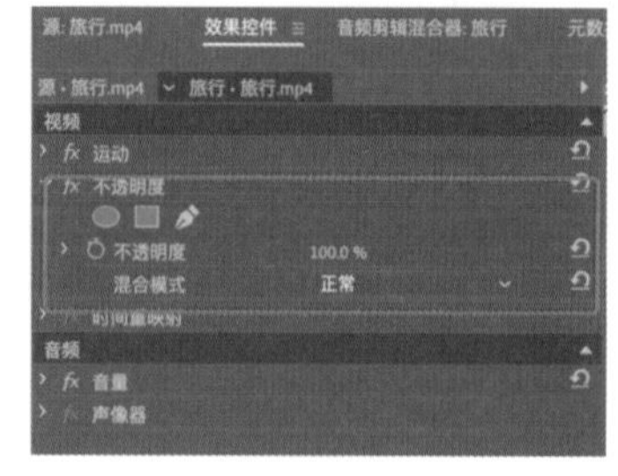

图2-33

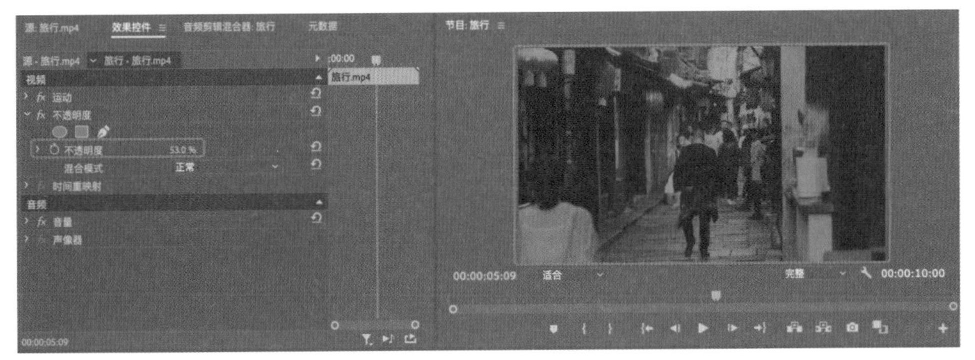

图2-34

- 混合模式："混合模式"参数可以设置视频素材与其他素材混合的方式，与Photoshop中的图层混合模式类似，共27个模式，如图2-35所示。

（3）时间重映射。"时间重映射"参数可以改变素材的速度，比如有些跟着音乐节拍忽快忽慢的视频就是根据时间重映射做出来的，在"时间轴"面板上操作会更加便捷。

3."音轨剪辑混合器"面板

"音轨剪辑混合器"面板可以更加有效地调节项目的音频，实时混合各轨道的音频对象，如图2-36所示。

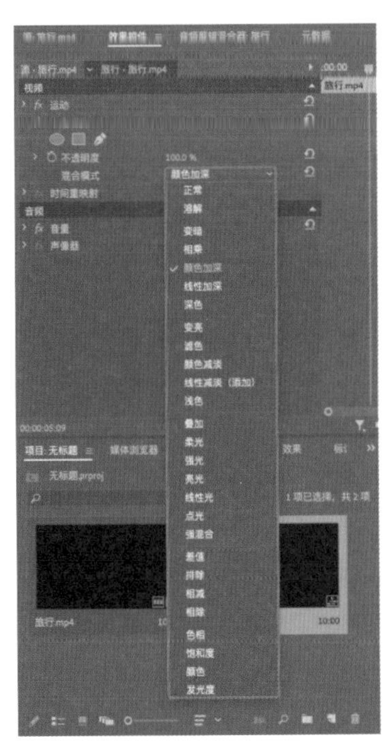

图2-35

图2-36

2.2.3 监视器面板

监视器面板用于显示视频、音频经过编辑后的最终效果，可以方便剪辑者进行下一步的调整与修改，如图2-37所示。

按钮解析

- “添加标记点”按钮：为素材设置标记，如图2-38所示。

图2-37

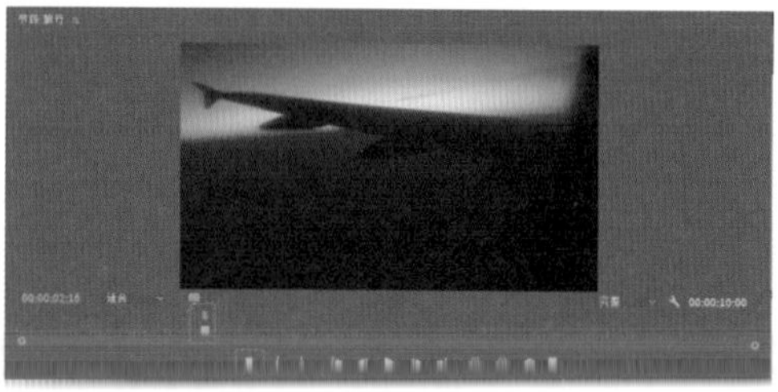

图2-38

- “标记入点”按钮：设置素材的起始点，如图2-39所示。
- “标记出点”按钮：设置素材的结束点，如图2-40所示。

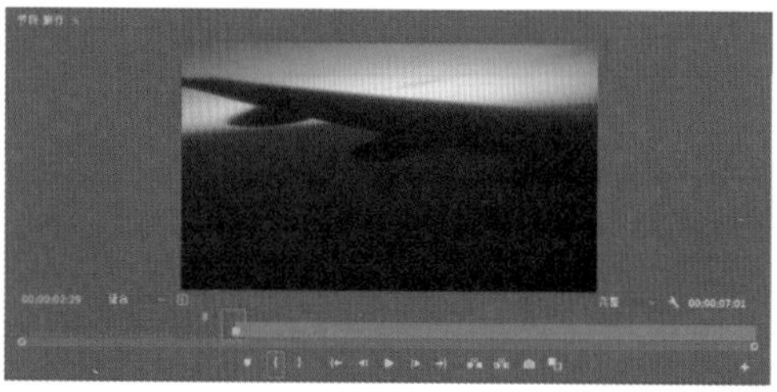

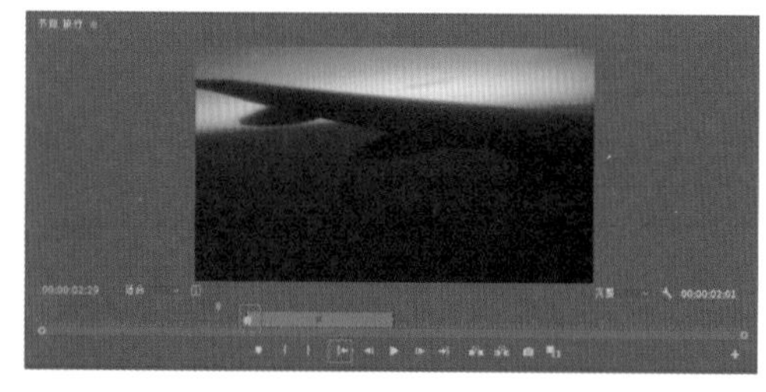

图2-39

图2-40

- “转到入点”按钮：单击该按钮，可以将时间指示器移至起始点的位置，如图2-41所示。
- “后退一帧”按钮：用于对素材进行逐帧倒放。单击此按钮，时间指示器会后退一帧；按住Shift键单击此按钮，时间指示器会后退5帧，如图2-42所示。

图2-41

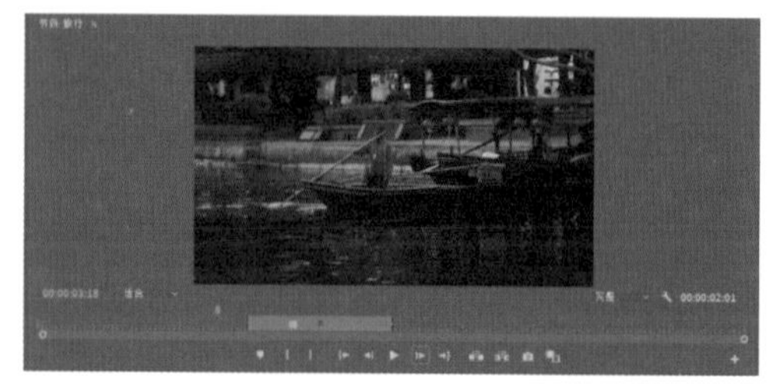

图2-42

- “播放/停止切换”按钮：用于播放与停止播放素材，如图2-43所示。
- “前进一帧”按钮：用于对素材进行逐帧播放。单击此按钮，时间指示器会前进一帧；按住Shift键单击此按钮，时间指示器会前进5帧，如图2-44所示。

图2-43

图2-44

- “转到出点”按钮：单击该按钮，可以将时间指示器移至结束点的位置，如图2-45所示。

- “提升”按钮：用于将轨道上入点与出点之间的内容删除，并保留间隙，如图2-46所示。
- “提取”按钮：用于将轨道上入点与出点之间的内容删除，不保留间隙，相邻的素材会自动连接在一起，如图2-47所示。

图2-45

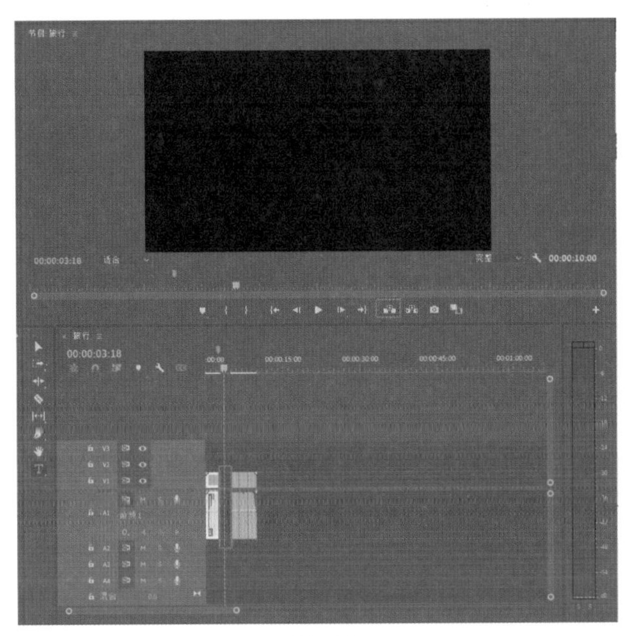

图2-46

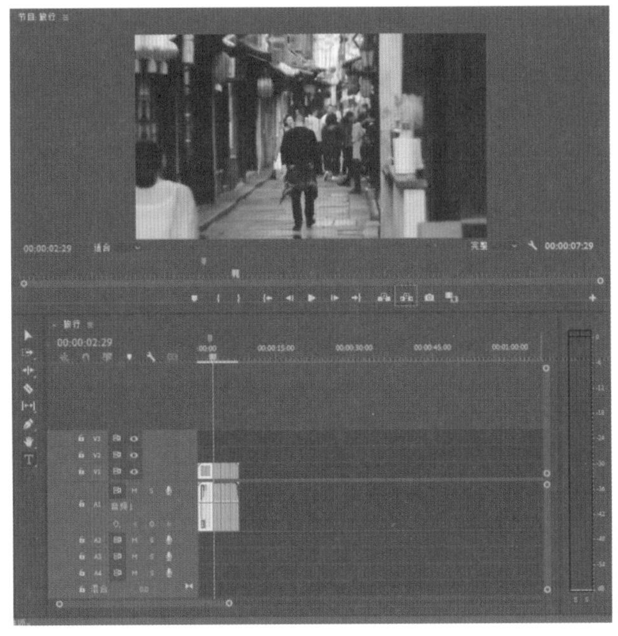

图2-47

- “导出帧”按钮：单击该按钮可在弹出的“导出帧”对话框中导出一帧的视频画面。“导出帧”对话框中的“名称”可以自定义，“格式”可以设置为JPEG，“路径”为图片的保存位置，最后单击“确定”按钮，如图2-48所示。

- “按钮编辑器”按钮：单击该按钮可以调出面板包含的所有按钮，如图2-49所示。

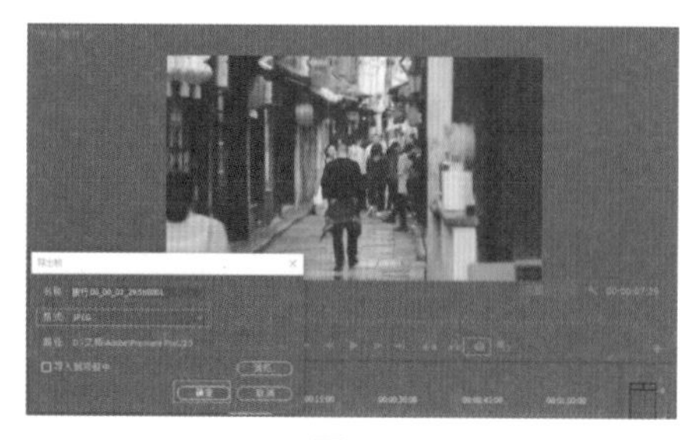

图2-48

图2-49

- “比较视图”按钮：单击该按钮，监视器面板会出现双画面。左侧带时间滑块的视图是参考画面，右侧视图画面则受“时间轴”面板控制，如图2-50所示。单击中间的视图模式按钮，面板上的双视图会分别切换为并排、垂直拆分和水平拆分模式。并排模式如图2-51所示，垂直拆分模式如图2-52所示，水平拆分模式如图2-53所示。

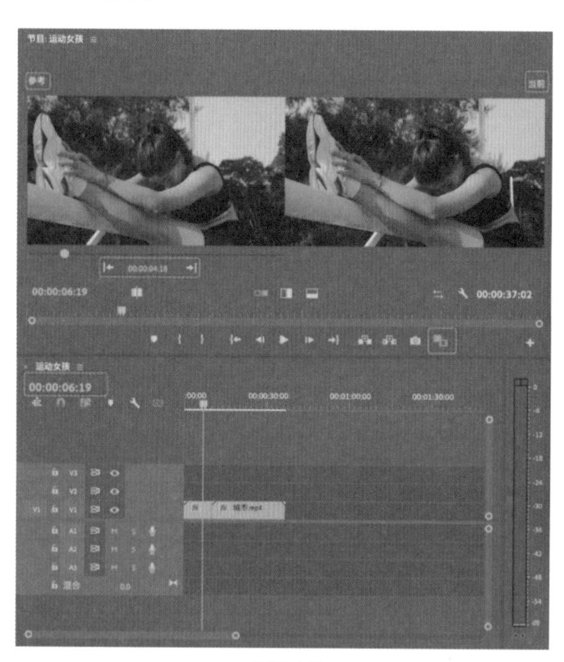

图2-50

图2-51

图2-52

图2-53

2.2.4 “项目”面板

“项目”面板主要用于导入、存放和管理素材。该面板可以显示素材的属性信息，包括素材的缩略图、类型、名称、颜色标签、出入点等，也可以对素材执行新建、分类、重命名等操作。“项目”面板下方有9个功能按钮，从左往右分别是“列表视图”按钮、“图标视图”按钮、“从当前视图切换为自由视图”按钮、“排列图标”按钮、“自动匹配序列”按钮、“查找”按钮、“新建素材箱”按钮、“新建项”按钮、“清除”按钮，如图2-54所示。

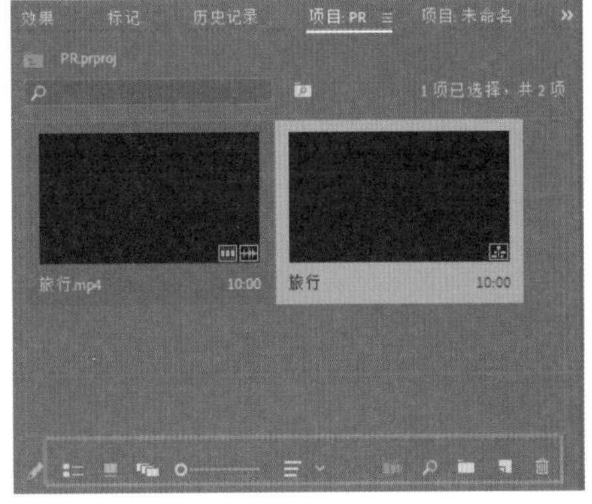

图2-54

按钮解析

- “列表视图”按钮：单击此按钮，素材会以列表形式展示，如图2-55所示。
- “图标视图”按钮：单击此按钮，素材会以图标形式展示，如图2-56所示。

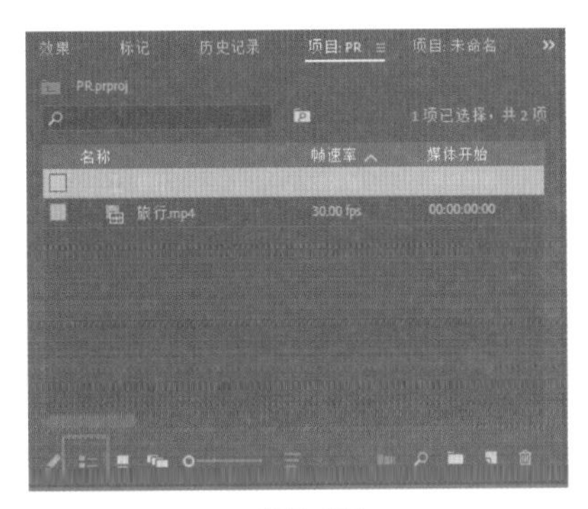

图2-55

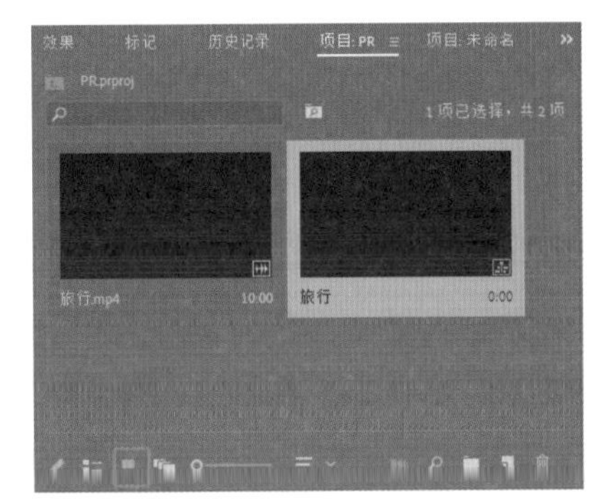

图2-56

- “从当前视图切换为自由视图”按钮：单击此按钮，将切换至自由视图，如图2-57所示。
- “调整图标和缩览图大小”滑杆：拖动滑杆上的圆圈，素材就会放大或缩小，如图2-58所示。
- “排列图标”按钮：单击此按钮，可自定义素材的排列顺序，如图2-59所示。

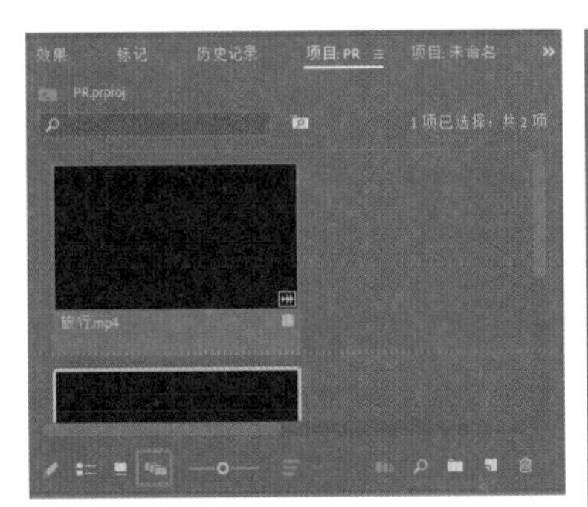

图2-57

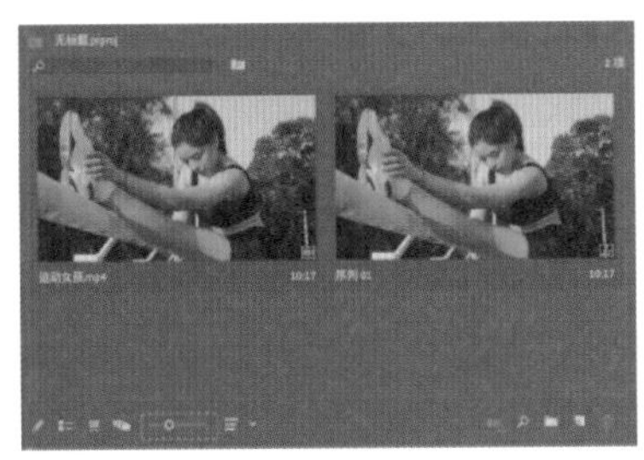

图2-58

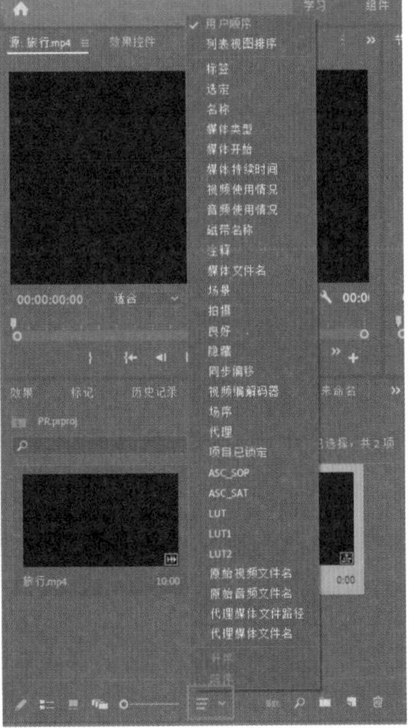

图2-59

- “自动匹配序列”按钮：单击此按钮，可以将素材自动调整到“时间轴”面板上，如图2-60所示。

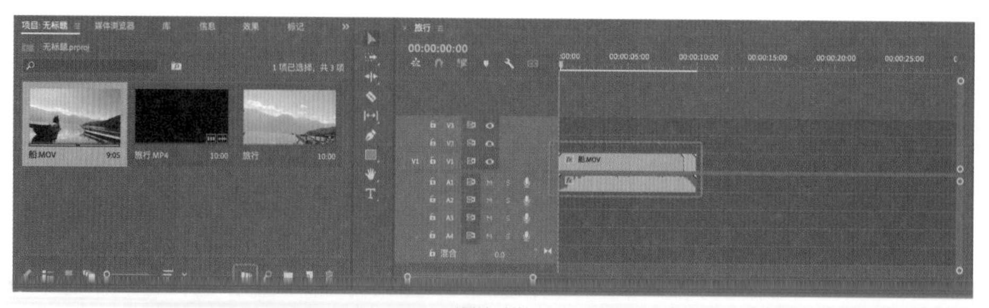

图2-60

- “查找”按钮：单击此按钮，可以快速查找素材，如图2-61所示。

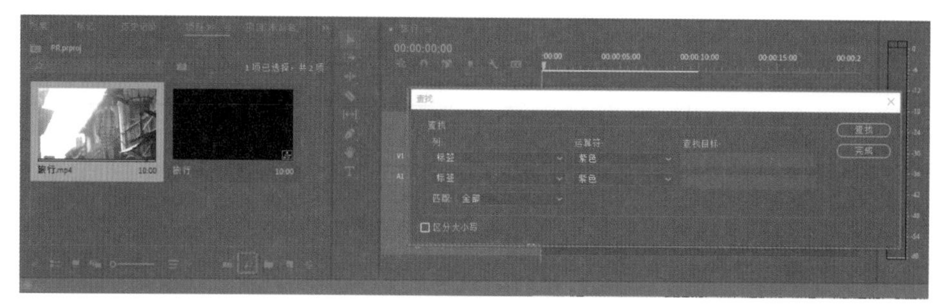

图2-61

- “新建素材箱”按钮：单击此按钮，可以建立一个新的素材箱，方便素材的分类与管理，如图2-62所示。
- “新建项”按钮：单击此按钮，可以为素材添加分类，便于对其进行有序管理，如图2-63所示。

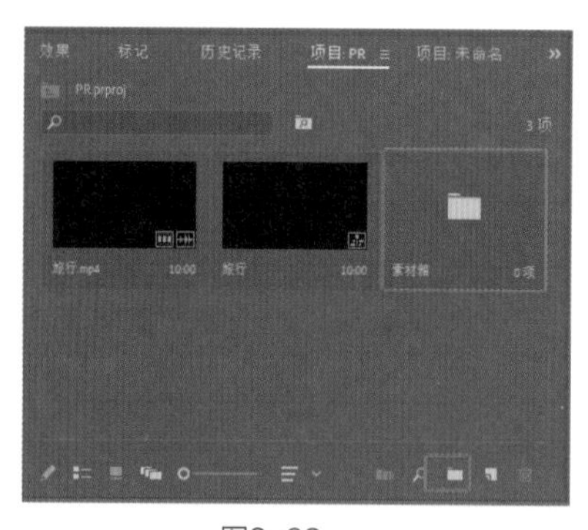

图2-62

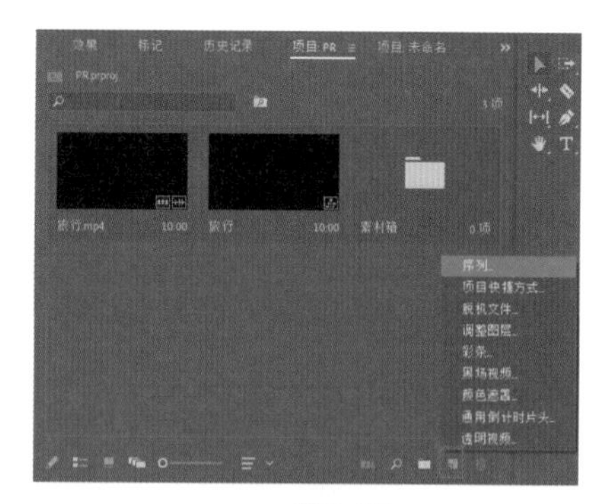

图2-63

- “清除”按钮：选中不再需要的素材，单击此按钮可以将其删除，如图2-64所示。

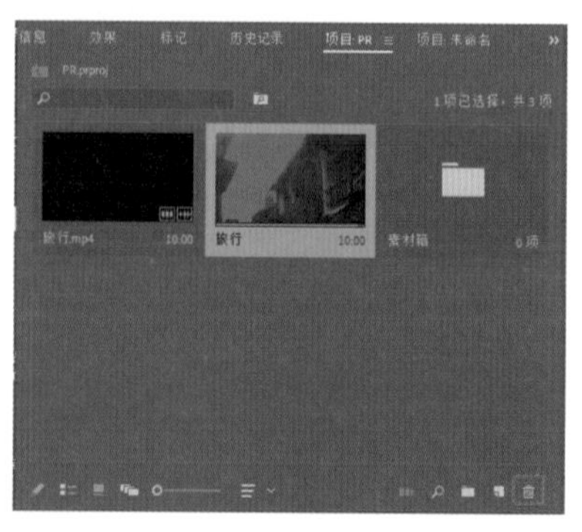

图2-64

2.2.5 “工具”面板

“工具”面板中主要是工具按钮，使用时单击某个按钮即可激活对应的工具，它们主要用于在“时间轴”面板中编辑素材。

工具解析

- 选择工具：用于对素材进行选择、移动，并可以调节素材的关键帧或为素材设置出入点，如图2-65所示。
- 向前选择轨道工具：使用该工具，可以选择同一个轨道上某个素材之前的所有素材（包括当前素材），如图2-66所示。

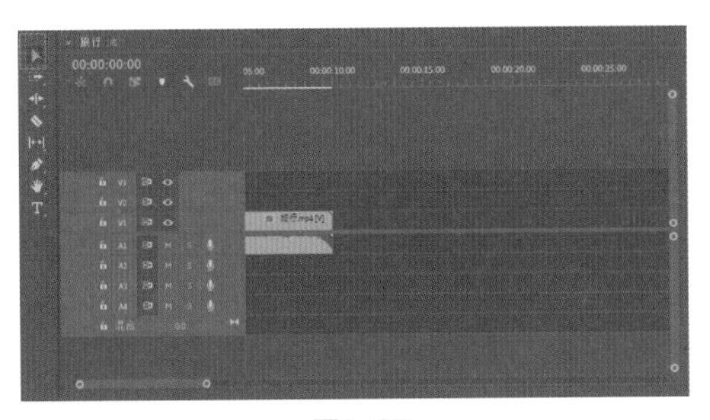

图2-65

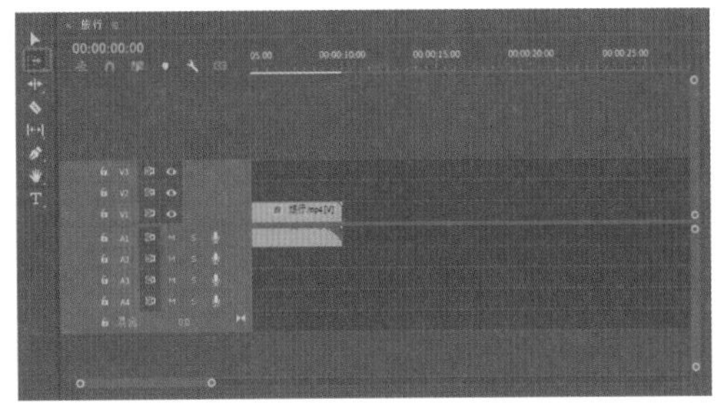

图2-66

- 波纹编辑工具：使用该工具，可以拖动素材的出入点以改变素材的长度，相邻素材的长度不变，项目的总长度会发生改变，如图2-67所示。
- 剃刀工具：用于分割素材，如图2-68所示。
- 外滑工具：用于改变素材的入点与出点，并保持素材的总长度不变，且不会影响相邻的素材，如图2-69所示。

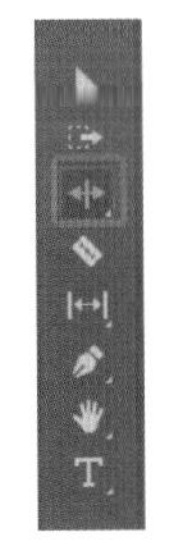

图2-67

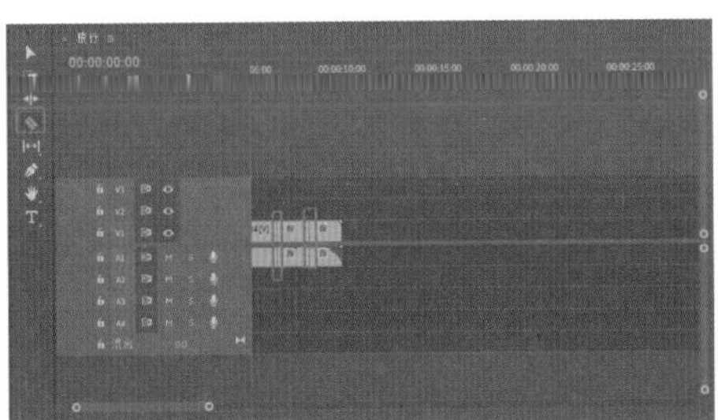

图2-68

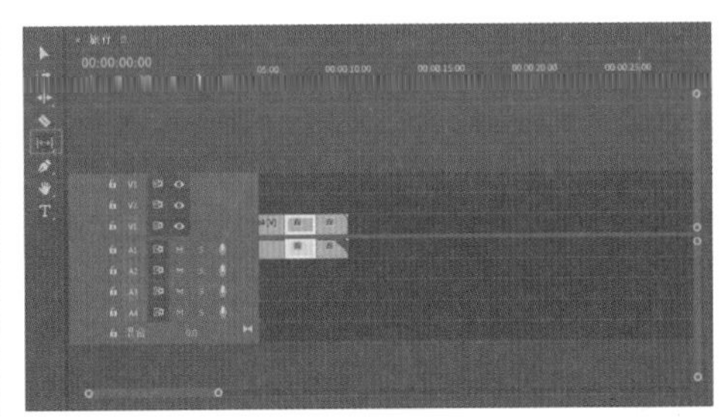

图2-69

- 钢笔工具：用于设置素材的关键帧，如图2-70所示。
- 手形工具：可以改变“时间轴”面板的显示位置，其轨道上的素材不受影响，如图2-71所示。

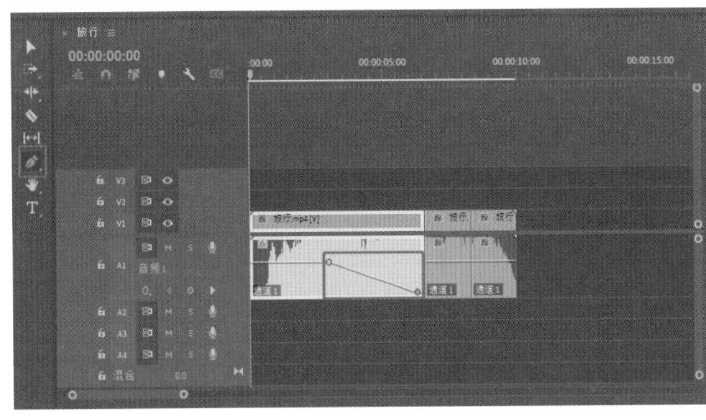

图2-70

图2-71

- 文字工具：可以在“节目”监视器面板中插入文字，并对文字内容进行编辑，如图2-72所示。

图2-72

2.2.6 “时间轴”面板

“时间轴”面板是工作区的核心区域，在此面板中可以对素材进行剪辑、插入、复制、粘贴等操作。

重要参数解析

- 时间码：显示素材的播放进度，如图2-73所示。
- 节目标签：显示素材名称，如图2-74所示。

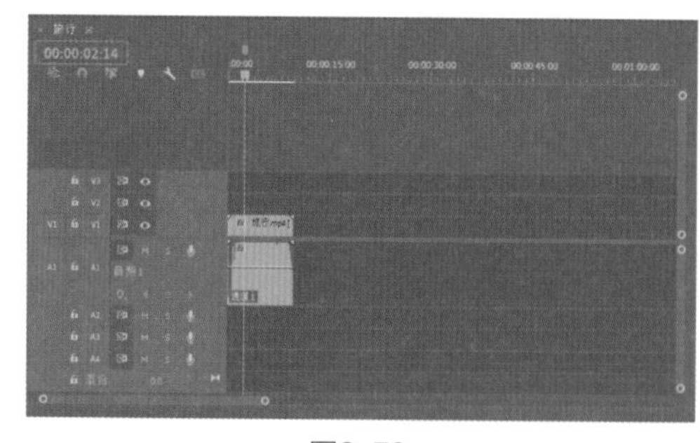

图2-73

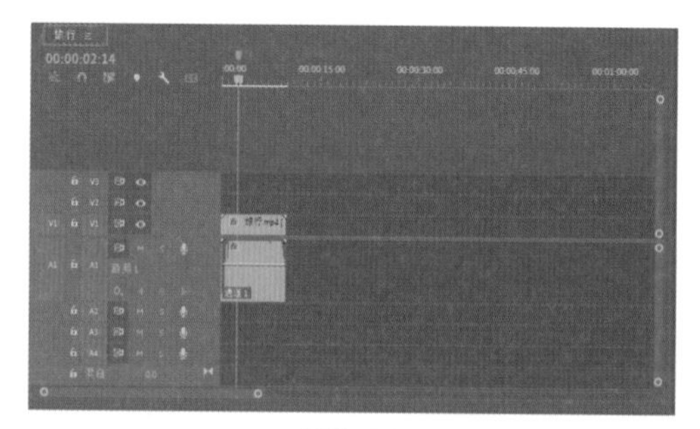

图2-74

- 轨道面板：是进行剪辑操作的主要区域，也可以对轨道进行缩放、锁定等设置，如图2-75所示。
- 时间标尺：显示素材的时间刻度，如图2-76所示。

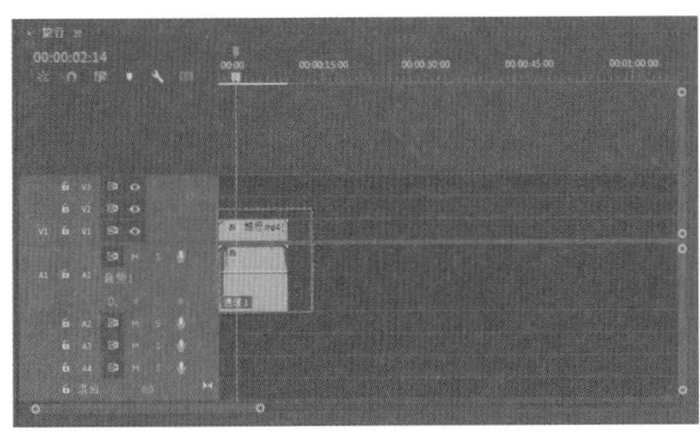

图2-75

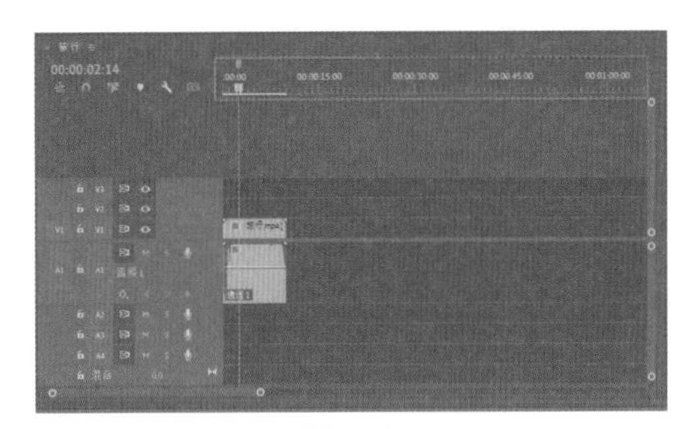

图2-76

- 视频轨道：用于放置视频、图片等素材，如图2-77所示。
- 音频轨道：用于放置音频素材，如图2-78所示。

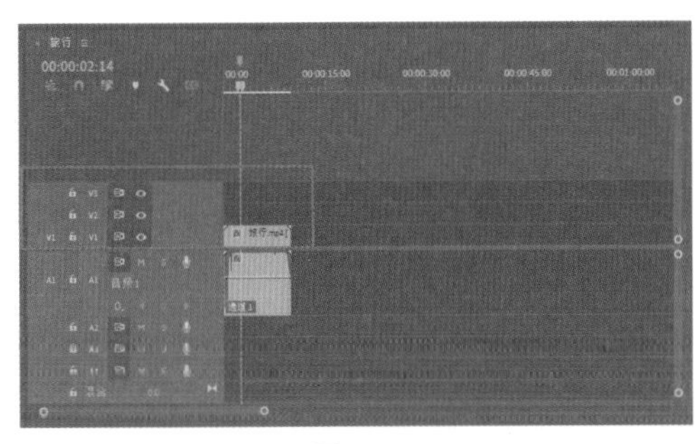

图2-77

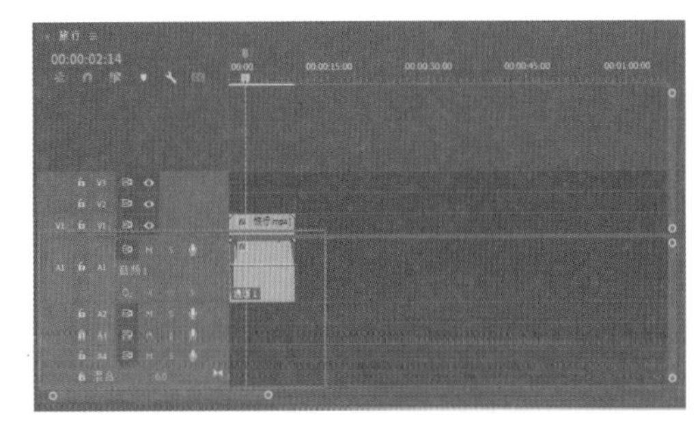

图2-78

- “切换轨道输出”按钮：单击该按钮，可以设置在监视器面板中是否显示当前素材，如图2-79所示。
- “静音轨道”按钮：单击该按钮，可以让对应轨道中的音频静音，如图2-80所示。
- “轨道锁定开关”按钮：单击该按钮，可将对应轨道锁定，使其处于不可编辑状态，如图2-81所示。
- 滑块：用于放大、缩小轨道中素材的显示长度，如图2-82所示。

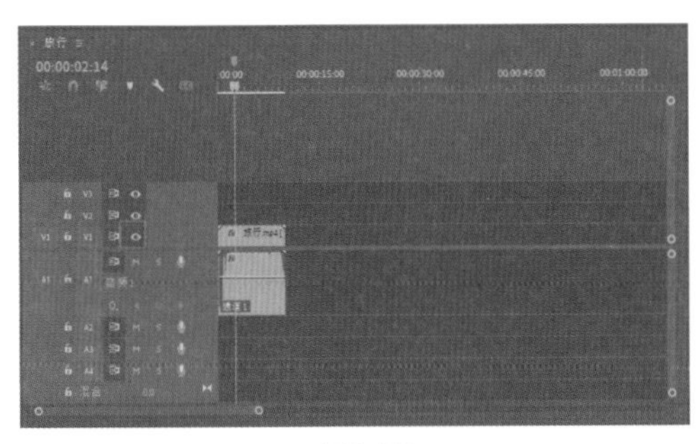

图2-79

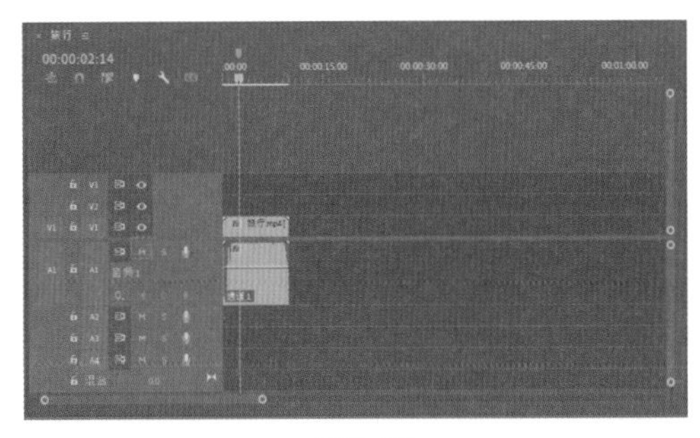

图2-80

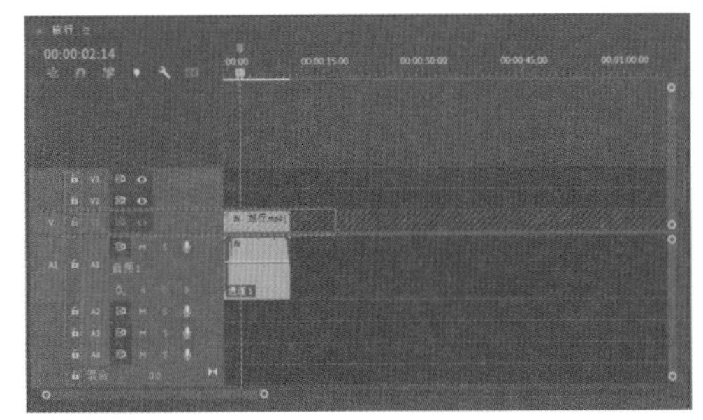

图2-81

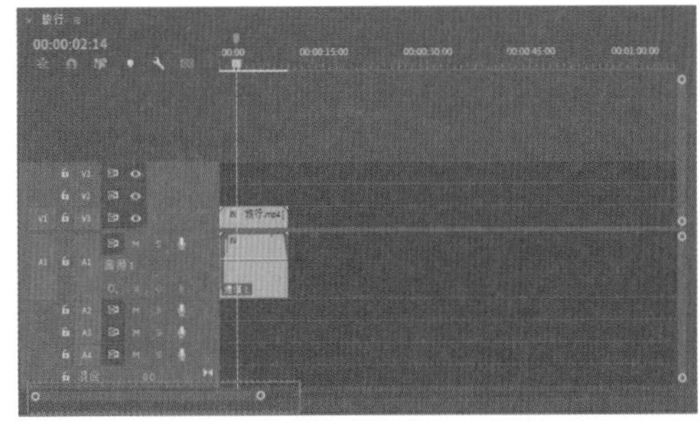

图2-82

2.3 剪辑基本操作

本节主要讲解素材的移动与删除、音画分离、字幕的添加、视频的转场、音乐的无缝衔接等剪辑中常用的基本操作，以及相关工具的使用方法。

2.3.1 如何剪辑视频

操作步骤

① 导入素材。执行“文件>导入”命令，导入两段视频素材，导入完成之后，选中这两段素材并将它们拖至“时间轴”面板中，如图2-83所示。

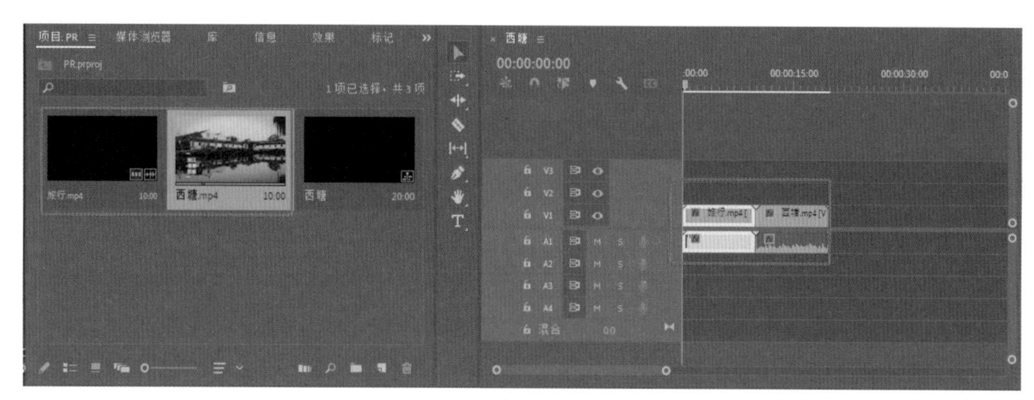

图2-83

② 移动素材。在工具栏中选择“选择工具”，按住鼠标左键拖动素材即可在“时间轴”面板中移动素材，如图2-84所示。

③ 删除素材。在工具栏中选择“选择工具”，单击需要删除的素材，按Delete键即可删除该素材，如图2-85所示。

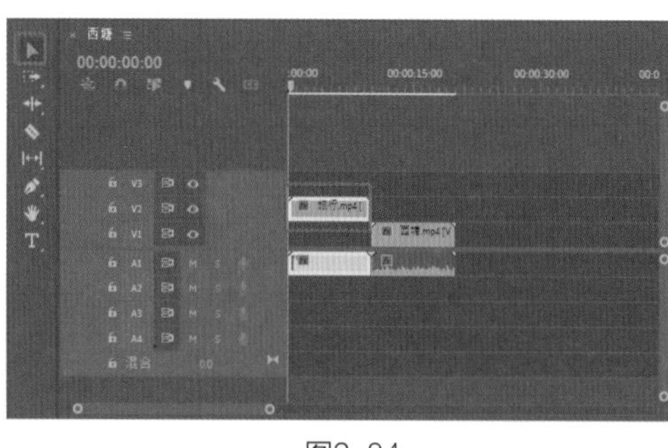

图2-84

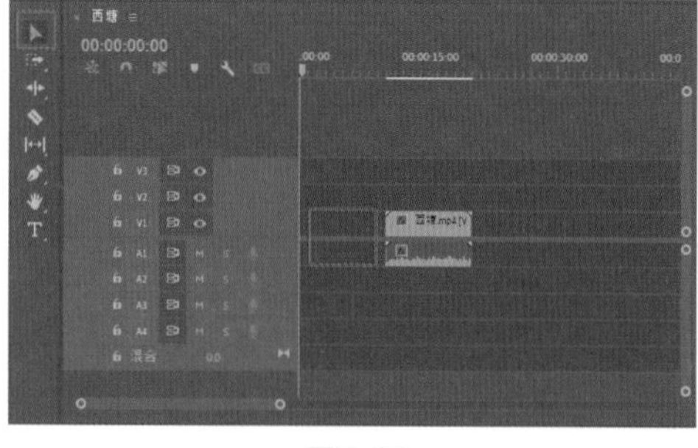

图2-85

④ 放大和缩小“时间轴”面板中的素材。选中素材，按“+”键和“-”键即可。

⑤ 音画分离。选中素材，单击鼠标右键，在弹出的快捷菜单中选择“取消链接”命令，即可实现声音与画面分离的效果，如图2-86所示。

在预览视频画面时，只会显示最上面一层的画面，但音乐不分上下层，会同时播放。

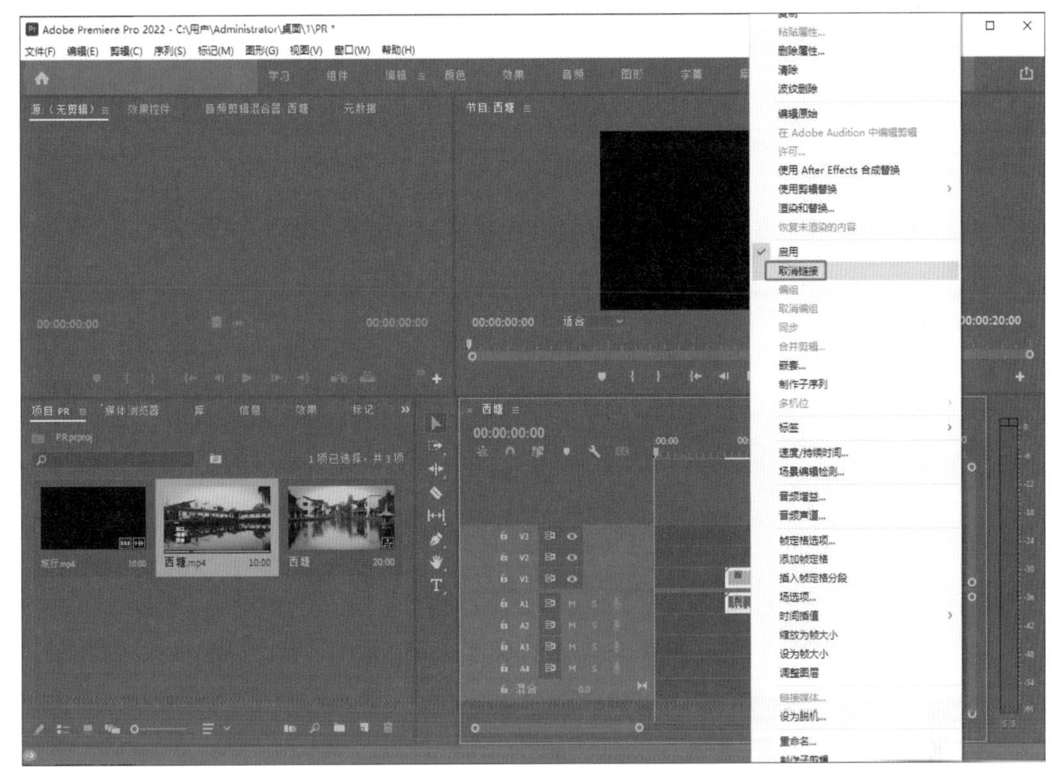

图2-80

2.3.2 添加字幕的方式

在视频中，字幕是非常常见的一种画面表达方式。添加字幕不仅可以对画面内容进行解释说明，还可以美化画面。

将视频素材导入“项目”面板，并将其拖至“时间轴”面板中，如图2-87所示。

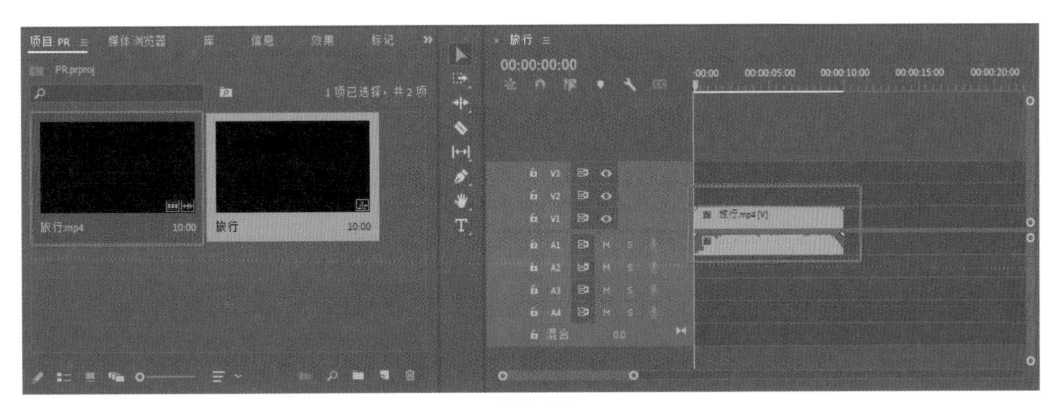

图2-87

执行“文件>新建>旧版标题”命令，在弹出的对话框中单击“确定”按钮，即可打开“字幕”面板，如图2-88所示。

选择“文字工具”，输入文字“最好的风景在路上”，然后全选文字，更改“字体系列”为“黑体”，“字体大小”为50.0，“X位置”为481.0，“Y位置”为272.5，将“颜色”设置为白色，如图2-89所示，设置完成后关闭面板。

在“项目”面板中选择“字幕01”素材，并将其拖至V2轨道上，如图2-90所示。

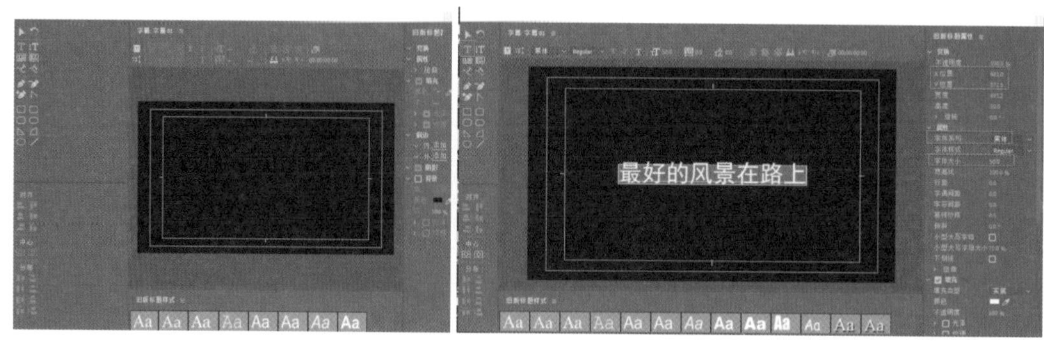

图2-88　　图2-89

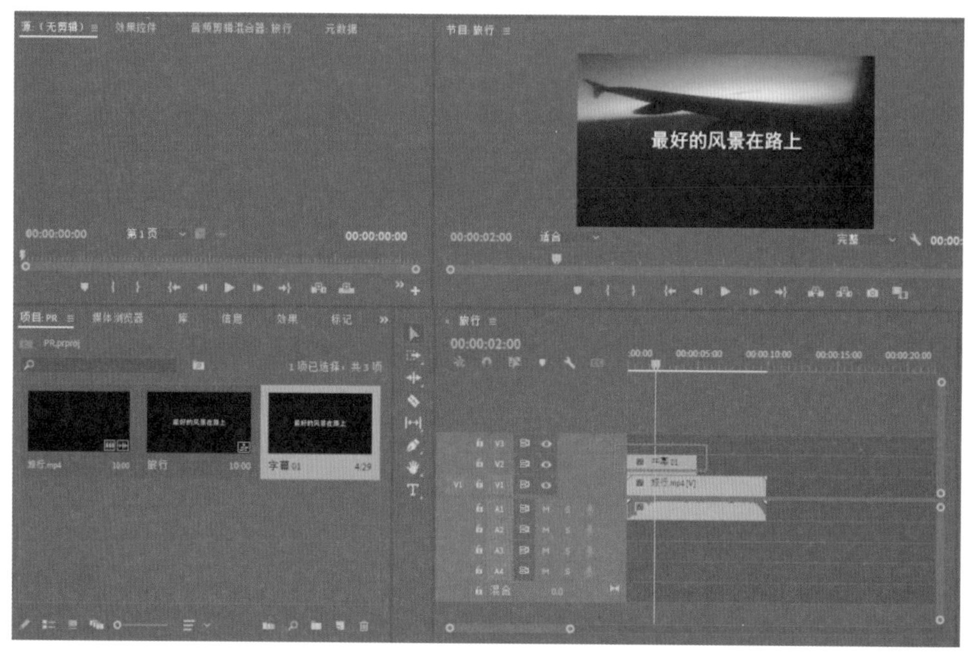

图2-90

若背景为白色，文字也为白色，则可以为字幕添加黑色的外描边效果，防止背景和字幕混一起。

2.3.3 视频转场的用法

将4段视频素材导入“项目”面板，然后将它们拖至“时间轴”面板中，如图2-91所示。

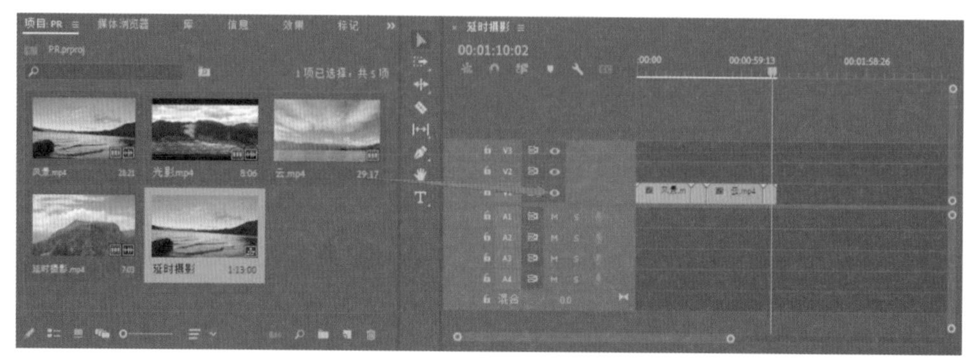

图2-91

打开“效果”面板，展开“视频过渡”文件夹，选择“溶解>交叉溶解”效果，将其拖至第1段和第2段视频素材之间，如图2-92所示。

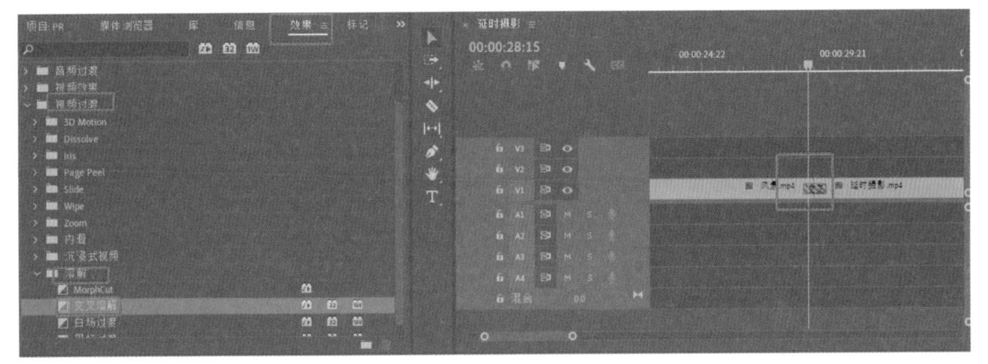

图2-92

在“效果控件”面板中可以调整“交叉溶解”效果的时长及其他参数，如图2-93所示。

展开“视频过渡”文件夹，选择“溶解>白场过渡”效果，将其拖至第2段与第3段视频素材之间，如图2-94所示。

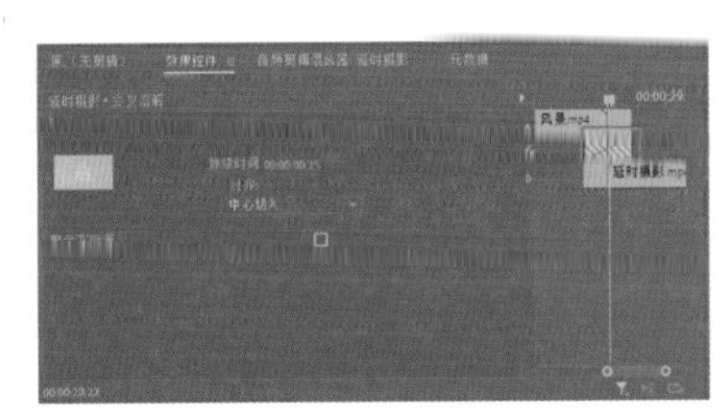

图2-93

图2-94

展开“视频过渡”文件夹，选择“溶解>黑场过渡”效果，将其拖至第3段与第4段视频素材之间，如图2-95所示。

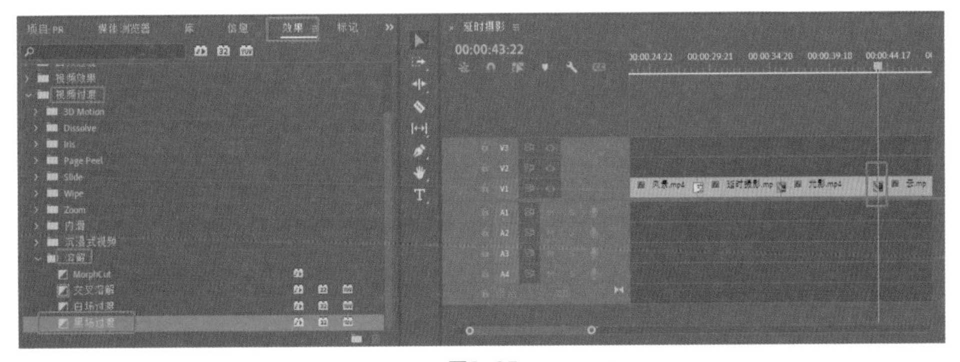

图2-95

2.3.4 音乐的无缝衔接

方法一：

将两段音频素材导入“项目”面板，然后将它们拖至“时间轴”面板中，如图2-96所示。

按住“+”键选择“剃刀工具”，把第1段音频素材的结尾部分和第2段音频素材的开头部分之间的空白部分删除，如图2-97所示。

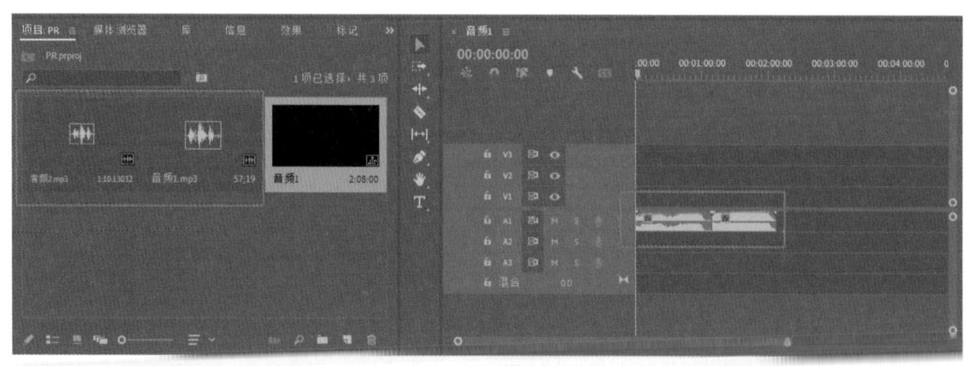

图2-96

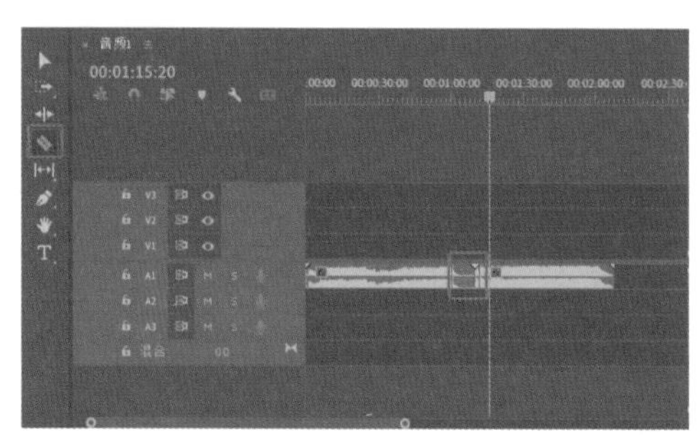

打开“效果”面板，展开“音频过渡”文件夹，选择“交叉淡化>恒定功率”效果，将其拖至两段音频素材之间，即可将两段音频素材衔接在一起，如图2-98所示。

图2-97

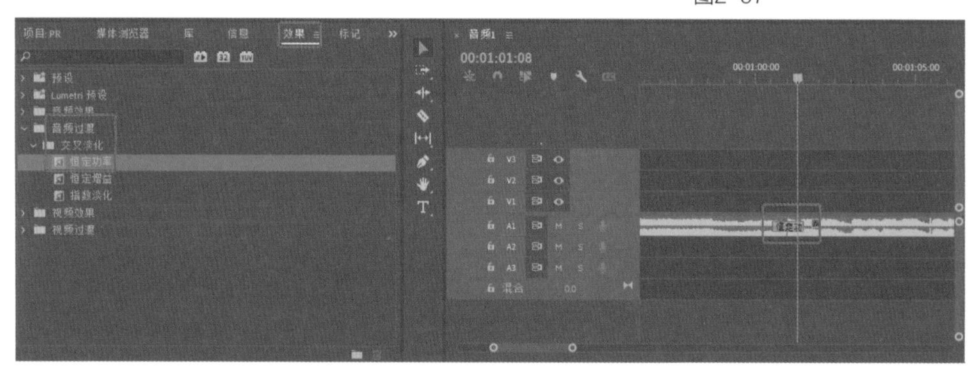

图2-98

方法二：

将两段音频素材导入“项目”面板，然后将第1段音频素材拖到A1轨道上，将第2段音频素材拖到A2轨道上，并使它们重叠一部分，如图2-99所示。

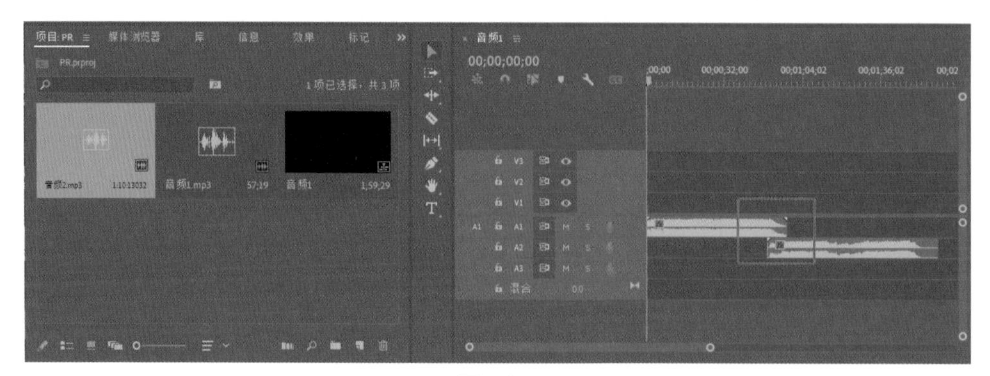

图2-99

选择第1段音频素材，使用“钢笔工具”在结尾处标记两个关键帧，如图2-100所示。

选择第2段音频素材，使用“钢笔工具”在开头处标记两个关键帧，如图2-101所示。

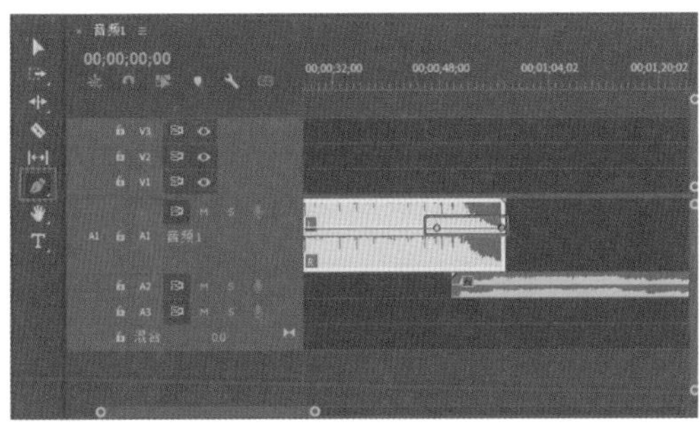

图2-100

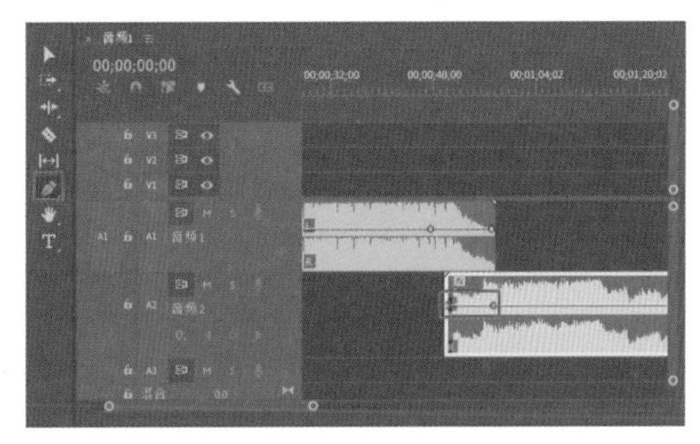

图2-101

将第1段音频素材的第二个关键帧向下拉，再将第2段音频素材的第一个关键帧向下拉，如图2-102所示。

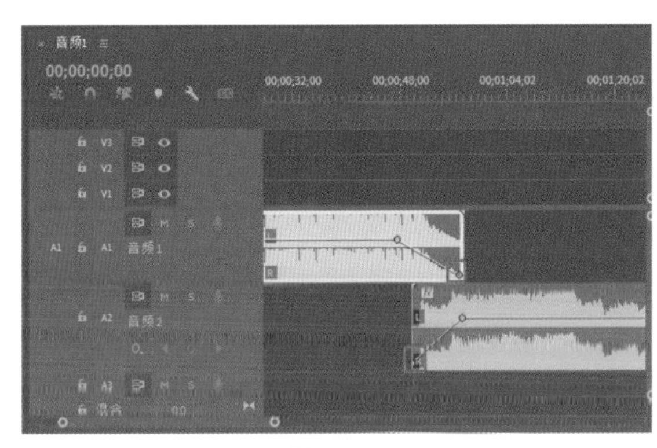

图2-102

2.4 视频的升格与降格

电影在拍摄时的帧速率通常为24帧/秒，也就是一秒会显示24幅画面，这样就可以得到正常的播放画面。但有时为了制作一些含有特殊效果的画面，如慢镜头或快镜头，就需要对帧速率进行调整。

2.4.1 升格

升格又称慢动作摄影，在拍摄时拍摄速度超过24帧/秒，而放映时按照正常速度放映，就会看到比实际动作慢的画面效果。

升格素材的帧速率为50帧/秒，将视频素材导入“项目”面板，单击“新建项”按钮，在弹出的下拉列表中选择“序列”选项，打开“新建序列”对话框，单击“设置”选项卡，将“编辑模式”设置为“自定义”，“时基”设置为“50.00帧/秒”，将“帧大小”的“水平”设置为1920、“垂直”设置为1080，“像素长宽比”设置为“方形像素（1.0）”，其余选项保持默认，单击“确定”按钮，如图2-103所示。

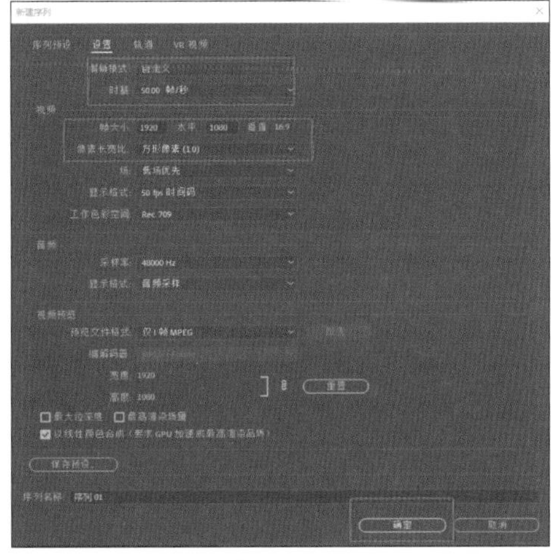

图2-103

将视频素材拖至“时间轴”面板中，并将其选中，单击鼠标右键，在弹出的快捷菜单中选择“速度/持续时间”命令，如图2-104所示。在弹出的“剪辑速度/持续时间”对话框中，设置“速度”为40%，其余选项保持默认，单击“确定”按钮，完成升格视频的设置，如图2-105所示。

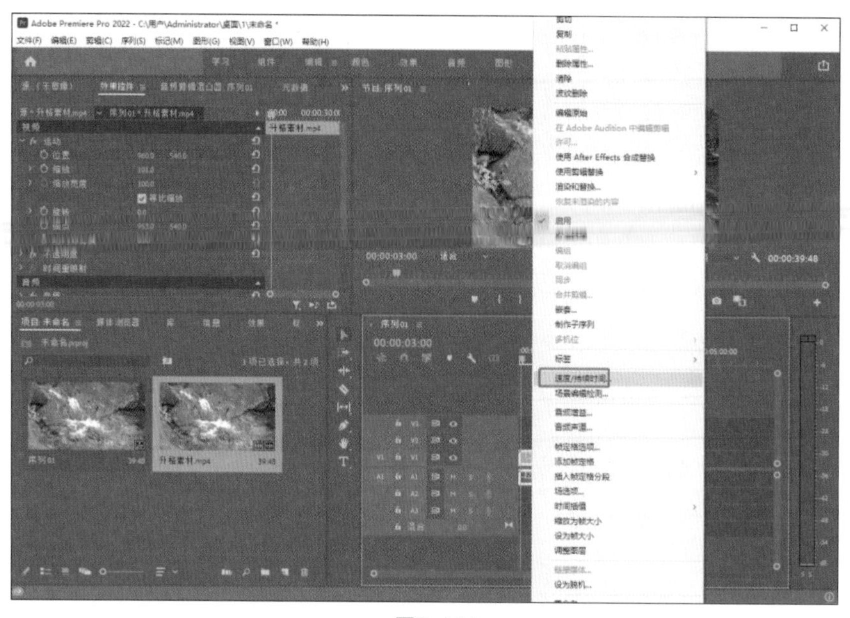

图2-104

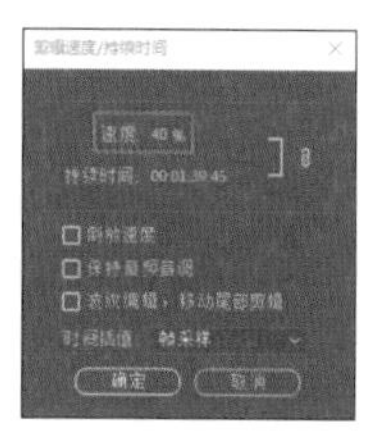

图2-105

2.4.2 降格

降格又称快动作镜头，在剪辑时增加视频的播放速度，可以得到比实际速度快的运动效果。

将视频素材导入“项目”面板，单击“新建项”按钮，在弹出的下拉列表中选择“序列”选项，打开“新建序列”对话框，单击“设置”选项卡，将“编辑模式”设置为“自定义”，“时基”设置为“50.00帧/秒”，将“帧大小”的“水平”设置为1920、“垂直”设置为1080，“像素长宽比”设置为“方形像素（1.0）”，其余选项保持默认，单击“确定”按钮，如图2-106所示。

将视频素材拖至“时间轴”面板中，并将其选中，单击鼠标右键，在弹出的快捷菜单中选择“速度/持续时间”命令，弹出“剪辑速度/持续时间”对话框，设置“速度”为150%，其余选项保持默认，单击“确定”按钮，完成降格视频的设置，如图2-107所示。

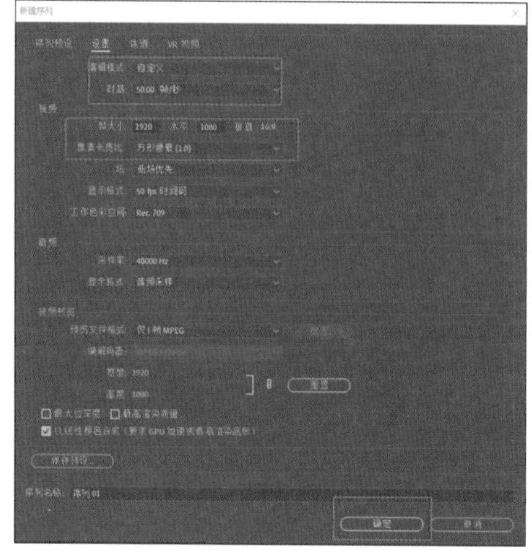

图2-106

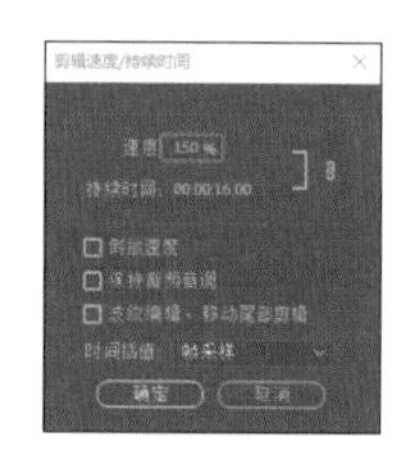

图2-107

“效果控件”面板的运用

给“时间轴”面板中的素材添加特效之后，可以在“效果控件”面板中设置各个特效的具体参数，也可以在不添加特效的情况下对视频的位置、大小、角度等参数进行调整。

2.5.1 运动

将一段视频素材与一张PNG图片素材导入“项目”面板，然后将它们拖至“时间轴”面板，选中素材，打开“效果控件”面板，展开“运动”选项，如图2-108所示。

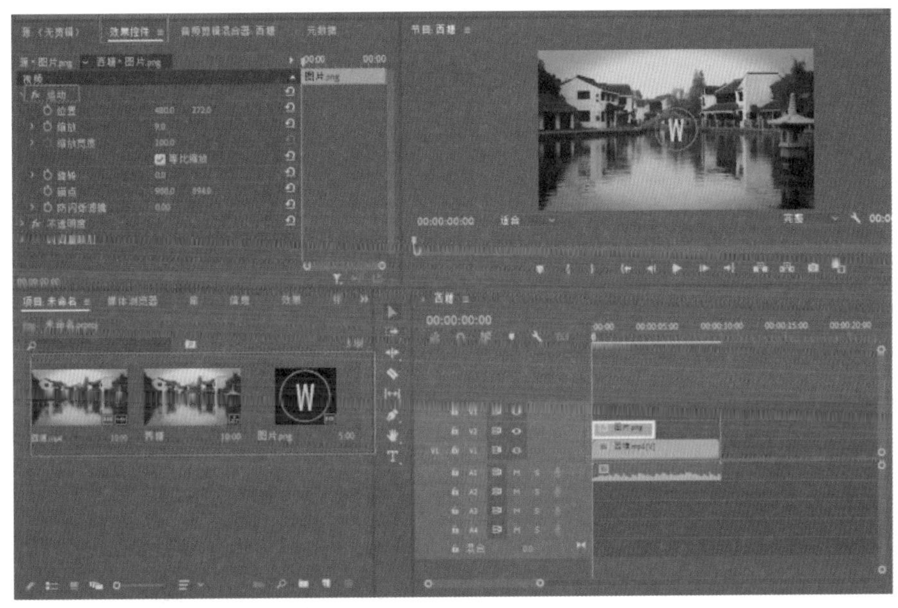

图2-108

“位置”选项中的两个参数分别对应素材的x坐标和y坐标，具体的参数设置如图2-109所示。

图2-109

单击“位置”左侧的“切换动画”按钮，将开始帧作为起点，如图2-110所示。

将时间指示器移至第3秒处，将x坐标设置为869.0，如图2-111所示。

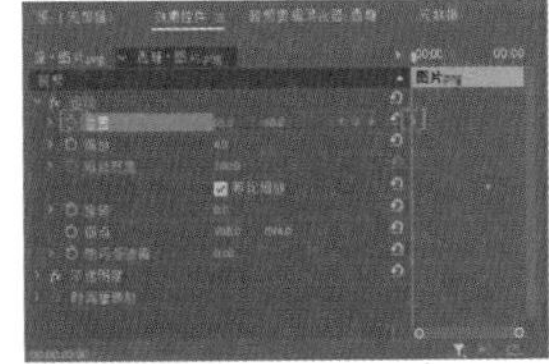

图2-110

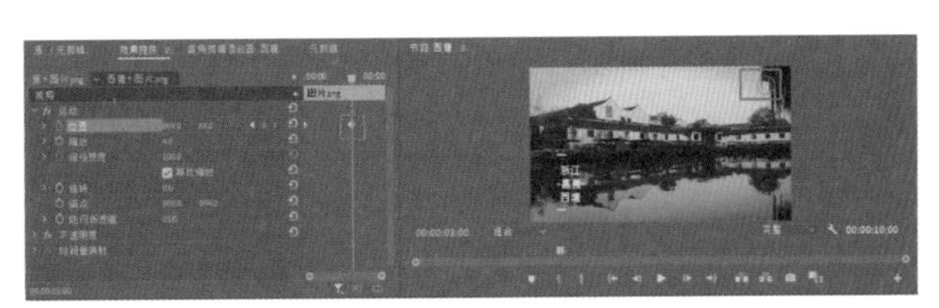

图2-111

“缩放”用于对所选对象的大小进行调整，具体的参数设置如图2-112所示。

图2-112

“旋转”用于对所选对象的角度进行调整，具体的参数设置如图2-113所示。

图2-113

“锚点”用于定义对象运动的中心点，包括位置、大小、缩放、旋转等。单击“锚点”，当前画面中会显示对应的锚点，如图2-114所示。

图2-114

2.5.2 不透明度

不透明度可以理解为所选素材的显示状态。不透明度为0%时，素材图像是透明的；不透明度为100%时，素材图像将完全显示。将一段视频素材与一张PNG图片素材导入“项目”面板，然后将它们拖至“时间轴”面板中，选中素材，打开“效果控件”面板，展开“不透明度”选项，如图2-115所示。

在“不透明度”选项中将“不透明度”的值从100.0%降为0.0%，可以看到画面中的素材会消失。

选中素材，单击“不透明度”左侧的“切换动画”按钮，将开始帧作为起点，将“不透明度”设置为0.0%，将时间指示器移至第3秒处，将“不透明度”修改为100.0%，完成淡入效果的制作，如图2-116所示。

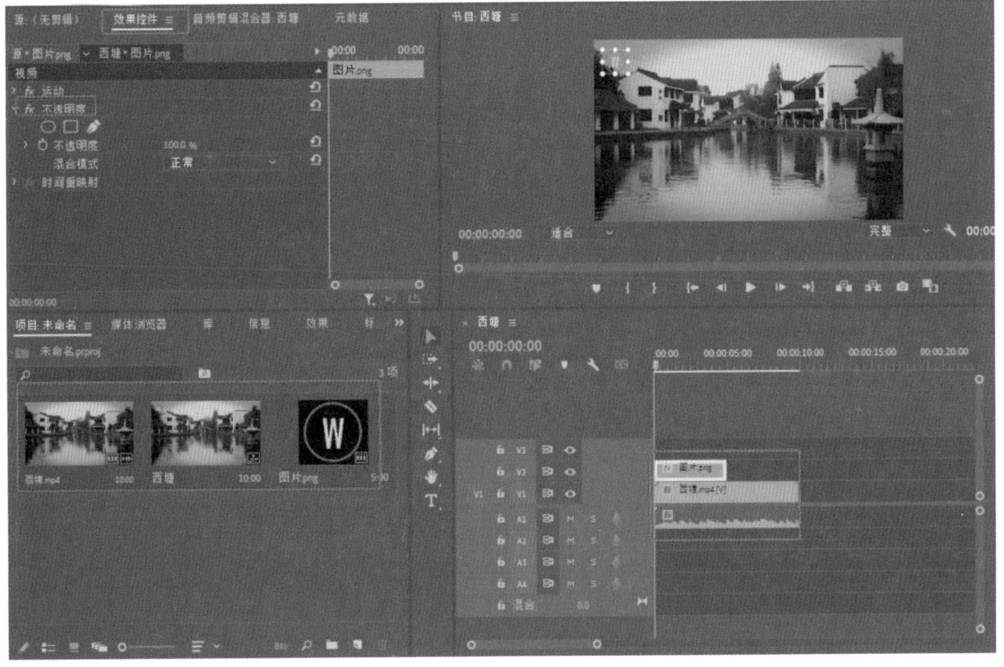

图2-115

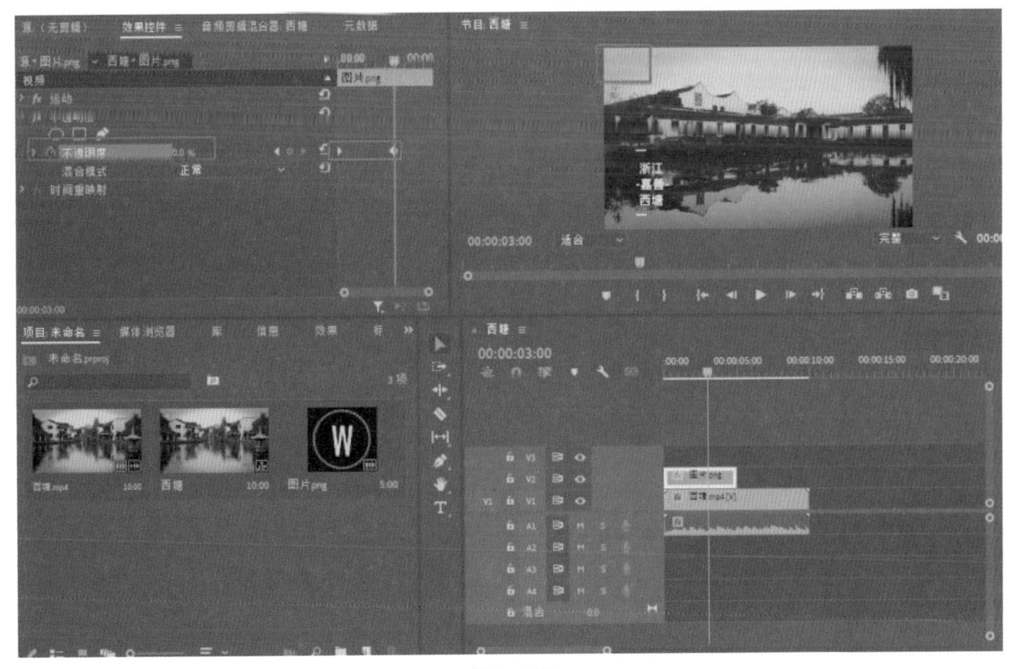

图2-116

2.5.3 时间重映射

时间重映射功能主要应用在改变视频素材的速度上，可以实现单个视频素材中慢动作和快动作的切换。将一段视频素材导入“项目”面板，并将其拖至“时间轴”面板中，再将其拖至视频轨道的边界线上，以增加该轨道的高度，如图2-117所示。

使用鼠标右键单击fx图标，在弹出的快捷菜单中选择“时间重映射>速度”命令，如图2-118所示。

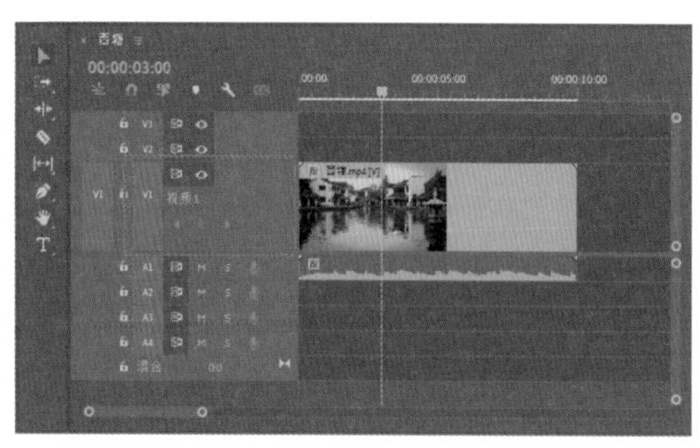

图2-117

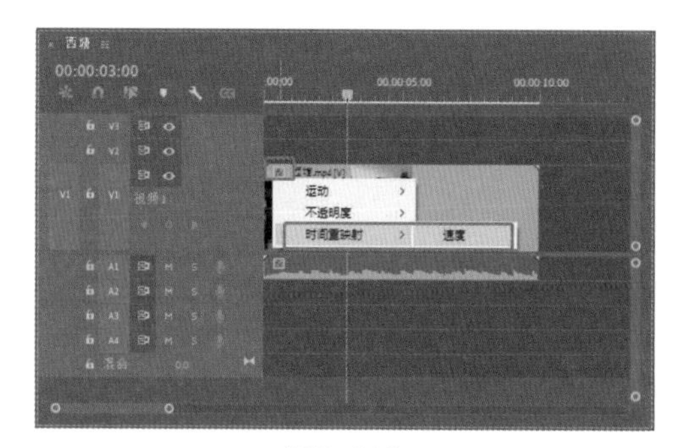

图2-118

此时在视频素材上出现的线就是速度线，按住Ctrl键在第1秒的位置单击速度线，添加一个速度关键帧，如图2-119所示。

按住鼠标左键拖动速度关键帧右侧的速度线，在弹出的数值框中输入50.00%，如图2-120所示。

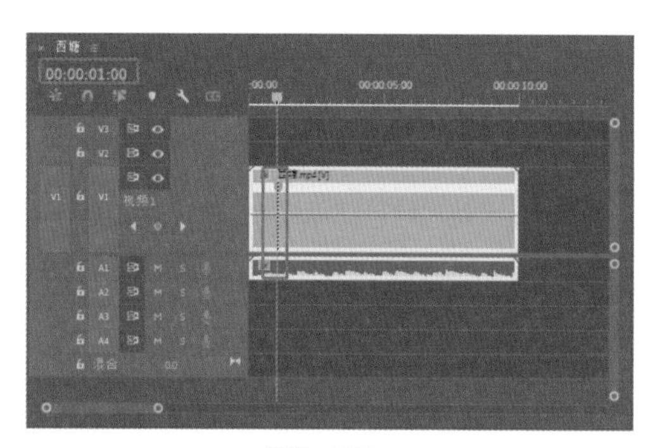

图2-119

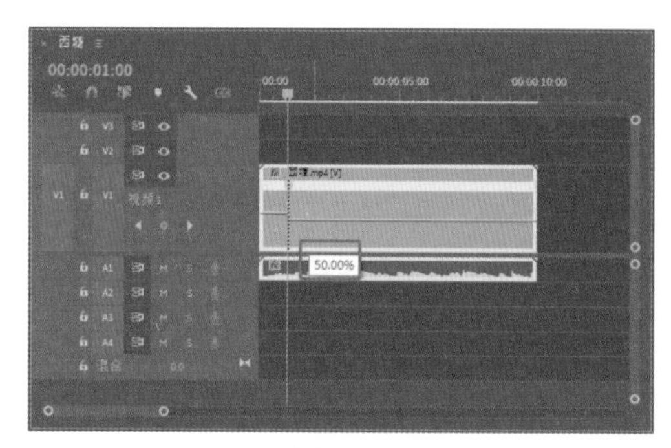

图2-120

2.6 视频序列的设置和操作技巧

本节主要讲解视频序列的设置技巧及导出视频的相关操作，以及绿屏抠像技术的应用、电影遮幅效果的制作等。

2.6.1 竖屏视频的序列设置

在编辑视频前，需要先确认视频的序列设置。目前，很多人会使用手机观看视频，手机平台上的视频以竖屏为主，接下来就讲解竖屏序列的设置方法。

在“项目”面板中单击“新建项”按钮，在弹出的下拉列表中选择“序列”选项，弹出“新建序列”对话框，单击“设置”选项卡，设置“编辑模式”为“自定义”，“时基”为“25.00帧/秒”，将“帧大小”的“水平”为1080、“垂直”为1920，“像素长宽比”为“方形像素（1.0）”，其余选项保持不变，单击“确定”按钮，如图2-121所示。

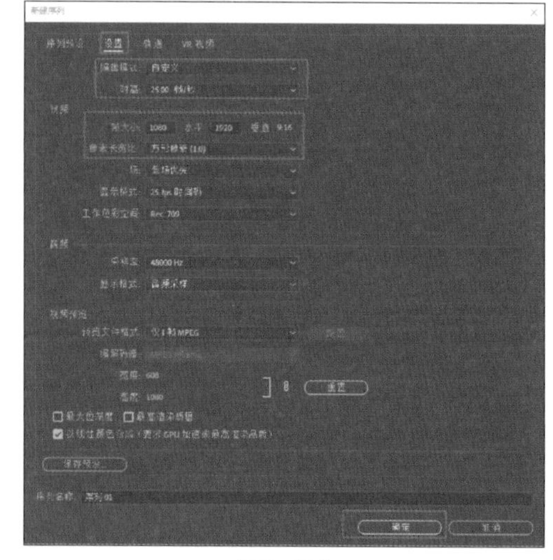

图2-121

然后将一段竖屏素材导入“项目”面板，并将其拖至“时间轴”面板中，如图2-122所示。

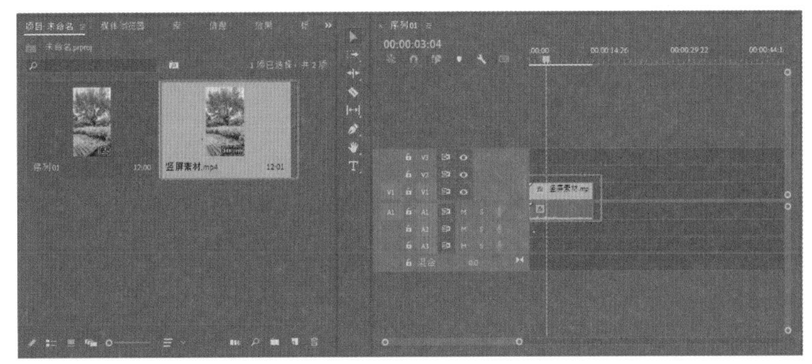

图2-122

在“节目”监视器面板中可以看到图2-123所示的效果。

图2-123

2.6.2 如何匹配视频画面

在部分情况下，新建的序列和视频素材的序列不会完全匹配，这时需要调整视频素材，使其与序列完全匹配。

在“项目”面板中单击“新建项”按钮，在弹出的下拉列表中选择“序列”选项，弹出“新建序列”对话框，单击“设置”选项卡，设置“编辑模式”为“自定义”，“时基”为“25.00帧/秒”，将“帧大小”的“水平”为1920、“垂直”为1080，“像素长宽比”为“方形像素（1.0）”，其余选项保持不变，单击“确定”按钮，如图2-124所示。

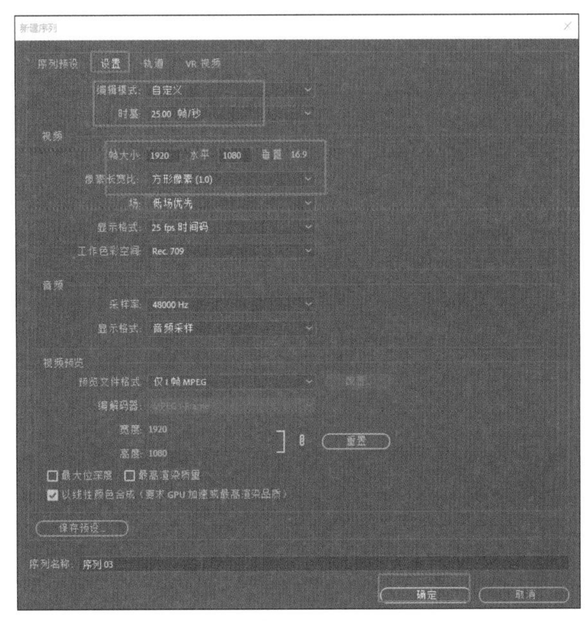

图2-124

将一段视频素材导入“项目”面板，并将其拖至“时间轴”面板中，这时会弹出“剪辑不匹配警告”对话框，单击“保持现有设置”按钮，如图2-125所示，会看到素材没有完全覆盖整个画面。

图2-125

在“效果控件”面板中展开“运动”选项，将“缩放”调整为152.0，如图2-126所示，此时可以在“节目”监视器面板中看到图2-127所示的效果。

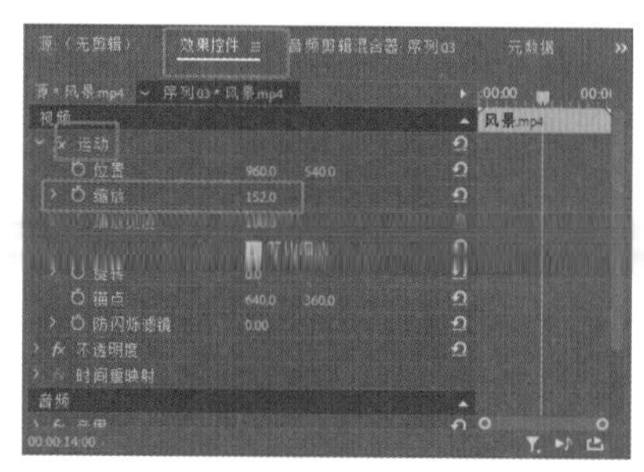

图2-126

图2-127

2.6.3 导出和上传高清视频

视频剪辑完成后，需要将视频导出，导出视频时的设置会直接影响视频的清晰度。

将一段视频素材导入“项目”面板，并将其拖至“时间轴”面板中，执行“文件>导出>媒体”命令，弹出“导出设置”对话框。将“格式”设置为H.264，“预设”设置为“匹配源-高比特率”，单击“输出名称”左侧的蓝色文字，可以选择视频的存储位置并更改“输出名称”为“风景.mp4”，勾选“导出视频”选项和“导出音频”选项，“估计文件大小”右侧会显示视频导出后的预估大小，如图2-128所示。

图2-128

2.6.4 案例：绿屏抠像

资源位置

素材位置 素材文件>第2章>2.6.4案例：绿屏抠像

实例位置 实例文件>第2章>2.6.4案例：绿屏抠像.prproj

视频位置 视频文件>第2章>2.6.4案例：绿屏抠像.mp4

技术掌握 掌握绿屏抠像技术

微课视频

本案例讲解绿屏抠像技术的应用方法。绿屏抠像技术通过提取通道来实现人物与背景分离的效果。拍摄时要注意抠像的人物主体不能包含将要抠取的背景颜色。目前，主要使用绿色和蓝色作为背景颜色。本案例完成后的效果如图2-129所示。

图2-129

设计思路

（1）为了实现某些特殊效果，我们需要将人物抠取出来并换一个新背景。

（2）将素材叠放。

（3）应用“超级键”效果。

操作步骤

① 将“抠像.mp4”和“背景.mp4”素材导入“项目”面板，将“背景.mp4”素材拖至V1轨道上，将“抠像.mp4”素材拖至V2轨道上，并将这两个素材的长度调至一样，如图2-130所示。

② 打开“效果”面板，展开“视频效果”文件夹，选择“键控>超级键”效果，将其拖至“抠像.mp4”素材上，如图2-131所示。

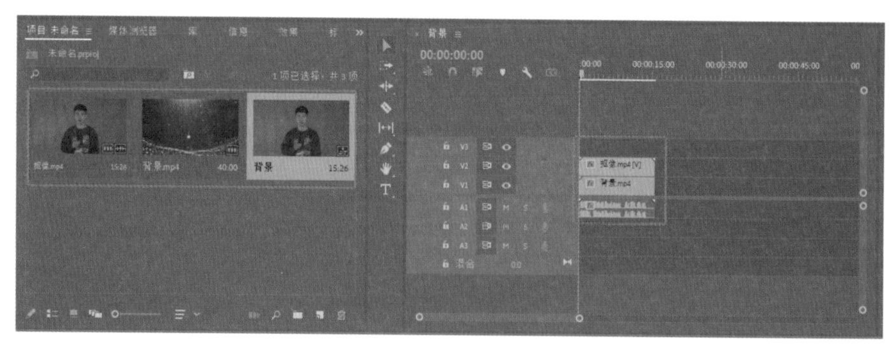

图2-130

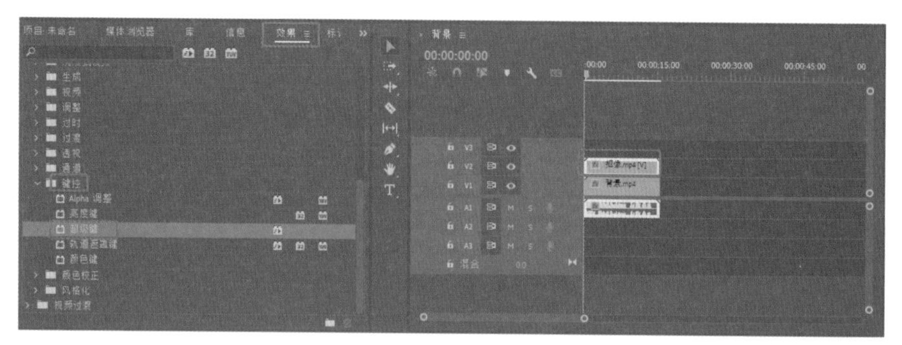

图2-131

③ 在“效果控件”面板中展开“超级键”选项，选择“吸管工具”，如图2-132所示，吸取“抠像.mp4”素材中的绿色。

④ 将“遮罩生成”选项中的“基值”设置为50.0，“遮罩清除”选项中的“抑制”设置为30.0，“柔化”设置为7.0，如图2-133所示。

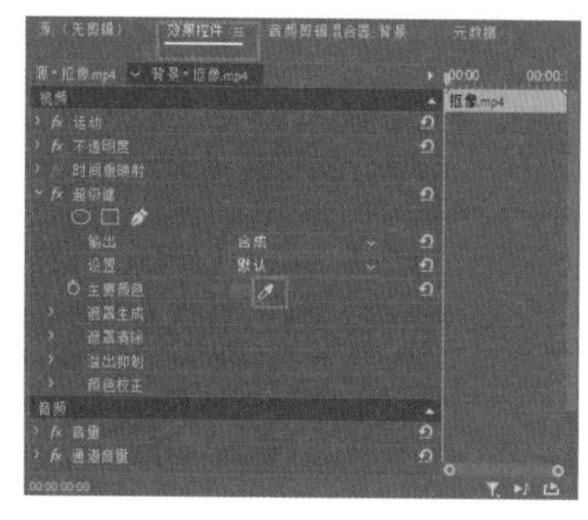

图2-132

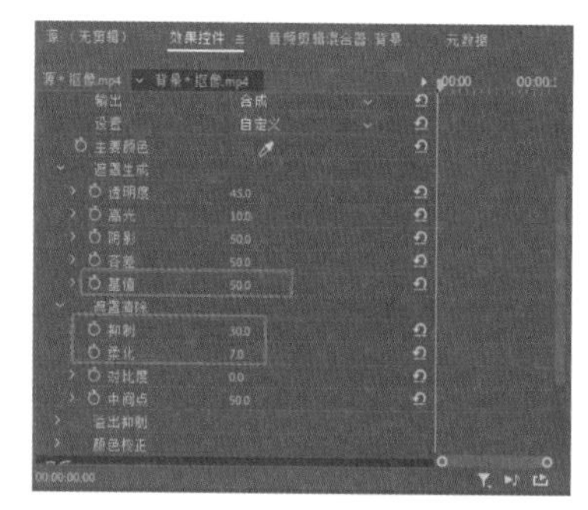

图2-133

⑤ 最终效果如图2-134所示。

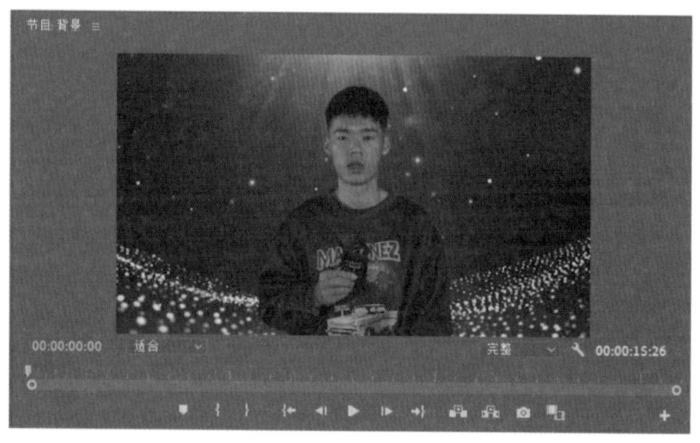

图2-134

2.6.5 案例：电影遮幅效果

资源位置

素材位置 素材文件>第2章>2.6.5案例：电影遮幅效果

实例位置 实例文件>第2章>2.6.5案例：电影遮幅效果.prproj

视频位置 视频文件>第2章>2.6.5案例：电影遮幅效果.mp4

技术掌握 掌握电影遮幅效果的制作方法

微课视频

本案例讲解电影遮幅效果的制作。遮幅电影又叫“假宽银幕”电影，它是一种非变形宽银幕系统，使用标准的35毫米电影摄像机和光学镜头拍摄，拍摄时会在摄像机片窗前加一个框格，以遮去原来标准画幅的上下两边。由于画幅上下两边都被遮挡住，因此画面宽高比明显增加，得到的银幕效果与宽银幕效果相同。用此方法制作遮幅电影方便、简单，该方法曾被广泛应用。本小节将介绍直接在Premiere中制作电影遮幅效果的方法，完成后的效果如图2-135所示。

图2-135

设计思路

（1）新建黑场视频。

（2）调整“位置”参数。

操作步骤

① 将“云.mp4”素材导入“项目”面板，并将其拖至“时间轴”面板中，如图2-136所示。

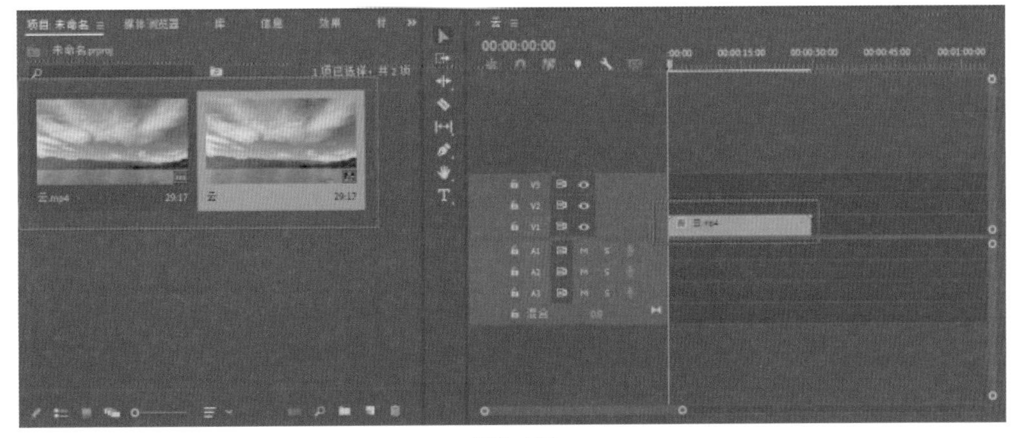

图2-136

❷ 单击“新建项”按钮，在弹出的下拉列表中选择“黑场视频”选项，如图2-137所示，在弹出的对话框中单击“确定”按钮，添加一个黑场视频。

❸ 将“黑场视频”素材拖至V2轨道上，并将其延长至与素材长度相等，如图2-138所示。

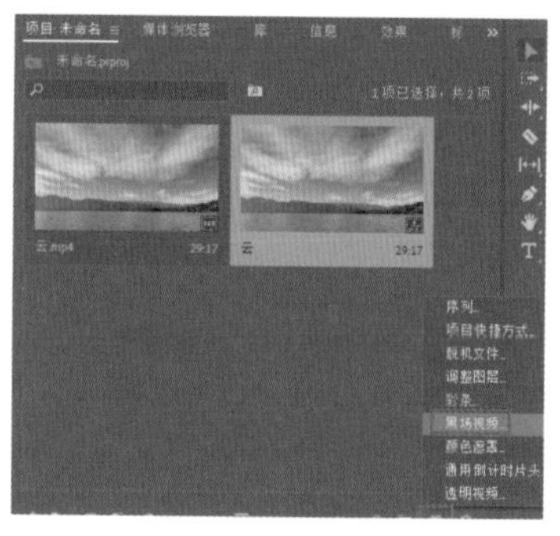

图2-137

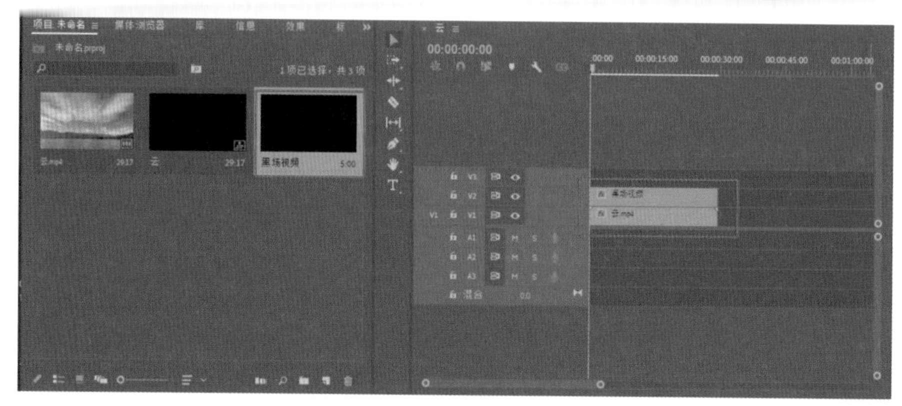

图2-138

❹ 选择“黑场视频”素材，在“效果控件”面板中调整“运动”选项中的“位置”参数，将y坐标值调整为-300.0，如图2-139所示。

图2-139

❺ 回到“时间轴”面板，按住Alt键将“黑场视频”素材拖至V3轨道上，如图2-140所示。

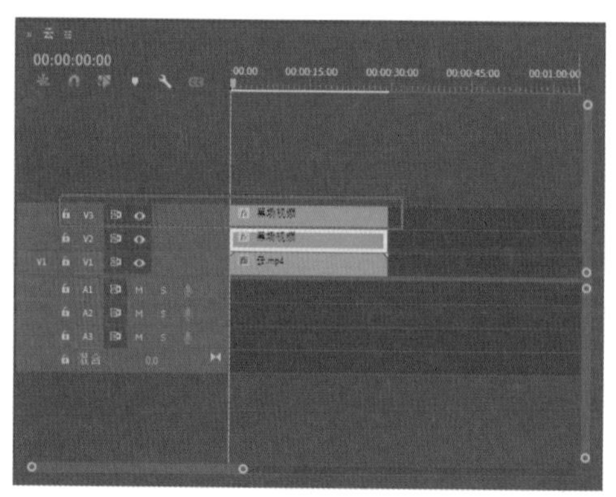

图2-140

⑥ 选中V3轨道上的“黑场视频”素材，在“效果控件”面板中调整“运动”选项中的“位置”参数，将y坐标值调整为1010.0，如图2-141所示。

图2-141

⑦ 最终效果如图2-142所示。

图2-142

2.7 本章小结

本章主要带领读者认识基本的剪辑操作，了解Premiere的工作区和主要面板的应用方法，以及简单的字幕添加方法、视频转场效果的用法、音乐的无缝衔接、视频序列的设置、视频导出设置等，帮助读者对视频剪辑有基本的整体性认识，为之后的字幕添加、视频转场效果制作、音乐衔接等打下基础。

2.8 实战训练：上下模糊、三屏视频制作

资源位置

素材位置　素材文件>第2章>2.8实战训练：上下模糊、三屏视频制作

实例位置　实例文件>第2章>2.8实战训练：上下模糊、三屏视频制作.prproj

视频位置　视频文件>第2章>2.8实战训练：上下模糊、三屏视频制作.mp4

技术掌握　模糊技术的掌握

微课视频

本案例讲解上下模糊、三屏视频的制作。这是一种比较热门的短视频排版布局方式，其上下为模糊的画面，中间为展示的内容，而且模糊的部分与展示的内容部分同步播放。案例效果如图2-143所示。

图2-143

设计思路

（1）在“效果控件”面板中调整“运动”的参数。

（2）添加“高斯模糊”效果。

操作步骤

❶ 将“海浪.mp4”视频素材导入素材箱，新建一个竖屏的高清序列，并将素材拖至“时间轴”面板，如图2-144所示。

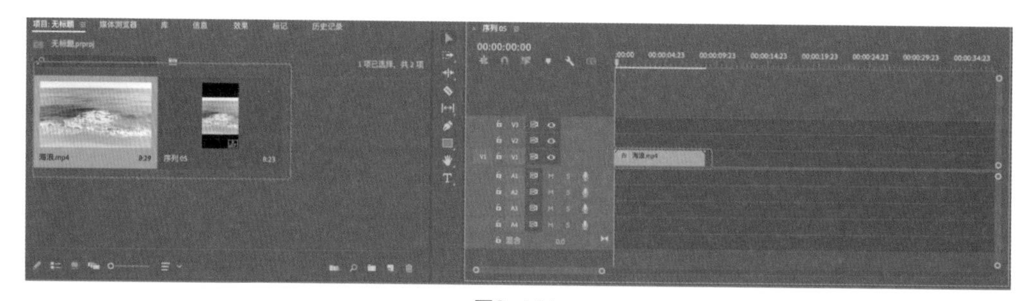

图2-144

❷ 在“时间轴”面板中选中“海浪.mp4”视频素材，打开“效果控件”面板，将“运动”的“缩放”参数调整为56.0，如图2-145所示。

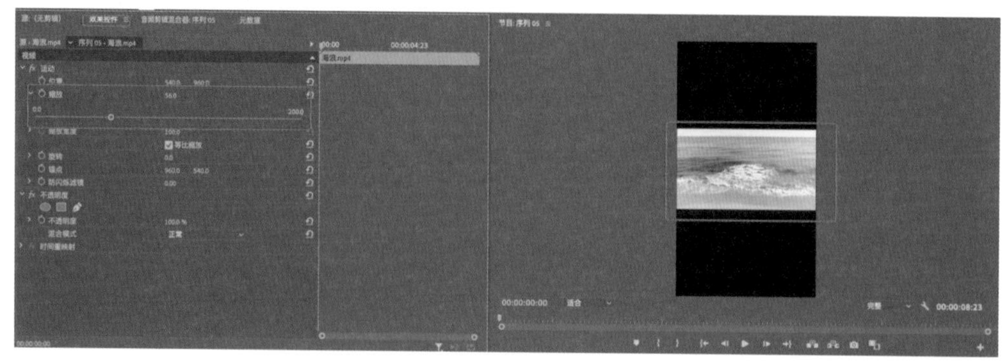

图2-145

③ 复制“海浪.mp4”视频素材。选中素材，按住Alt键的同时，向上拖曳，即可复制素材，如图2-146所示。

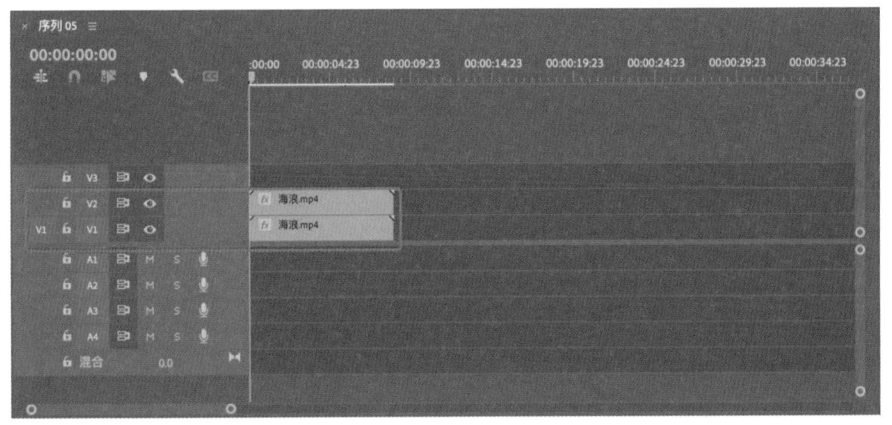

图2-146

④ 选中V1轨道上的“海浪.mp4”视频素材，在“效果控件”面板中将“运动”下的“缩放”参数调整为181.0，如图2-147所示。

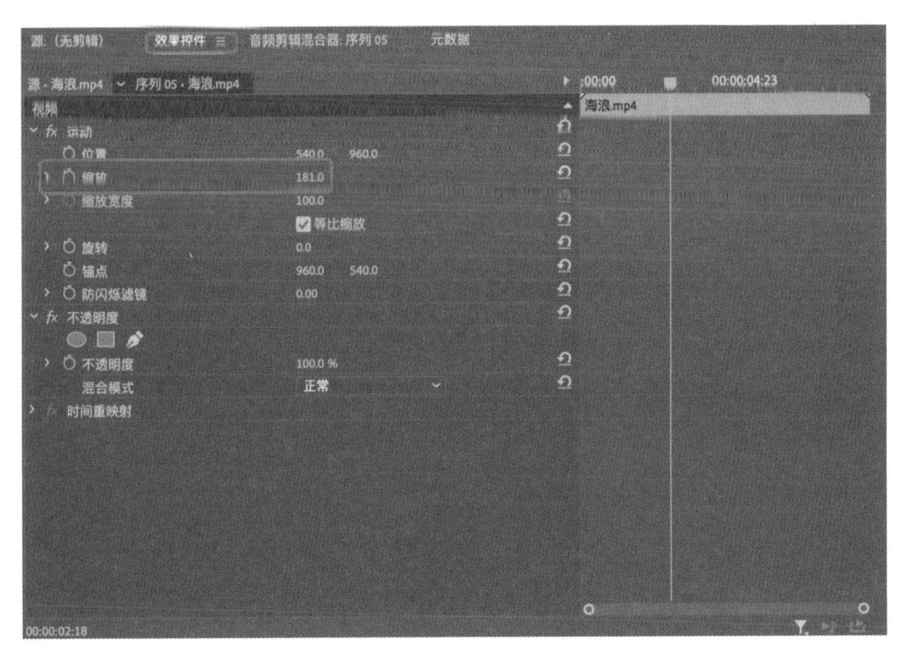

图2-147

⑤ 打开“效果”面板，在“视频效果”下拉列表中选择“模糊与锐化>高斯模糊”效果，将其拖至V1轨道上的“海浪.mp4”视频素材上，如图2-148所示。

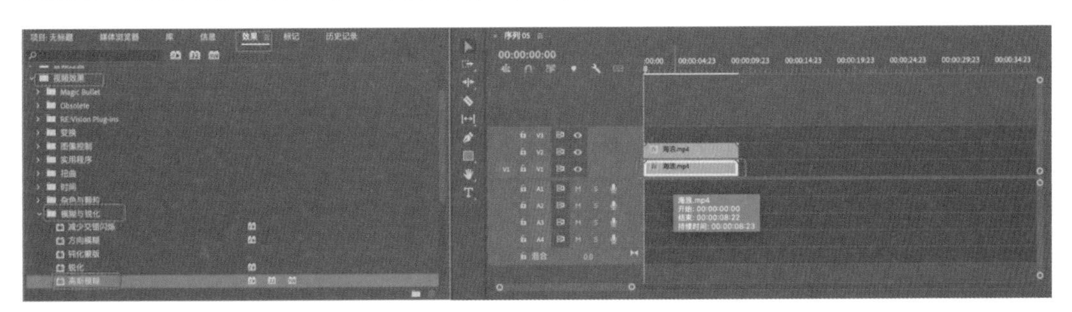

图2-148

⑥ 选择V1轨道上的“海浪.mp4”视频素材，在“效果控件”面板中将“高斯模糊”效果下的“模糊度”参数调整为56.0，如图2-149所示。

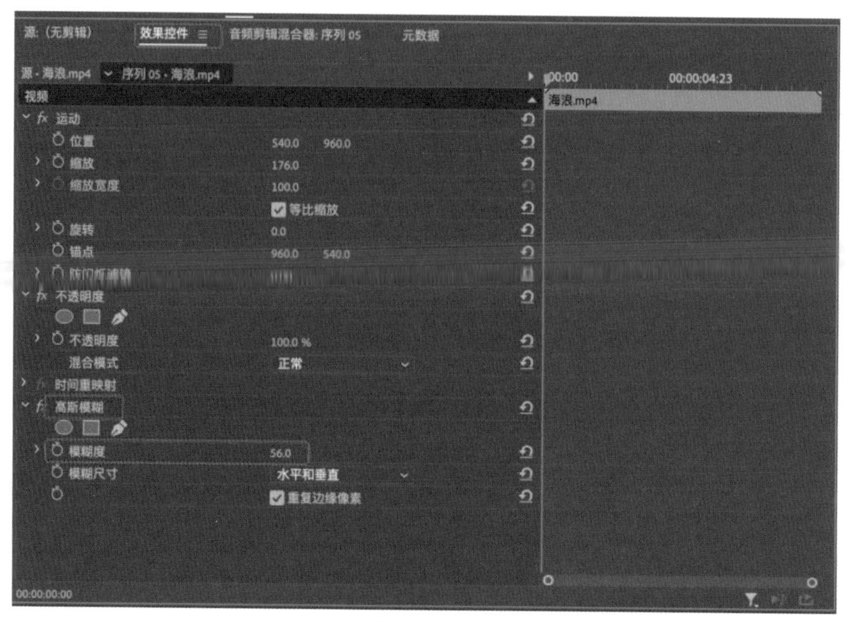

图2-149

⑦ 最终效果如图2-150所示。

图2-150

第3章 字幕效果设计实战

字幕在视频中是不可缺少的一部分，其在内容表现方面占有重要地位，观众通过字幕可以清晰地理解视频的内容。本章主要讲解字幕的制作，通过9个案例有针对性地讲解字幕制作的实战技巧，教读者如何将字幕效果合理运用到视频中。

3.1 字幕的制作

本节将介绍4种制作字幕的方法，分别是使用文字工具、使用旧版标题、通过基本图形编辑、使用基本图形模板制作字幕。通过对这4种制作方法的学习，读者可以掌握视频中基础字幕的参数设置方法和添加技巧。本节最后还将结合Photoshop详细讲解如何批量添加字幕。

3.1.1 使用文字工具制作字幕

文字工具是Adobe Premiere Pro 2022的一种文字创建工具，其使用方法类似于Adobe Photoshop和Adobe After Effects中文字工具的使用方法。下面通过案例操作来讲解文字工具的使用方法。

先将“风景.mp4”视频素材导入“时间轴”面板中，选择“文字工具”，然后单击素材画面中的任意位置，输入文字“日出”和“最美的时光”，如图3-1和图3-2所示。

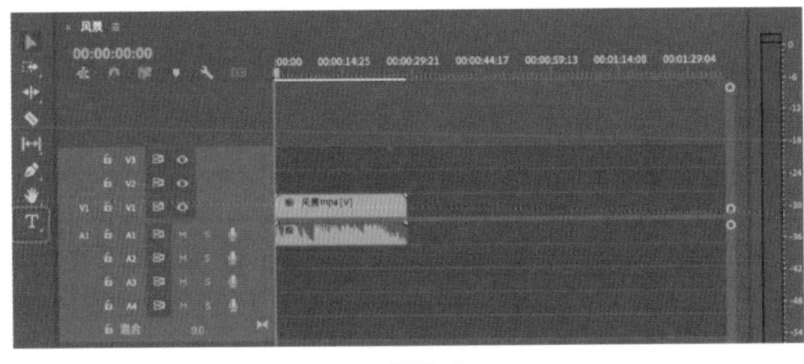

图3-1

图3-2

输入文字之后，进行细节调整。调整前，先在“时间轴”面板中选中文字素材，打开“效果控件”面板，在“文本”选项中对“源文本”进行调整，第一行是字体调整选项，第二行是字号调整选项，Regular表示“常规字体”，在字号旁边可以对字体大小进行调整，将字体大小调整为90，然后单击“居中对齐文本”按钮，如图3-3所示。

接下来调整文字之间的位置关系，图标用于调整字距，在右侧输入数值可调整文字左右两边的距离，此处将该值设置为30；图标用于调整行距，在右侧输入数值可调整文字上下两侧的距离，此处将该值设置为35，如图3-4所示。

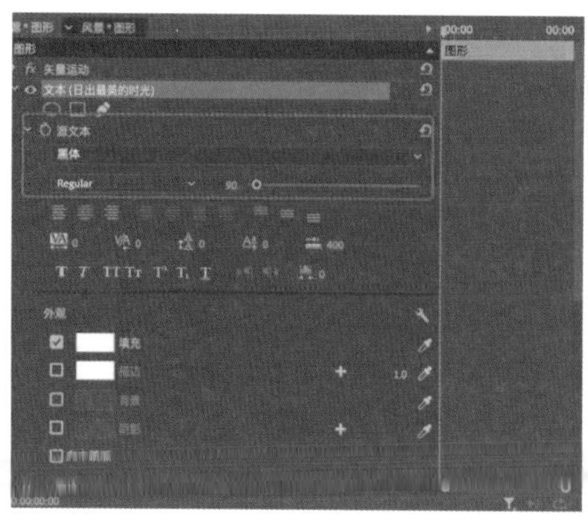

图3-3

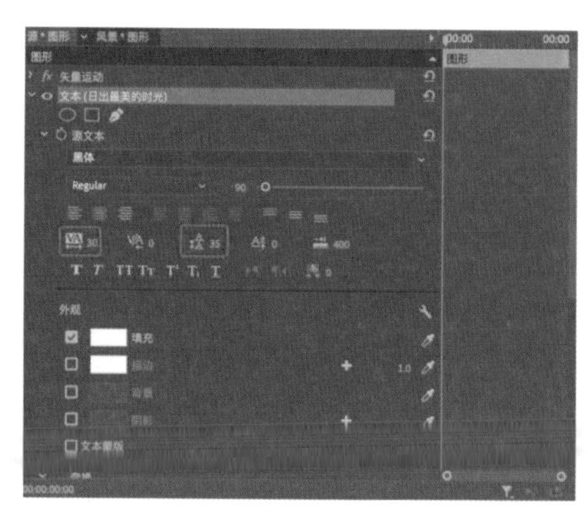

图3-4

确定好文字的字体、大小、间距之后，下面对文字的外观进行调整，主要包含填充、描边、阴影3种属性。先将“填充”设置为白色，然后勾选“阴影”选项，将展开更多的调整选项：第一个图标▩用于调整阴影的不透明度，将其值调整为70%；第二个图标∠用于调整阴影的角度，将其值调整为130°；第三个图标▣用于调整阴影与文字的距离，将其值调整为15.0；第四个图标▣用于调整阴影的扩散程度，将其值调整为5.0；第五个图标▟用于调整阴影的模糊程度，将其值设置为8，如图3-5所示。

最后调整文字的位置，将“变换”选项中的“位置”调整为650.0、500.0，如图3-6所示。

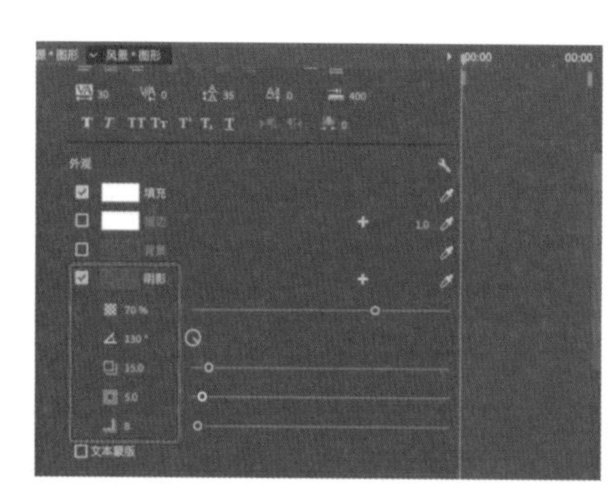

图3-5

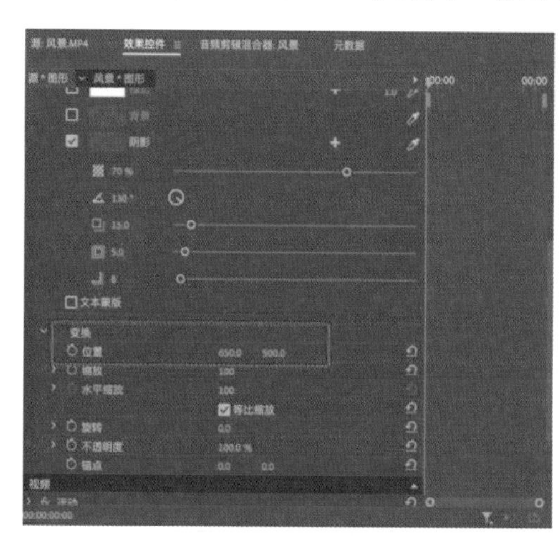

图3-6

设置完成后，我们可以根据需要在“时间轴”面板中移动文字素材，最终效果如图3-7所示。

图3-7

提示

在输入文字时，如果出现部分字体无法识别的情况，更换中文字的字体即可。

3.1.2 使用旧版标题制作字幕

本小节主要讲解旧版标题字幕的创建细节，包含“旧版标题”命令的执行、“字幕”面板内工具栏的作用、常用工具的操作。

执行“文件>新建>旧版标题”命令，在弹出的对话框中单击“确定”按钮，如图3-8所示，即可打开“字幕”面板。

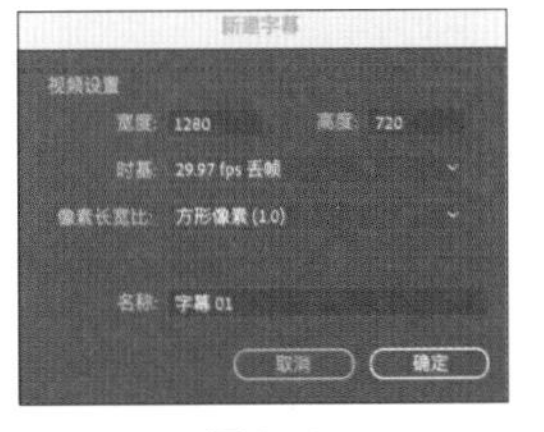

图3-8

“字幕”面板左上角的工具栏包含了文字的移动工具、路径文字工具和图形工具等。首先演示文字的输入。选择“文字工具”，如图3-9所示，输入“日出”，然后将其选中，进行字体的设置。这里将字体设置为“黑体”。

用“路径文字工具”可以按照特定的路径对文字进行排列。选择“路径文字工具”，在视频画面中画出一个“~”形状的路径，画完之后再次选择“路径文字工具”，然后输入“最美的时光”，如图3-10所示。

图3-9

图3-10

图形工具有可自定义形状的钢笔工具和规范的几何图形工具。选择“矩形工具”，将鼠标指针移到视频画面中央，画一个矩形，如图3-11所示。

“字幕”面板右侧为调整文字的参数，包含变换、属性、填充、描边等。“变换”选项中的“宽度”与“高度”用于调整文字在垂直方向和水平方向上的缩放效果。“属性”选项中的参数主要用于调整文字的基本属性，如字体、字体样式、字体大小、字符间距等。接下来对文字“最美的时光”进行调整，选择“选择工具”，选中文字，将“字体大小”设置为80.0，“字符间距”设置为40.0，如图3-12所示。

图3-11

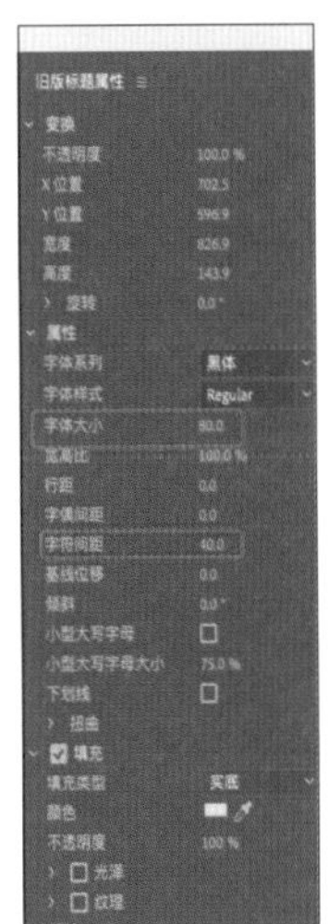

图3-12

这里选择画好的矩形，然后将“颜色”修改为黄色，如图3-13所示。

“填充类型”下拉列表中除了有“实底”选项之外，还有“线性渐变”选项。选择“选择工具”，选中“日出”文本，然后单击“填充类型”右侧的下拉按钮，在弹出的下拉列表中选择“线性渐变”选项，将左侧的颜色滑块调整为黄色，将右侧的颜色滑块调整为白色，将“角度”设置为200.0°，如图3-14所示。

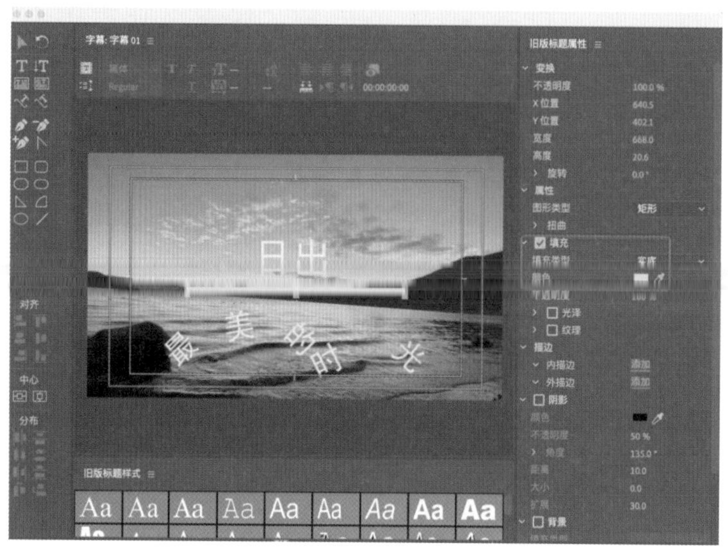

图3-13

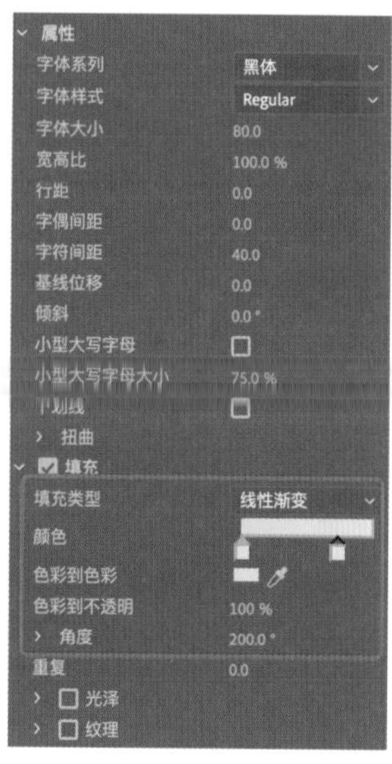

图3-14

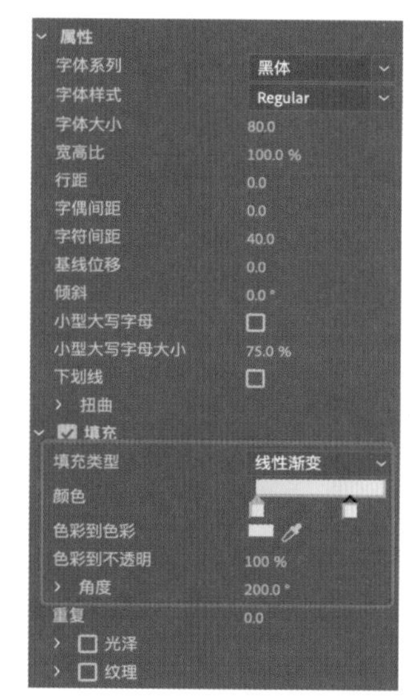

图3-15

按照上述步骤对“最美的时光”文本进行操作，如图3-15所示。

所有内容调整完成之后，关闭“字幕”面板，在“项目”面板中找到字幕素材，将其拖至“时间轴”面板中的V2轨道上，根据实际情况更改字幕的时长，如图3-16所示。

图3-16

字幕添加完成之后，若还需要新建一个一样的字幕，双击添加的字幕素材就可以再次打开“字幕”面板，在工具栏中单击“基于当前字幕新建字幕”按钮，在弹出的“新建字幕”对话框中单击“确定”按钮，效果如图3-17所示。

关闭“字幕”面板，然后将新建的字幕素材拖至“时间轴”面板中的V2轨道上，如图3-18所示。

图3-17

图3-18

双击第二个字幕素材打开“字幕”面板，将原有的内容删掉，输入文字“阳光”和“泸沽湖风景”，这样第二个字幕素材就与第一个字幕素材有相同的属性了，最终效果如图3-19所示。

图3-10

3.1.3 通过基本图形编辑制作字幕

基本图形编辑是Adobe Premiere Pro 2022中的一种功能。

先将“风景.mp4”素材拖至“时间轴”面板中，将操作界面切换为“图形”模式，在“基本图形”面板中选择“编辑”选项卡，如图3-20所示。

图3-20

在“编辑”选项卡中单击“新建图层”按钮，在弹出的下拉列表中选择“文本”选项，打开文本设置界面，如图3-21所示。

图3-21

选择“文字工具”，选中“新建文本图层”文字并将其删掉，输入文字“最美的时光”，然后在“文本”选项中设置文字的字体，如图3-22所示。

在“对齐并变换”选项中调整文字的“位置”为130.0、650.0，其他参数保持默认，如图3-23所示。

图3-22

图3-23

接下来调整文字的背景图层，单击“新建图层”按钮，在弹出的下拉列表中选择“矩形”选项，在“外观”选项中将“填充”颜色更改为黄色，然后将“形状01”图层拖至“最美的时光”图层下方，如图3-24所示。

使用“选择工具”调整背景图层的位置与大小，效果如图3-25所示。

最后对背景进行美化，在“基本图形”面板中选中“形状01”图层，单击鼠标右键，在弹出的快捷菜单中选择“复制”命令，然后在画面空白处单击鼠标右键，在弹出的快捷菜单中选择“粘贴”命令，效果如图3-26所示。

图3-24

图3-25

图3-26

将复制得到的“形状01”图层拖至最下方，并将其“填充”颜色更改为白色，如图3-27所示。使用“选择工具”调整白色背景图层的位置，使其和黄色图层在位置上错开，如图3-28所示。

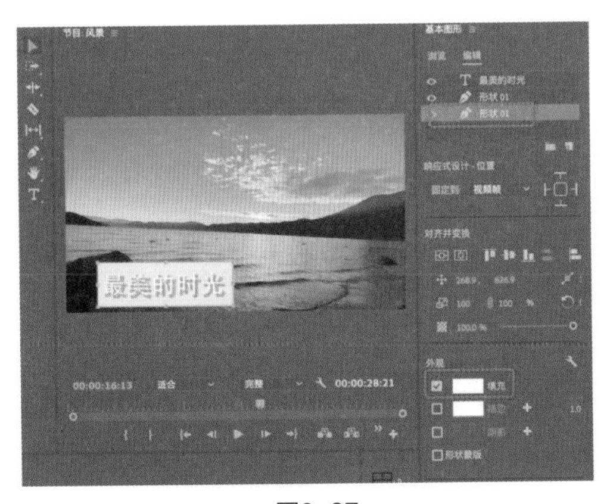

图3-27

图3-28

提示 基本图形编辑中的图层关系与Photoshop中的类似，即优先显示最上层的内容。

3.1.4 使用基本图形模板制作字幕

基本图形模板是 Premiere自带的一种文字模板，使用时只需修改文字内容即可。操作方法如下：将素材拖至“时间轴”面板中，将操作界面切换为“图形”模式，“基本图形”面板的“浏览”选项卡中显示了图形模板，如图3-29所示；根据实际情况选择一款合适的模板，直接将其拖至“时间轴”面板中，如图3-30所示。

图3-29

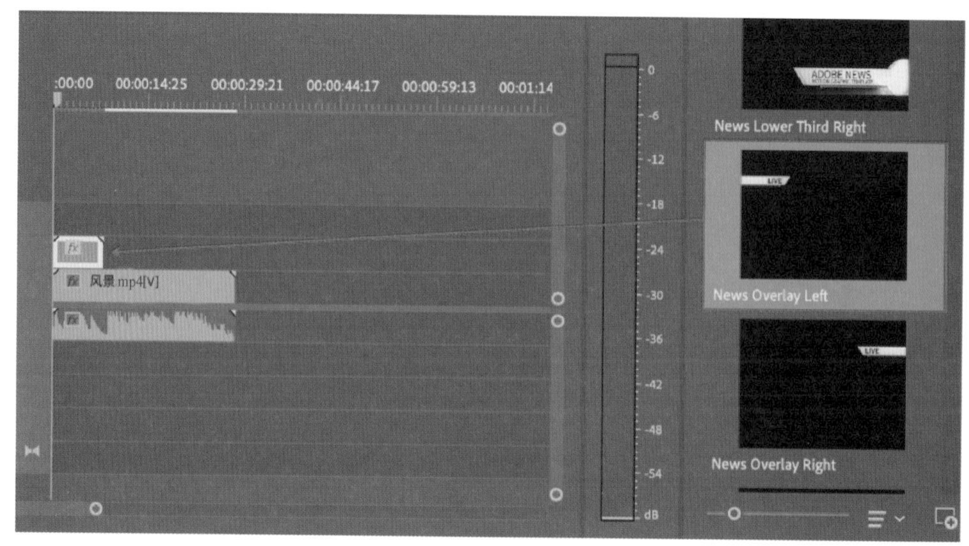

图3-30

在“时间轴”面板中单击字幕模板，然后可以在“编辑”选项卡中调整字幕模板的各种参数，这里将文本框中的内容改为“最美的时光”，如图3-31所示。

图3-31

最后可根据实际情况对文字进行细节调整，效果如图3-32所示。

图3-32

若计算机没有安装模板中的字体，则会弹出“解析字体”对话框，直接将其关闭即可，不会影响后续操作。

3.1.5 案例：使用Photoshop批量添加字幕

资源位置

- 素材位置　素材文件>第3章>3.1.5案例：使用Photoshop批量添加字幕
- 实例位置　实例文件>第3章>3.1.5案例：使用Photoshop批量添加字幕.prproj
- 视频位置　视频文件>第3章>3.1.5案例：使用Photoshop批量添加字幕.mp4
- 技术掌握　掌握批量添加字幕的方法

本案例结合Photoshop讲解批量添加字幕的方法。

设计思路

（1）为了更加快速地添加字幕，可结合Photoshop来批量添加字幕。

（2）通过对文字工具的运用及细节调整，在Photoshop中制作字幕模板。

（3）通过对Photoshop中数据组的应用，制作出可批量生成的字幕。

操作步骤

① 导入“风景.mp4”素材并将其拖至“时间轴”面板中，使用“旧版标题”命令添加字幕，输入文字“天边渐渐地亮起来”并调整文字细节，设置“字体系列”为“黑体”、“字体大小”为46.0、“字符间距”为10.0、“颜色”为白色、“X位置”为630.0、“Y位置”为689.0、如图3-33所示。

② 将“字幕01”拖至“时间轴”面板中的V2轨道上，然后单击“节目”监视器面板中的“导出帧”按钮，弹出“导出帧”对话框，设置“名称”为“字幕模板”、“格式”为“JPEG”，选择导出位置，单击“确定”按钮，如图3-34所示。

图3-33

图3-34

❸ 打开 Photoshop，将从Premiere导出的静帧图片导入，如图3-35所示。

图3-35

❹ 选择“文字工具”，输入“字幕模板”素材中的文字内容，调整文字的字体、字体大小、位置，设置文字排列方式为“居中”，使其与“字幕模板”素材大致重合，相关参数设置如图3-36所示。

❺ 把需要批量生成的文字用TXT文档保存，在文本内容的开头加上英文“title”，将TXT文档命名为“日出”，如图3-37所示。

图3-36

日出.txt

```
title
天边渐渐地亮起来
好像谁在淡青色的天畔抹上了一层粉红色
在粉红色下面隐藏着无数道金光
忽然间仿佛起了一阵响声似的
粉红色的云片被冲开了
天空顿时展开来
霎时间霞光布满了半个天
维护着这一轮金光灿烂的朝日
水面上也荡漾着无数道金光
天空中好像奏着一曲交响乐
将响亮的曲调送进人们的耳里
```

图3-37

❻ 在 Photoshop中将背景图层左侧的“图层切换”按钮关闭，如图3-38所示。

图3-38

⑦ 在Photoshop中执行“图像>变量>定义”命令，弹出“变量”对话框，勾选“文本替换”选项，在“名称”文本框中输入“title”，单击“下一个”按钮，如图3-39所示。

⑧ 单击“导入”按钮，在弹出的对话框中单击“选择文件”按钮，选择“日出”文件并单击“载入”按钮，勾选“将第一列用作数据组名称”选项和“替换现有的数据组”选项，然后单击“确定”按钮，如图3-40所示。

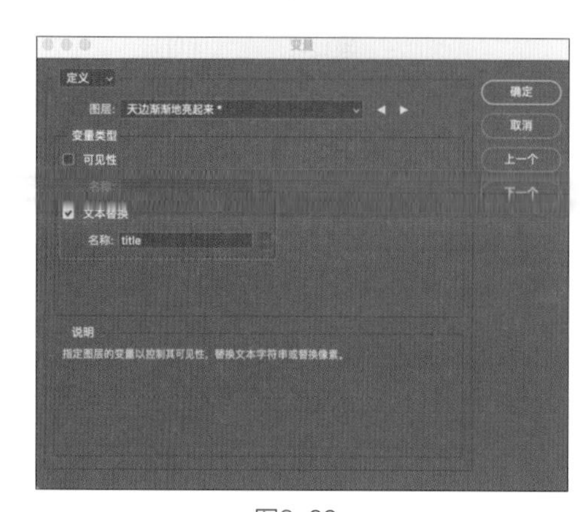

图3-39

图3-40

⑨ 单击“数据组”下拉列表框右侧的下拉按钮，可以看到每组字幕的预览情况，说明导入成功，如图3-41所示。

⑩ 执行“文件>导出>数据组作为文件”命令，弹出“将数据组作为文件导出”对话框，自定义导出位置，其余选项保持默认，单击“确定”按钮，如图3-42所示。

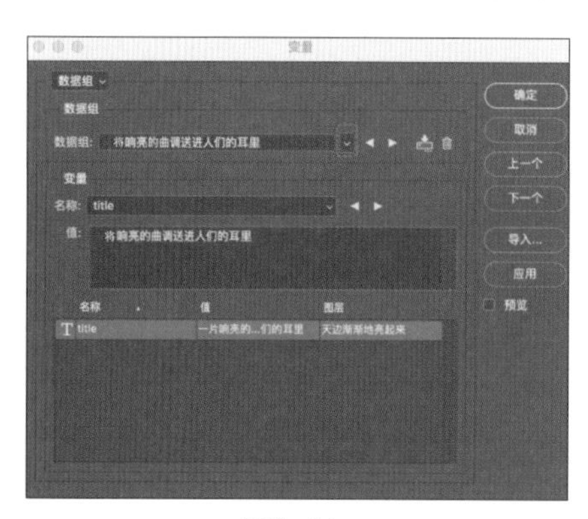

图3-41

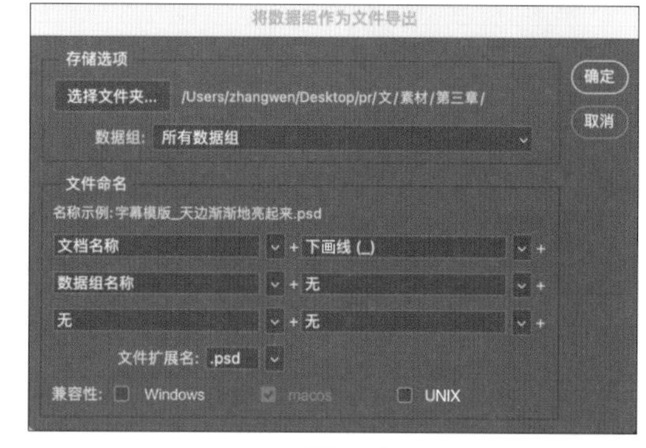

图3-42

⑪ 导出完成后，返回Premiere，双击“项目”面板的空白处，导入生成的字幕，如图3-43所示。

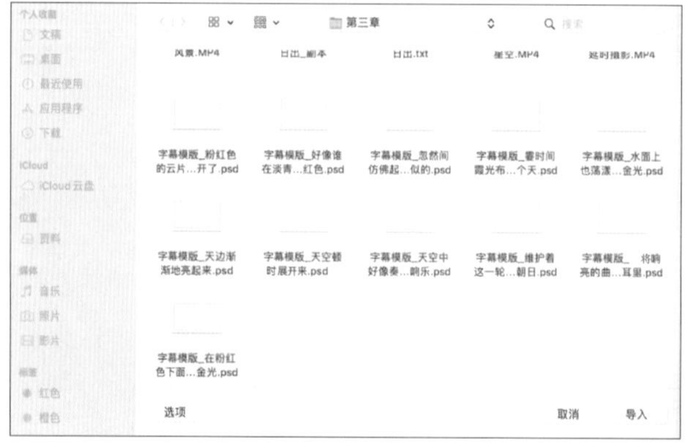

图3-43

提示

单击“导入”按钮之后会弹出“导入分层文件”对话框，将“导入为”设置为“各个图层”，多次单击“确定”按钮即可，如图3-44所示。

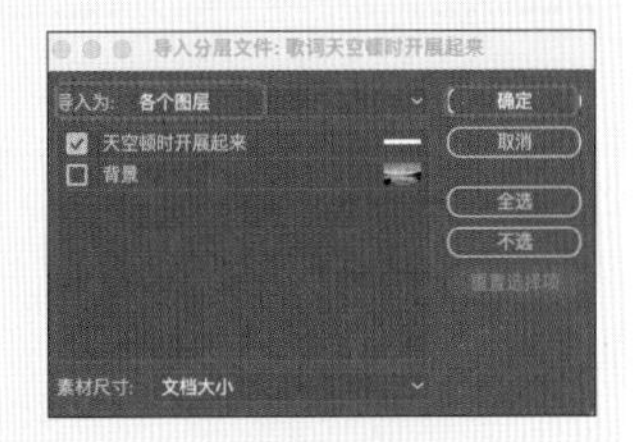

图3-44

⑫ 导入完成之后，单击“列表视图”按钮，切换预览方式，如图3-45所示。

⑬ 按组合键Ctrl+A全选字幕素材，并将它们拖至“时间轴”面板中的V2轨道上，根据实际情况调整字幕时长，效果如图3-46所示。

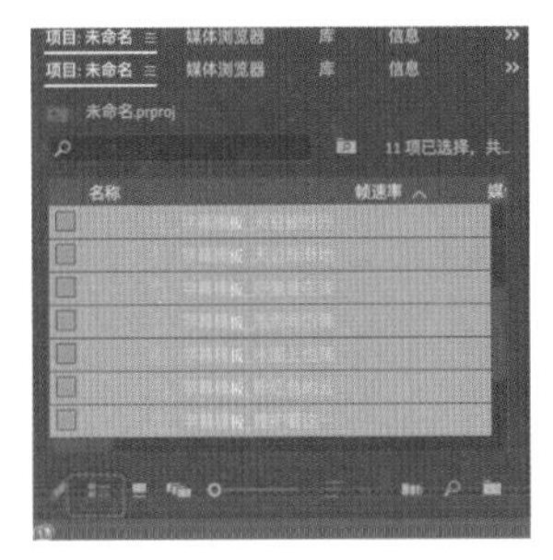

图3-45

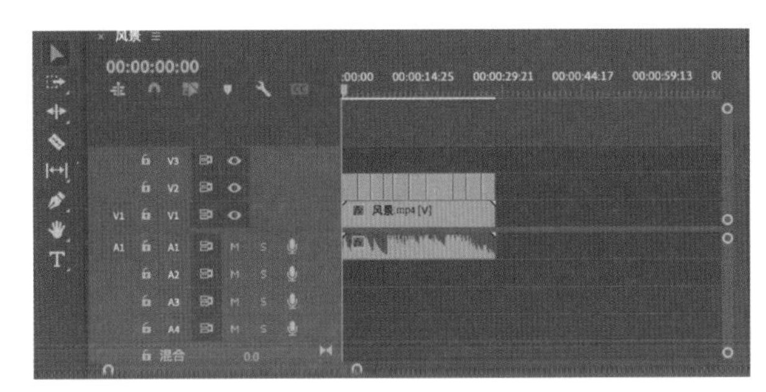

图3-46

3.2 字幕效果设计案例

3.2.1 案例：书写文字效果

资源位置

素材位置 素材文件>第3章>3.2.1案例：书写文字效果

实例位置 实例文件>第3章>3.2.1案例：书写文字效果.prproj

视频位置 视频文件>第3章>3.2.1案例：书写文字效果.mp4

技术掌握 掌握“书写”效果的使用与关键帧的添加

微课视频

本案例讲解字幕设置中的书写文字效果的制作，这种效果类似手写文字效果，文字会逐渐出现在视频画面中，完成后的效果如图3-47所示。

图3-47

设计思路

（1）通过“旧版标题”命令确定文字的输入设置，并调整字幕素材的长度。

（2）应用“书写”效果，注意在移动画笔时添加关键帧。

操作步骤

❶ 将“船.MOV”素材导入并拖至“时间轴”面板中，执行“文件>新建>旧版标题”命令，弹出“新建字幕”对话框，单击“确定”按钮，在打开的“字幕”面板中输入英文“Vlog”，将“X位置”调整为1003.8，“Y位置”调整为483.0，“字体大小”调整为300.0，“字符间距”调整为25.0，将“颜色”设置为白色，在“描边”选项中添加“外描边”效果。所有参数设置完成之后，将字幕素材拖至“时间轴”面板中的V2轨道上，如图3-48所示。

❷ 将“字幕01”的长度调整为与“船.MOV”素材的一样，然后选中“字幕01”素材，单击鼠标右键，在弹出的快捷菜单中选择“嵌套”命令，效果如图3-49所示。

❸ 打开“效果”面板，展开“视频效果”文件夹，选择“过时>书写”效果，如图3-50所示，然后将其添加到“时间轴”面板中的V2轨道的嵌套素材上。

图3-48

图3-49

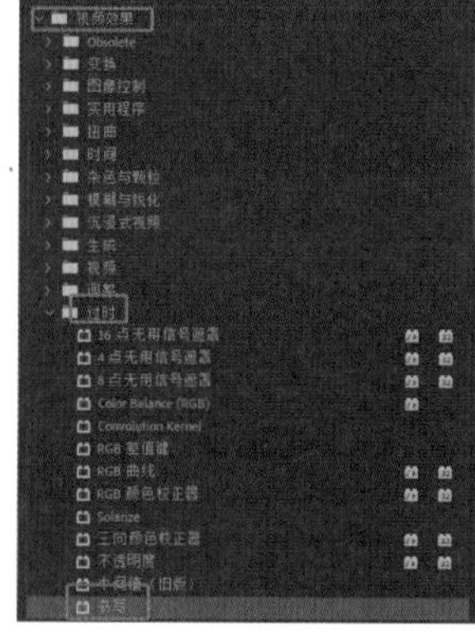

图3-50

❹ 调整“书写”效果的相关参数，在“效果控件”面板中展开“书写”选项，“节目”监视器面板中会出现一个标志，将该标志移动到字幕的开始位置，将“颜色”更改为红色，“画笔大小”设置为38.0，“画笔硬度”设置为80%，“画笔间隔（秒）”设置为0.001，如图3-51所示。

图3-51

⑤ 开始对文字笔画进行描绘。先添加位置关键帧，将时间指示器移至第1秒的位置，单击"画笔位置"左侧的"切换动画"按钮，连续按"→"键两次，然后移动画面中的标志，如图3-52所示。

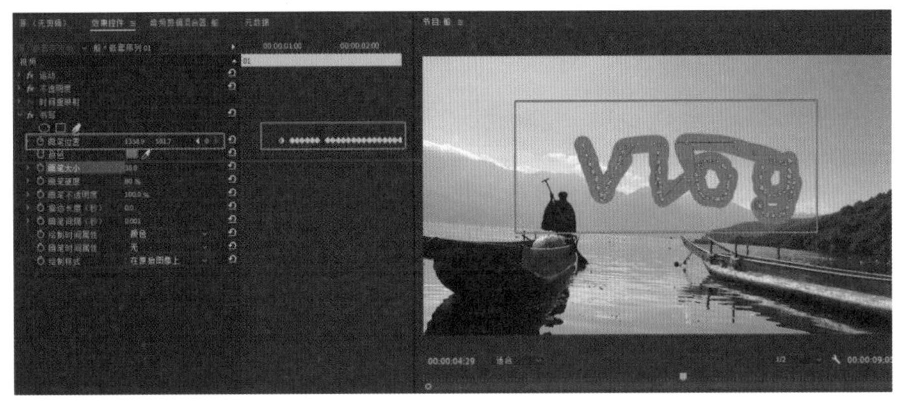

图3-52

⑥ 重复上面的步骤，继续对文字进行描绘，每按两次"→"键移动一下画面中的标志，直到将文字的所有笔画描完，效果如图3-53所示。

⑦ 将"书写"选项中的"绘制样式"设置为"显示原始图像"，如图3-54所示。

图3-53

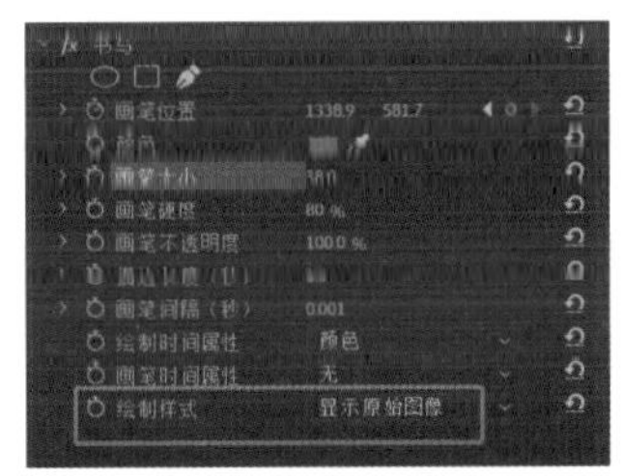

图3-54

⑧ 最终效果如图3-55所示。

图3-55

3.2.2 案例：霓虹灯效果

资源位置

素材位置 素材文件>第3章>3.2.2案例：霓虹灯效果

实例位置 实例文件>第3章>3.2.2案例：霓虹灯效果.prproj

视频位置 视频文件>第3章>3.2.2案例：霓虹灯效果.mp4

技术掌握 模糊工具的使用

微课视频

本案例运用模糊工具制作夜景中霓虹灯闪烁的效果，完成后的效果如图3-56所示。

图3-56

设计思路

（1）确定霓虹灯的效果。

（2）为字幕素材添加模糊效果。

（3）制作闪烁的效果需要用“剃刀工具”删除部分帧。

操作步骤

1 导入“星空.mp4”素材并将其拖至“时间轴”面板中，执行“文件>新建>旧版标题”命令，弹出“新建字幕”对话框，单击“确定”按钮，在打开的“字幕”面板中输入“STAR”，将“X位置”调整为635.0，“Y位置”调整为360.0，“字体大小”调整为200.0，“字符间距”调整为5.0，将“颜色”设置为黄色，如图3-57所示。所有参数设置完成之后，关闭“字幕”面板。

2 将字幕素材拖至“时间轴”面板中的V2轨道上，然后按住Alt键向上拖曳字幕素材，复制出两份字幕，如图3-58所示。

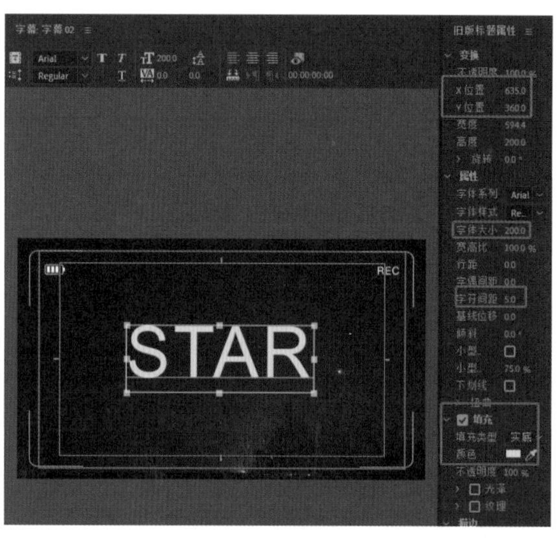

图3-57

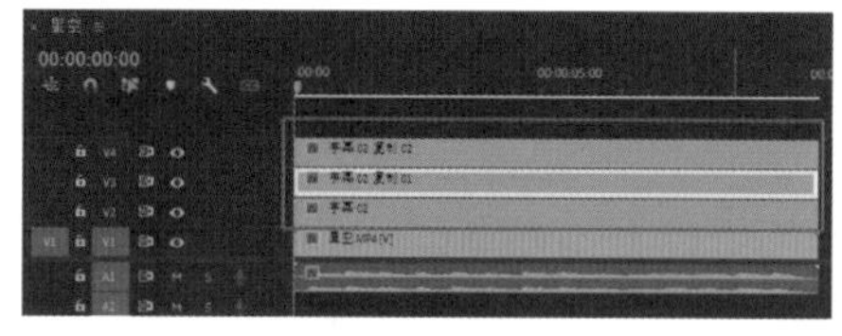

图3-58

3 打开“效果”面板，展开“视频效果”文件夹，选择“模糊与锐化>高斯模糊”效果，然后将其拖至V4轨道上，效果如图3-59所示。

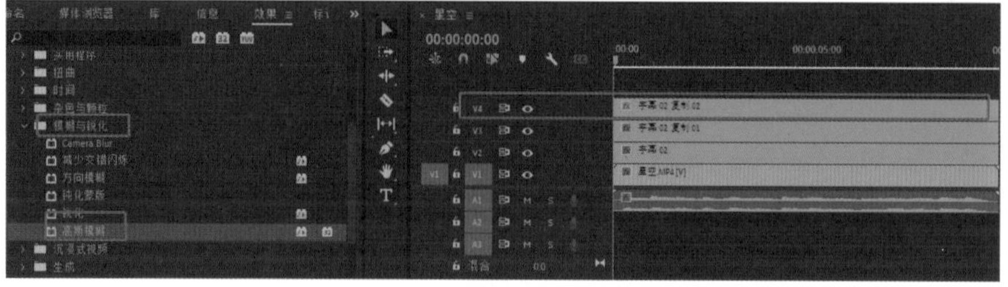

图3-59

4 打开“效果”面板，展开“视频效果”文件夹，选择“模糊与锐化>Camera Blur”效果，然后将其拖至V3轨道上，效果如图3-60所示。

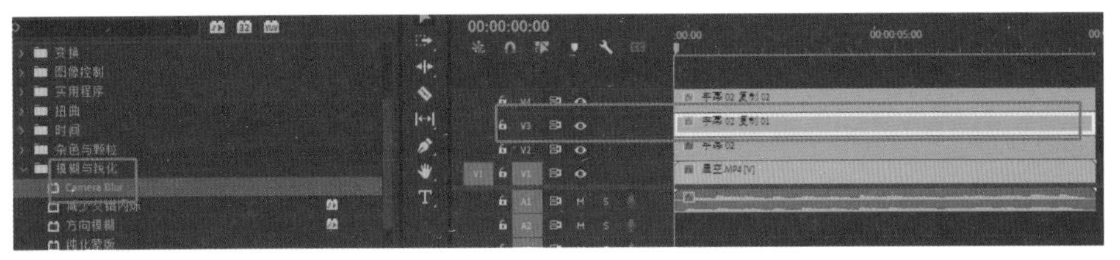

图3-60

5 选择V4轨道上的字幕素材，在“效果控件”面板中将“高斯模糊”选项中的“模糊度”调整为80.0，如图3-61所示。

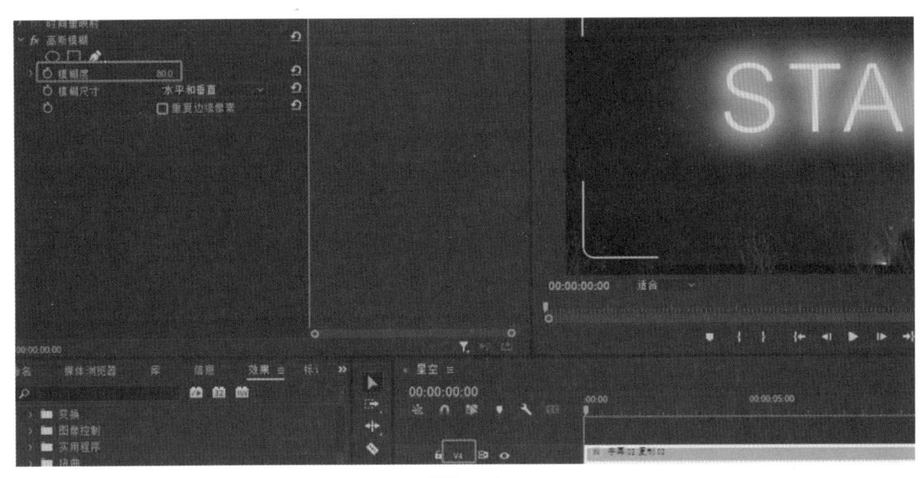

图3-61

6 选择V3轨道上的字幕素材，在“效果控件”面板中将“Camera Blur”选项中的“Percent Blur”（百分比模糊）调整为50，如图3-62所示。

图3-62

7 制作霓虹灯的闪烁效果。同时选中3个字幕素材并单击鼠标右键，在弹出的快捷菜单中选择“嵌套”命令，然后单击“确定”按钮，效果如图3-63所示。

8 按“+”键调大素材间隔，用“剃刀工具”每隔2帧删除1帧画面，效果如图3-64所示。

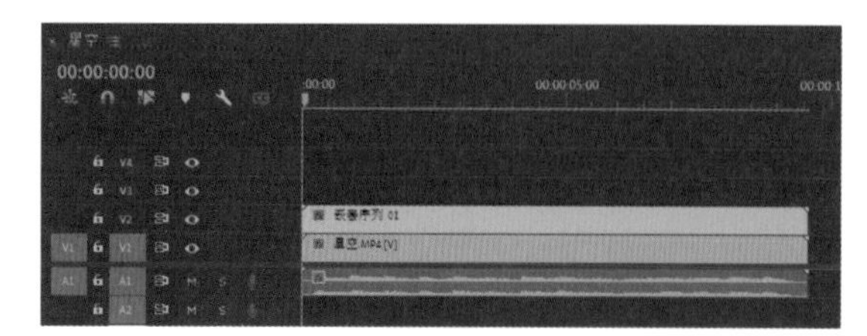
图3-63

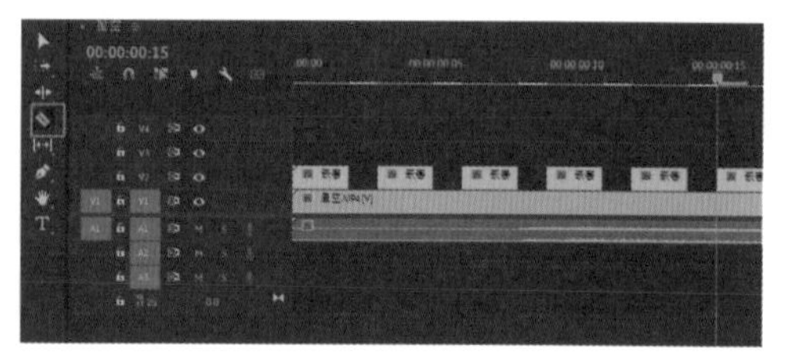
图3-64

⑨ 最终效果如图3-65所示。

图3-65

3.2.3 案例：打字机效果

资源位置

素材位置 素材文件>第3章>3.2.3案例：打字机效果

实例位置 实例文件>第3章>3.2.3案例：打字机效果.prproj

视频位置 视频文件>第3章>3.2.3案例：打字机效果.mp4

技术掌握 文字关键帧的掌握

本案例运用文字关键帧制作打字机将字逐个打出的效果，完成后的效果如图3-66所示。

图3-66

设计思路

（1）使用文字工具添加文字，对相关参数进行调整。

（2）添加关键帧动画，让视频画面更具真实感。

操作步骤

1 将“搜索框.jpg”和“键盘敲击声.mp3”素材拖入“项目”面板，并将“搜索框.jpg”素材拖至“时间轴”面板中，如图3-67所示。

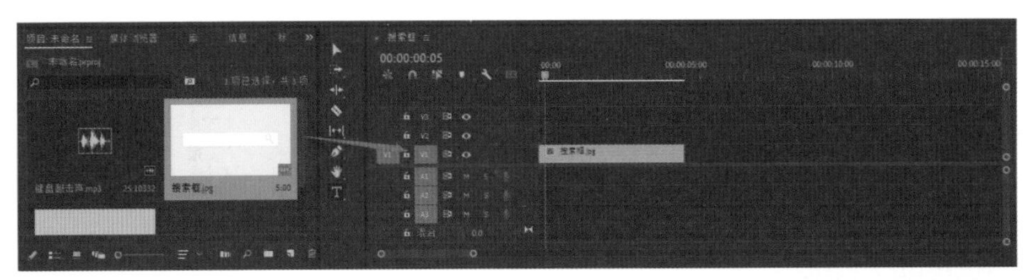

图3-67

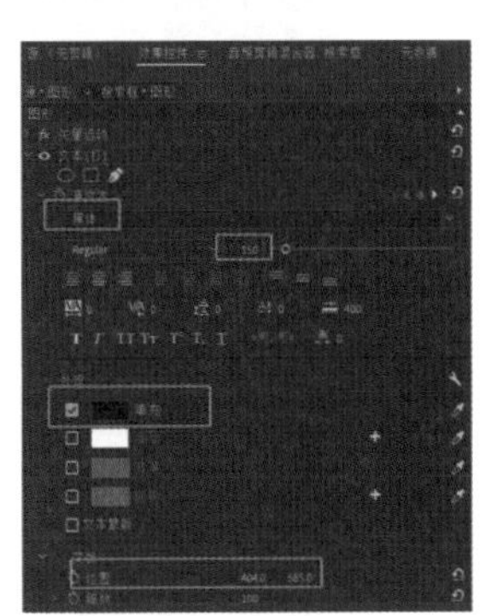

图3-68

2 选择工具栏中的“文字工具”，输入“打”字，打开“效果控件”面板，在“文本”中将“源文本”的字体设置为“黑体”，将字体大小调整为150，将“填充”颜色设置为黑色；将“位置”调整为404.0、585.0，如图3-68所示。

3 设置完成后单击“源文本”左侧的“切换动画”按钮，按住Shift键再按“→”键，将时间指示器向前移动5帧，输入文字“字”，如图3-69所示。

图3-69

4 重复上一步的操作，按住Shift键再按“→”键，将时间指示器向前移动5帧，输入文字“机”，如图3-70所示。

图3-70

⑤ 输入完成后将“位置”调整为270.0、585.0，如图3-71所示。

图3-71

⑥ 将“键盘敲击声.mp3”素材拖至A1轨道上，并将其调整至合适位置，效果如图3-72所示。

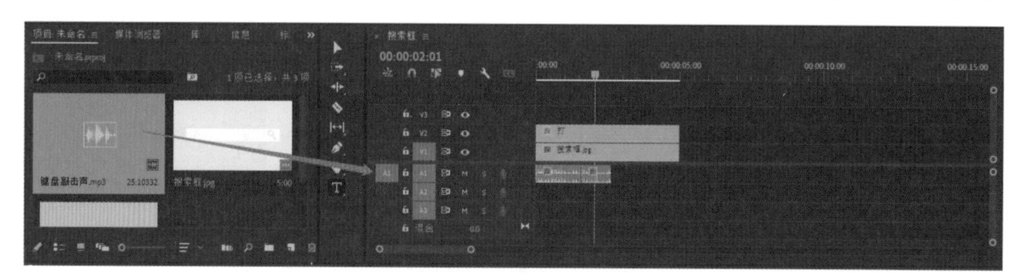
图3-72

⑦ 最终效果如图3-73所示。

图3-73

3.2.4 案例：镂空效果

资源位置

素材位置 素材文件>第3章>3.2.4案例：镂空效果

实例位置 实例文件>第3章>3.2.4案例：镂空效果.prproj

视频位置 视频文件>第3章>3.2.4案例：镂空效果.mp4

技术掌握 “轨道遮罩键”效果的应用

本案例运用“轨道遮罩键”效果制作创意开场视频，将文字与底层视频结合，具体方法为将文字作为镂空区域显示底层视频，完成后的效果如图3-74所示。

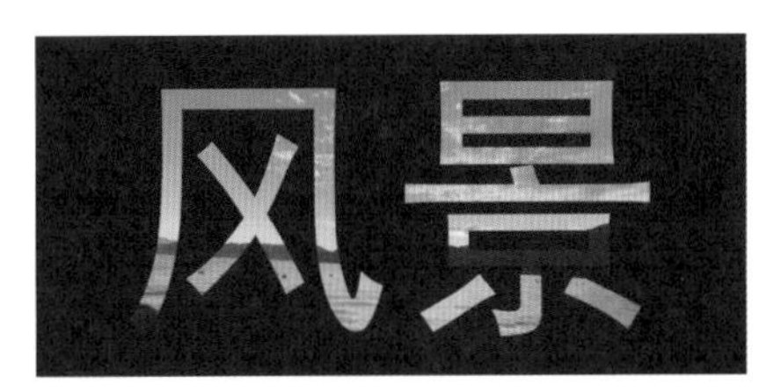

图3-74

设计思路

（1）使用“轨道遮罩键”效果制作镂空效果。

（2）风景素材、黑场视频、字幕这3个素材的叠放顺序是制作镂空效果的关键。

（3）“轨道遮罩键”效果的运用是镂空效果制作成功的关键。

操作步骤

① 导入“风景.mp4”素材，并将其拖至“时间轴”面板中，如图3-75所示。

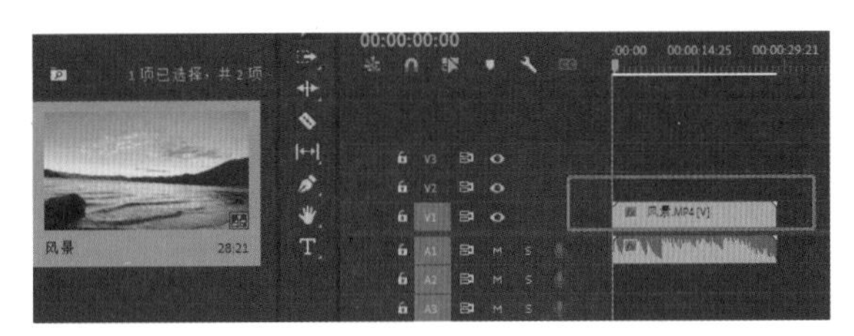
图3-75

② 单击“新建项”按钮，在弹出的下拉列表中选择“黑场视频”选项，在弹出的对话框中单击“确定”按钮，然后将“黑场视频”素材拖至V2轨道上，并将该素材的长度调整至与“风景.mp4”素材一致，如图3-76和图3-77所示。

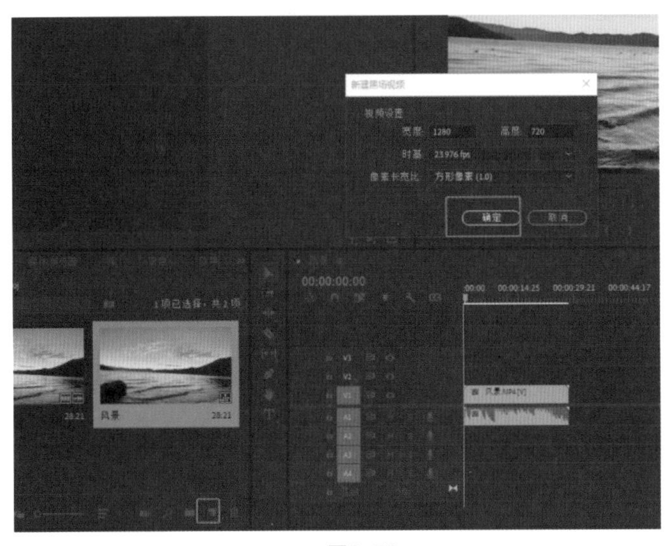
图3-76

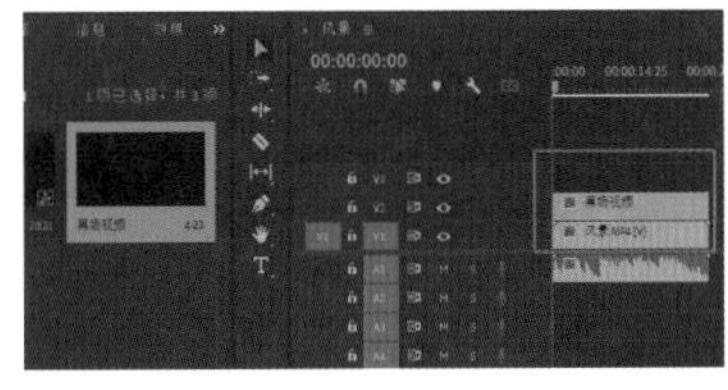
图3-77

③ 执行“文件>新建>旧版标题”命令，弹出“新建字幕”对话框，单击“确定”按钮，然后在“字幕”面板中输入文字“风景”，将“字体系列”设置为“黑体”，“字体大小”设置为400.0，“X位置”调整为641.0，“Y位置”调整为361.0，如图3-78所示，设置完成之后关闭“字幕”面板。

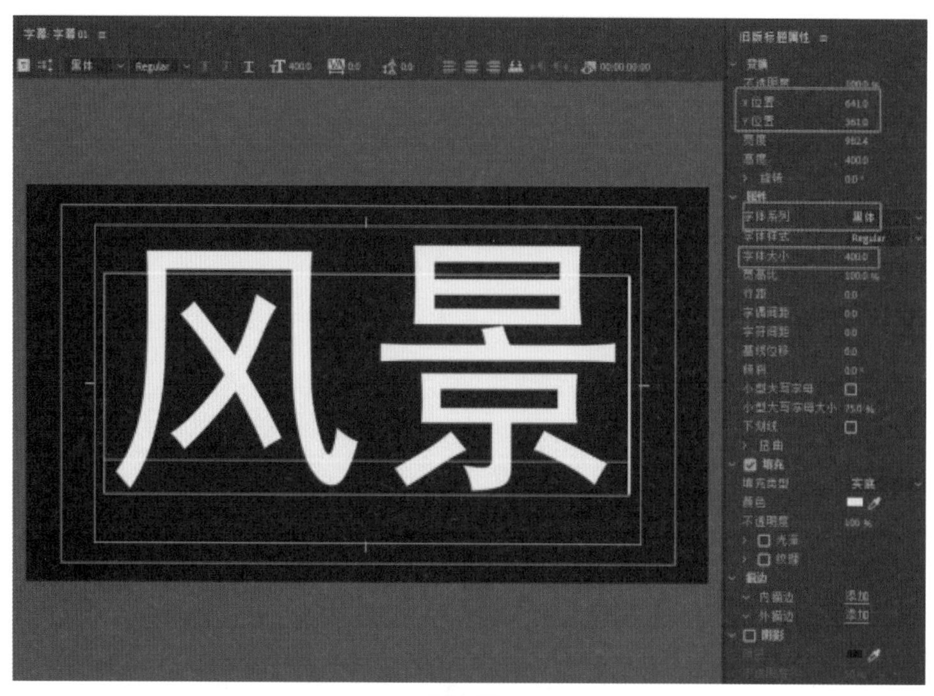

图3-78

④将“字幕01”素材拖至V3轨道上，并将其长度调整至与“风景.mp4”素材一致，如图3-79所示。

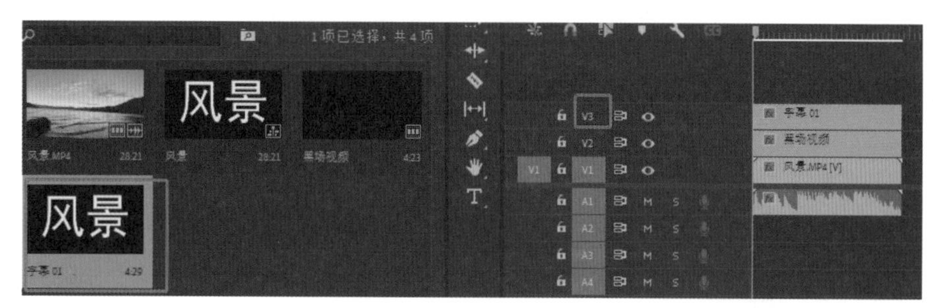

图3-79

⑤打开“效果”面板，展开“视频效果”文件夹，选择“键控>轨道遮罩键”效果，并将其拖至“黑场视频”素材上，如图3-80所示。

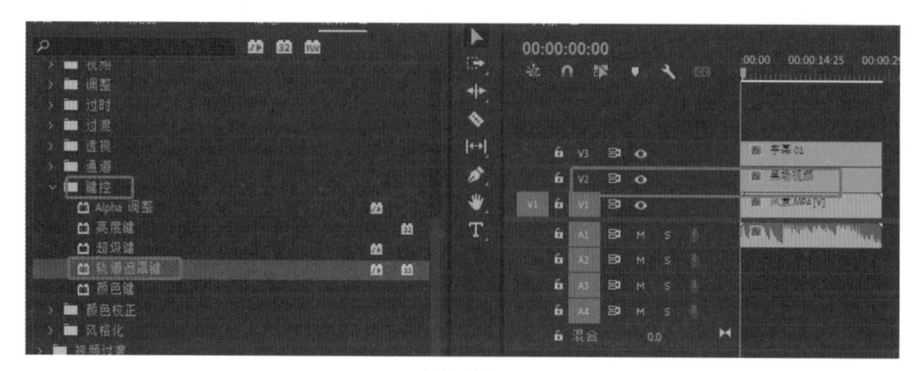

图3-80

⑥打开“效果控件”面板，将“轨道遮罩键”选项中的“遮罩”设置为“视频3”，勾选“反向”选项，如图3-81所示。

⑦最终效果如图3-82所示。

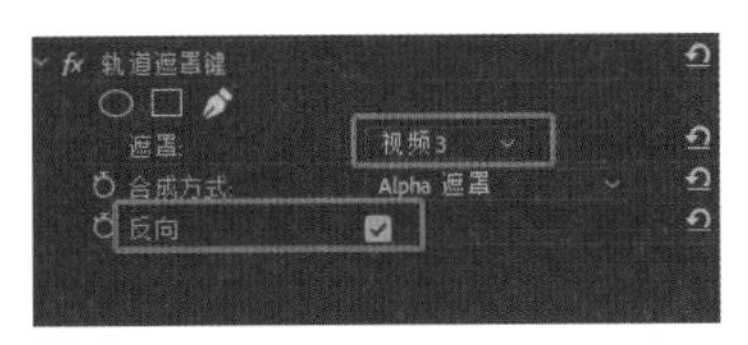

图3-81

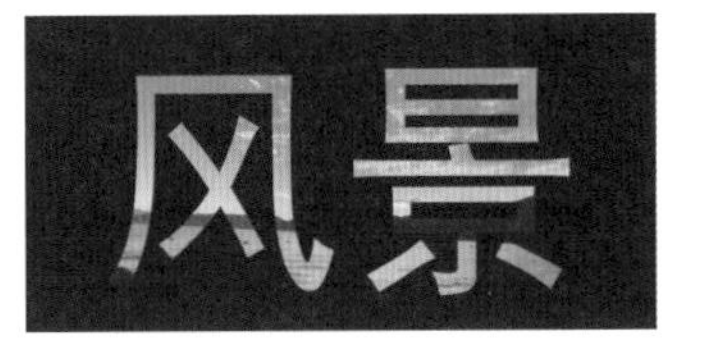

图3-82

3.2.5 案例：扫光效果

资源位置

素材位置 素材文件>第3章>3.2.5案例：扫光效果

实例位置 实例文件>第3章>3.2.5案例：扫光效果.prproj

视频位置 视频文件>第3章>3.2.5案例：扫光效果.mp4

技术掌握 蒙版路径的应用

本案例运用蒙版路径制作文字扫光效果，此效果常用于视频开头或用于对金属物体进行说明，完成后的效果如图3-83所示。

图3-83

设计思路

（1）“Alpha发光”效果的运用可以为制作文字发光效果打下基础。

（2）通过设置关键帧动画完成文字扫光效果的制作。

操作步骤

① 将“风景2.MOV”素材导入“项目”面板，并将其拖至“时间轴”面板中，如图3-84所示。

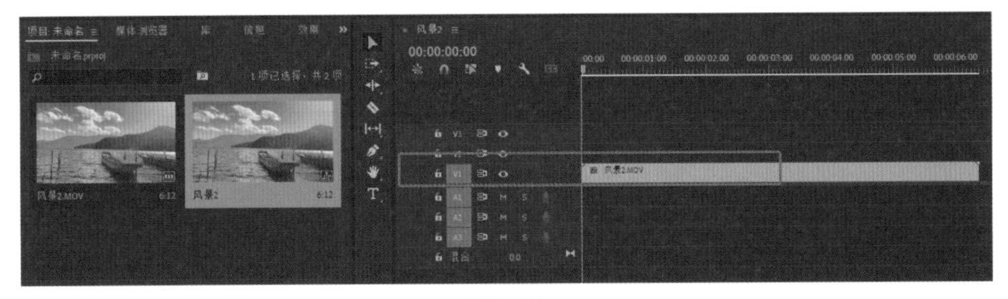

图3-84

② 执行“文件>新建>旧版标题”命令，弹出“新建字幕”对话框，单击“确定”按钮，然后在“字幕”面板中输入文字“最美的风景”，将“字体系列”设置为“黑体”，“字体大小”

设置为200.0，将“X位置”调整为961.0，“Y位置”调整为541.0，“颜色”设置为灰色，如图3-85所示，设置完成之后关闭“字幕”面板。

图3-85

③ 将“字幕01”素材拖至V2轨道上，如图3-86所示。

④ 按住Alt键将“字幕01”素材拖至V3轨道上，将其复制一份，如图3-87所示。

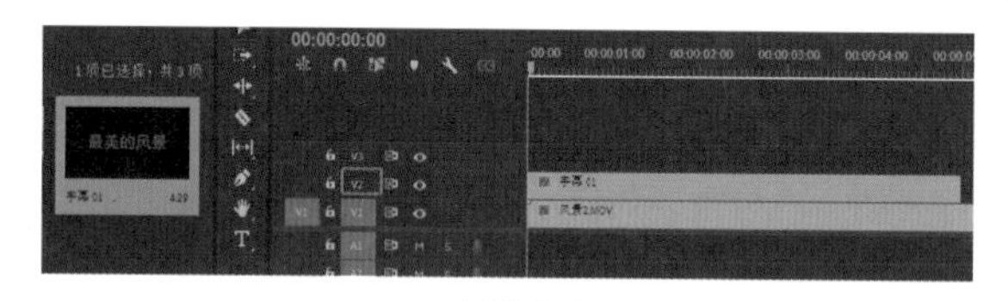

图3-86

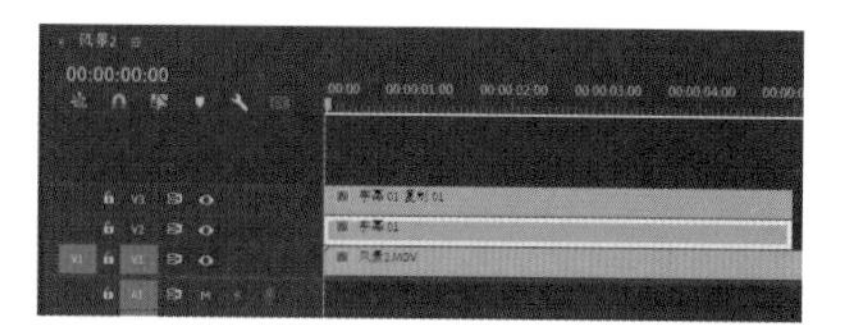

图3-87

⑤ 双击V3轨道上的字幕素材，在打开的“字幕”面板中选中文字，将“颜色”设置为白色，如图3-88所示，设置完成后关闭“字幕”面板。

图3-88

6 打开“效果”面板，展开“视频效果”文件夹，选择“风格化>Alpha发光”效果，将其拖至V3轨道中的字幕素材上，如图3-89所示。

7 打开“效果控件”面板，在“Alpha发光”选项中将“发光”调整为25，“亮度”调整为255，将“起始颜色”设置为白色，“结束颜色”设置为白色，如图3-90所示。

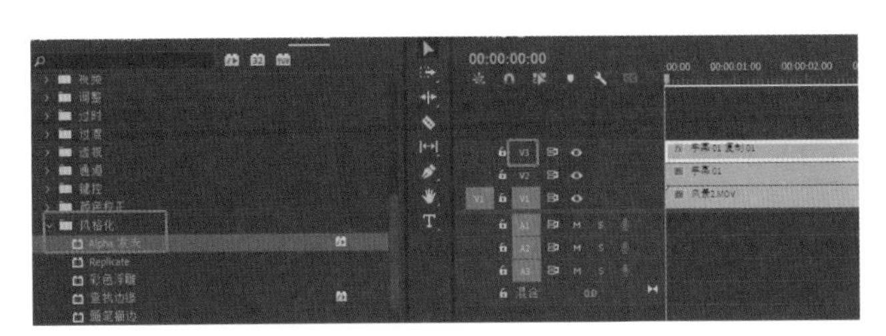
图3-89

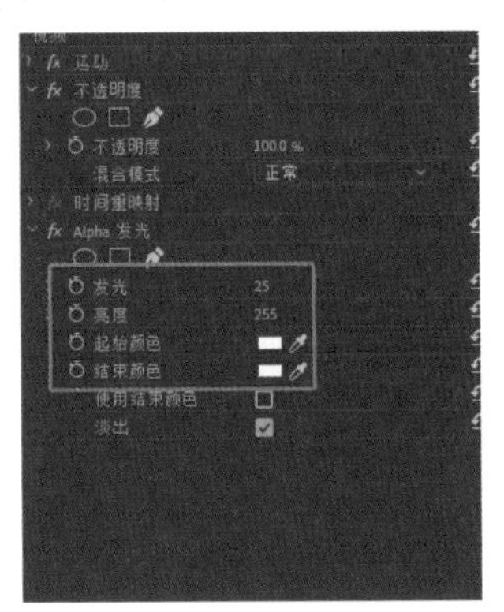
图3-90

8 选择V3轨道上的字幕素材，在“效果控件”面板的“Alpha发光”选项中单击“创建4点多边形蒙版”按钮，然后调整蒙版位置，如图3-91所示。

9 设置关键帧动画。将时间指示器移至时间轴的开始位置，单击“蒙版路径”左侧的“切换动画”按钮，然后将时间指示器移至第2秒处，水平拖动蒙版至文字尾部，将“蒙版羽化”调整为40.0，如图3-92所示。

图3-91

图3-92

10 最终效果如图3-93所示。

图3-93

3.2.6 案例：溶解效果

资源位置

素材位置 素材文件>第3章>3.2.6案例：溶解效果

实例位置 实例文件>第3章>3.2.6案例：溶解效果.prproj

视频位置 视频文件>第3章>3.2.6案例：溶解效果.mp4

技术掌握 边框关键帧、“粗糙边缘”效果的应用

微课视频

本案例运用边框关键帧、“粗糙边缘”效果制作文字溶解效果，完成后的效果如图3-94所示。

设计思路

（1）文字溶解效果常用于表现云层或者流动的物体。

（2）运用“粗糙边缘”效果与边框关键帧动画，可以达到文字边缘从清晰到模糊的溶解效果。

图3-94

操作步骤

① 将“湖水.MOV”素材导入“项目”面板，并将其拖至“时间轴”面板中，如图3-95所示。

图3-95

② 执行“文件>新建>旧版标题”命令，弹出“新建字幕”对话框，单击“确定”按钮，然后在“字幕”面板中输入文字“最美的风景”，将“字体系列”设置为“黑体”，“字体大小”设

置为230.0，将“X位置”调整为961.0，“Y位置”调整为541.0，“颜色”设置为灰色，如图3-96所示，设置完成之后关闭“字幕”面板。

图3-96

③ 将“字幕01”素材拖至V2轨道上，打开“效果”面板，展开“视频效果”文件夹，选择“风格化>粗糙边缘”效果，然后将其拖至V2轨道中的字幕素材上，如图3-97所示。

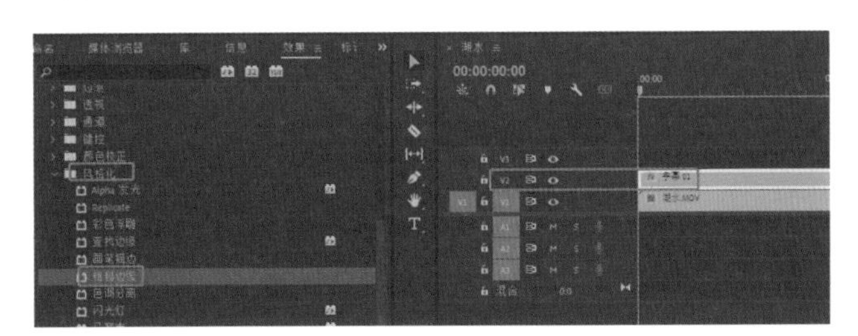

图3-97

④ 选择“字幕01”素材，打开“效果控件”面板，将时间指示器移动至视频的开始位置，单击“边缘类型”左侧的“切换动画”按钮，并将“边框”设置为110.00，如图3-98所示，然后将时间指示器移至第3秒处并将“边框”设置为0.00，如图3-99所示。

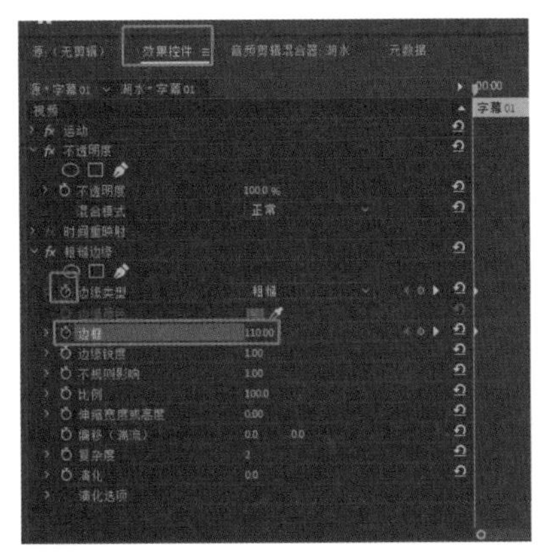

图3-98

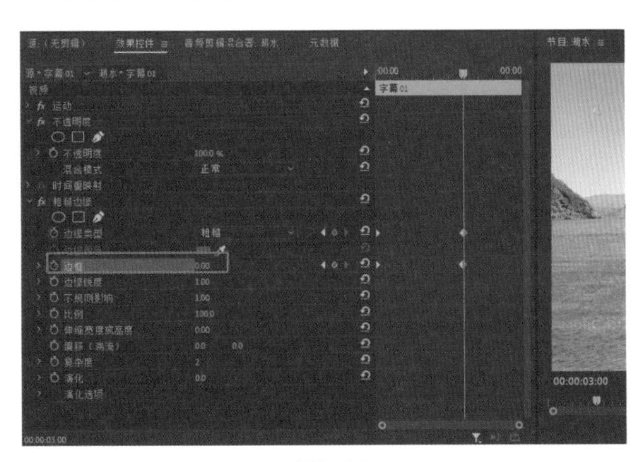

图3-99

⑤ 最终效果如图3-100所示。

图3-100

3.2.7 案例：对话弹窗效果

资源位置

素材位置　素材文件>第3章>3.2.7案例：对话弹窗效果

实例位置　实例文件>第3章>3.2.7案例：对话弹窗效果.prproj

视频位置　视频文件>第3章>3.2.7案例：对话弹窗效果.mp4

技术掌握　运动关键帧的应用

微课视频

本案例运用动作关键帧制作对话弹窗效果，该效果常用于展示聊天内容，完成后的效果如图3-101所示。

图3-101

设计思路

（1）需要先制作背景和两个对话气泡等。

（2）用动作关键帧对对话气泡进行运动设置。

操作步骤

① 将“背景.png”素材、“白气泡.png”素材、“绿气泡.png”素材和“消息提示声.mp3”素材导入“项目”面板，然后将“背景.png”素材拖至“时间轴”面板的V1轨道上，并延长素材时间；将“白气泡.png”素材拖至“时间轴”面板的V2轨道上，并延长素材时间，如图3-102所示。

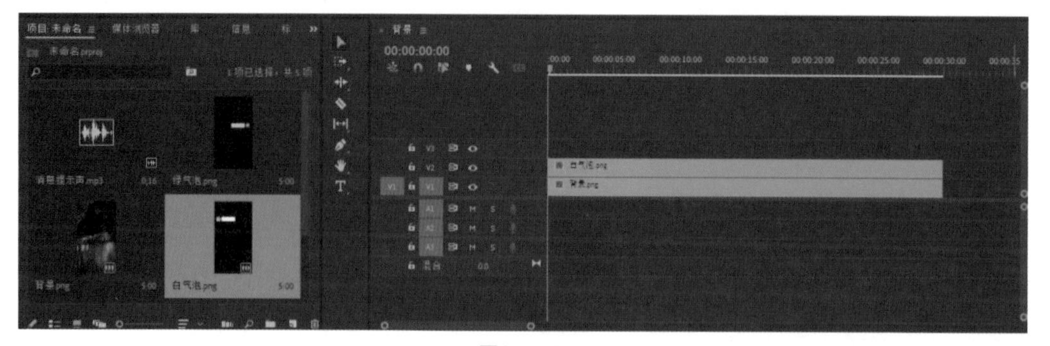

图3-102

② 执行“文件>新建>旧版标题”命令，弹出“新建字幕”对话框，单击“确定”按钮，然后在“字幕”面板中输入文字“成语接龙，来”，将“字体系列”设置为“黑体”，“颜色”设置

为黑色，调整文字大小和位置使其与“白气泡.png”素材一致，设置完成后关闭“字幕”面板，字幕素材的长度与“白气泡.png”素材的长度一样，如图3-103所示。

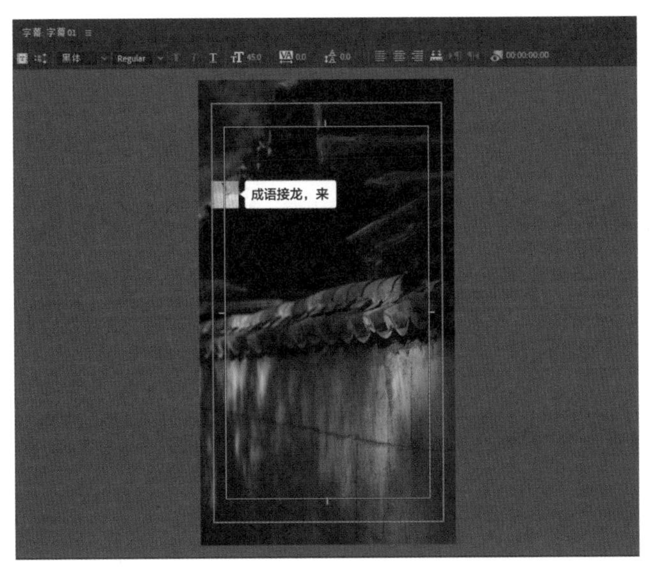

图3-103

❸ 同时选中“字幕01”和“白气泡.png”素材，单击鼠标右键，在弹出的快捷菜单中选择“嵌套”命令，如图3-104所示。

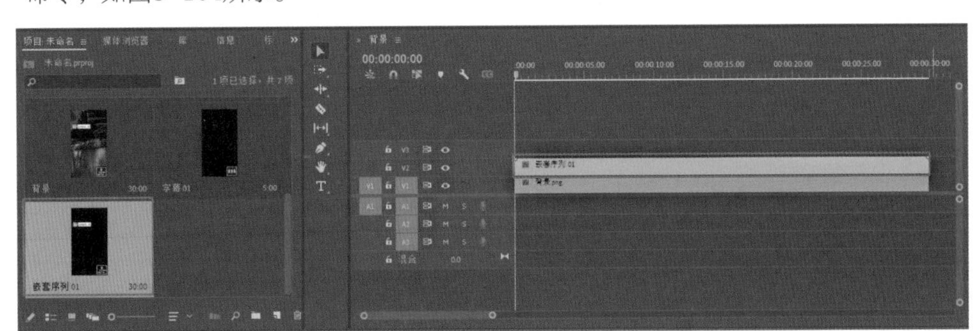

图3-104

❹ 选中嵌套的素材，打开“效果控件”面板，调整“锚点”为54.0、460.4，使其移至对话气泡最前端，如图3-105所示。

❺ 将时间指示器移至视频的开始位置，单击“运动”选项中“缩放”左侧的“切换动画”按钮，将“缩放”调整为0.0，然后按住Shift键再按“→”键，将时间指示器向右移动5帧，将“缩放”调整为100.0，如图3-106所示。

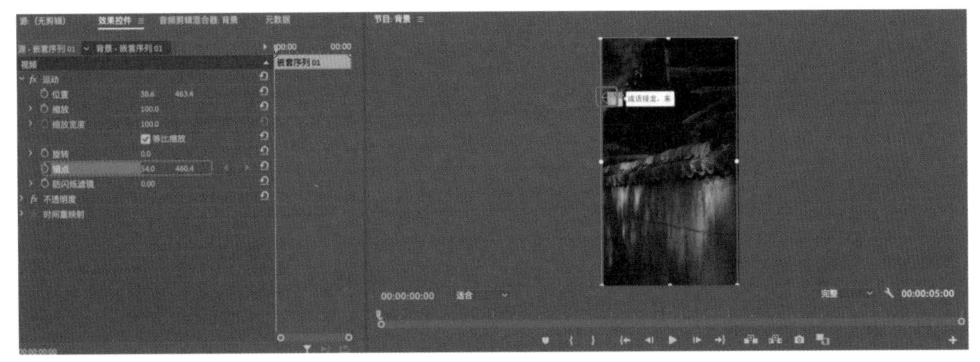

图3-105

⑥ 重复步骤2~步骤5的操作，制作出“绿气泡.png”素材中的文字内容，并将其嵌套为“嵌套序列02”，再将其与“嵌套序列01”素材错开一点，如图3-107所示。

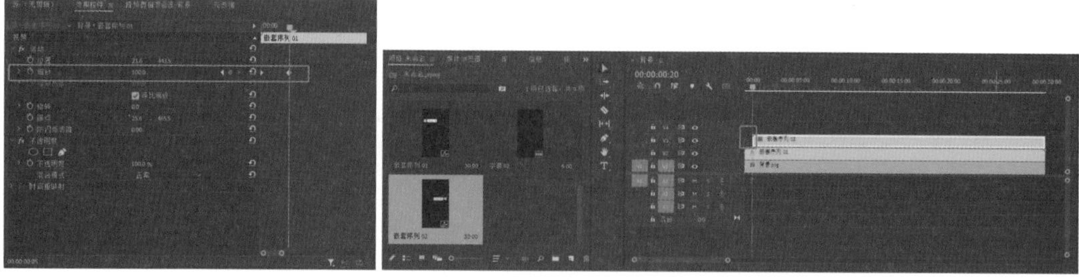

图3-106　　　　图3-107

⑦ 按照上面的操作方式，制作出图3-108所示的对话内容。

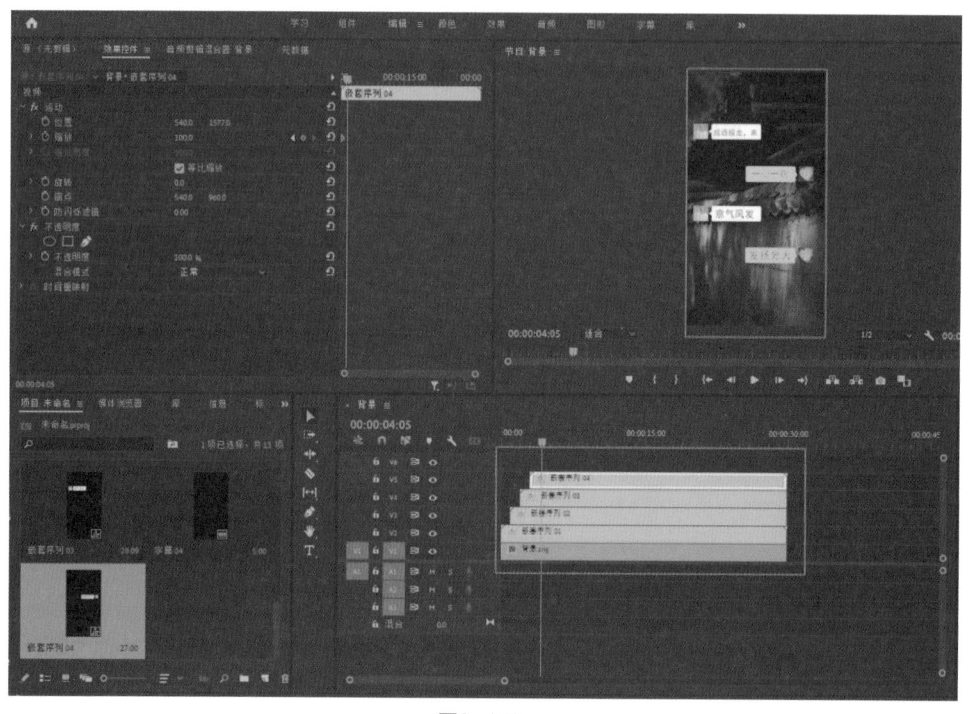

图3-108

⑧ 将所有对话内容选中，再次进行嵌套，制作气泡向上移动的效果。在第二句话出现的前一帧处单击“位置”左侧的“切换动画”按钮，然后按住Shift键并按两次“→”键，改变y坐标值使得聊天内容向上移动，此数值根据实际需求进行调整即可。按照上述操作继续移动第三句话，关键帧的设置如图3-109和图3-110所示。

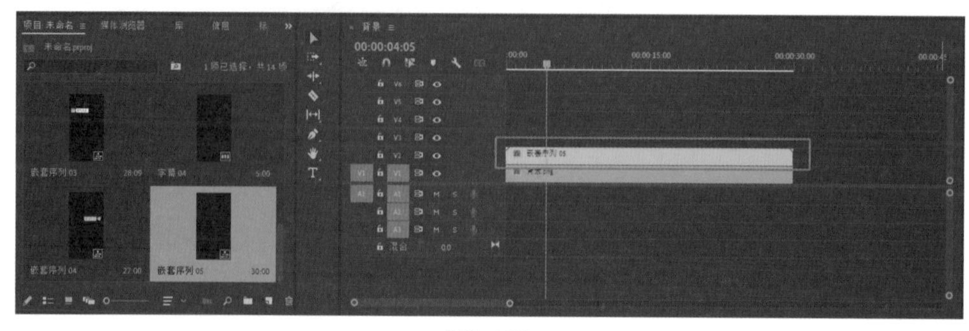

图3-109

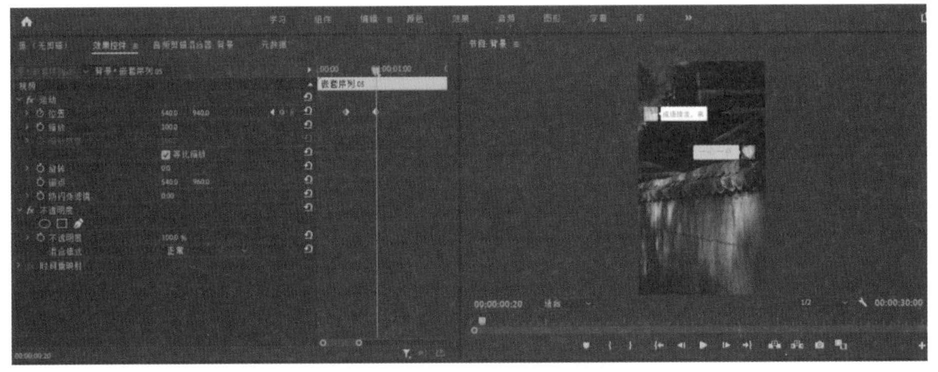

图3-110

⑨ 按照步骤8的操作方式，制作出所有对话内容的运动效果，如图3-111所示。

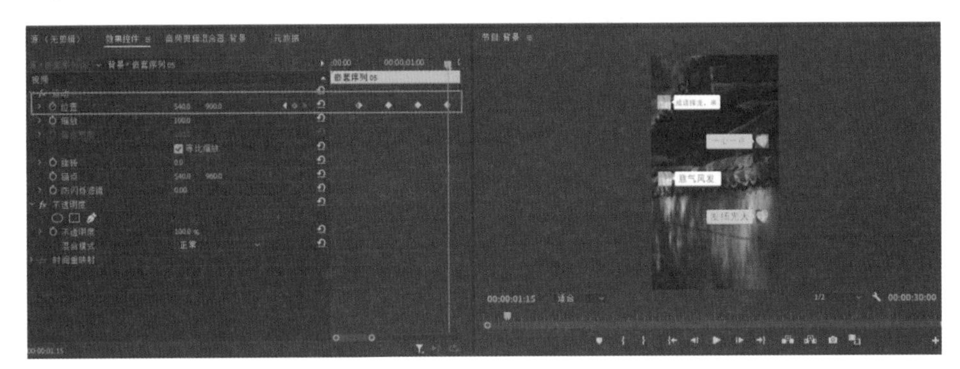

图3-111

⑩ 选中所有关键帧，单击鼠标右键，在弹出的快捷菜单中选择“空间插值>贝塞尔曲线”命令，如图3-112所示。

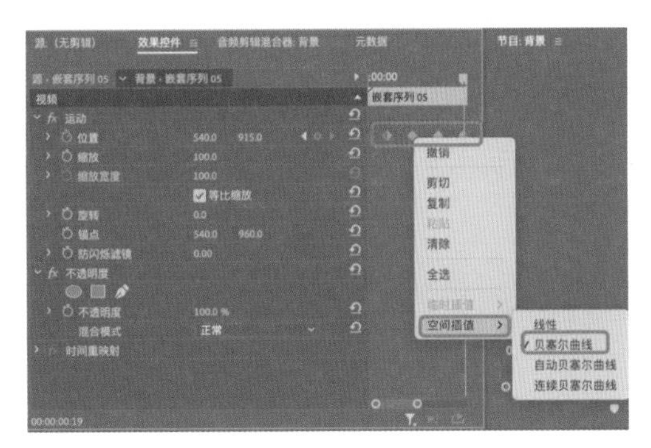

图3-112

⑪ 在每段文字发出去的位置上添加“消息提示声.mp3”素材，如图3-113所示。

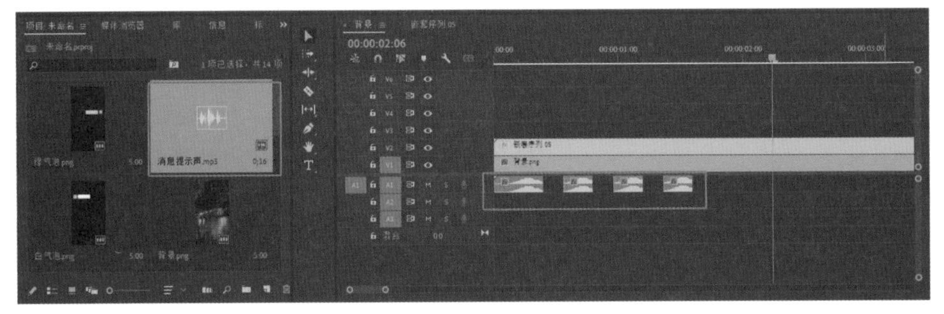

图3-113

⑫ 最终效果如图3-114所示。

图3-114

3.2.8 案例：计时器效果

资源位置

素材位置 素材文件>第3章>3.2.8案例：计时器效果

实例位置 实例文件>第3章>3.2.8案例：计时器效果.prproj

视频位置 视频文件>第3章>3.2.8案例：计时器效果.mp4

技术掌握 “时间码”效果的使用

本案例运用“时间码”制作计时器效果，经常用于制作视频、音乐的计时效果，完成后的效果如图3-115所示。

图3-115

设计思路

（1）计时器效果常用于对视频、音乐进行计时，以便让观众了解观看时间。

（2）使用文字工具、椭圆工具和矩形工具添加文字并绘制基本形状。

（3）使用“时间码”效果和蒙版制作计时器效果。

操作步骤

① 将“云.MOV”素材导入“项目”面板，然后在“项目”面板中单击“新建项”按钮，在弹出的下拉列表中选择“序列”选项，弹出“新建序列”对话框，将“编辑模式”设置为“自定义”，“时基”设置为“30.00帧/秒”，将“帧大小”的“水平”设置为1920、“垂直”设置1080，“像素长宽比”设置为“方形像素（1.0）”，其他选项保持不变，单击“确定”按钮，如图3-116所示，并将“云.MOV”素材拖至“时间轴”面板中的V1轨道上。

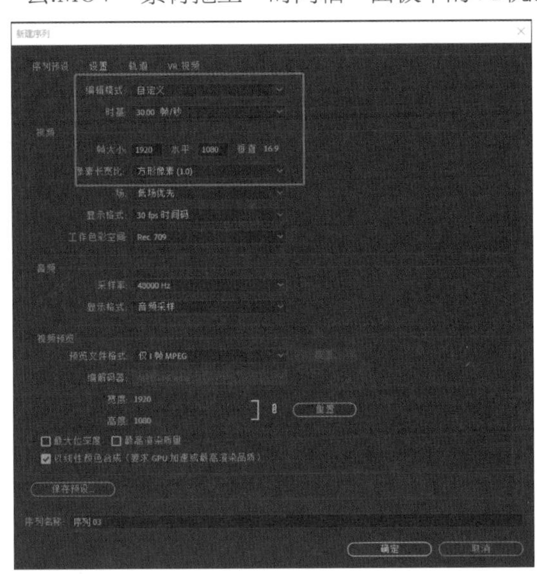

图3-116

② 选择“文字工具”，输入文字“云层”，在“效果控件”面板的“文本”选项中将“字体”设置为“黑体”，“字体大小”设置为150，“字距”设置为100；再将“变换”选项中的“位置”设置为782.0、493.0，并将该字幕素材拖至V2轨道上，然后将字幕素材延长至与“云.MOV”素材的长度一样，并命名为“云层”，如图3-117所示。

图3-117

③ 新建“颜色遮罩”效果，将“颜色”设置为白色，然后将其拖至“时间轴”面板的V3轨道上，在“效果控件”面板中将“运动”选项中的“位置”设置为960.0、540.0，取消“等比

缩放”选项，并将“缩放高度”设置为1.5，“缩放宽度”设置为80.0，将其延长至与“云.MOV”素材的长度一样，如图3-118所示。

图3-118

④ 打开“字幕”面板，选择“椭圆工具”，在画面中画出一个圆形，将“颜色”调整为白色，关闭“字幕”面板。将该素材拖至V4轨道上，并将其延长至与“云.MOV”素材的长度一样，如图3-119所示。

图3-119

⑤ 选中“字幕01”素材，在“效果控件”面板中设置位置关键帧，将圆形移至白线最左侧，单击“位置”左侧的“切换动画”按钮，将时间指示器移至第29秒处，然后改变“位置”为2463.0、540.0，将圆形移动到最右侧，如图3-120所示。

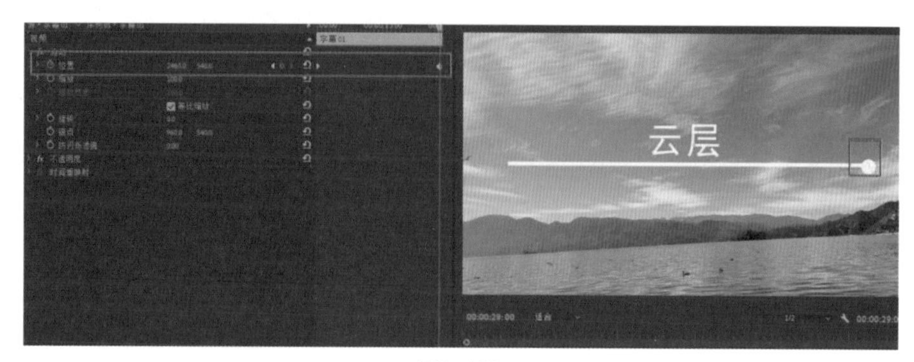

图3-120

⑥ 单击“项目”面板右下角的“新建项”按钮，在弹出的下拉列表中选择“调整图层”选项，在弹出的对话框中单击“确定”按钮，将新建的“调整图层”素材拖至V5轨道上，并将其延长至10秒。打开“效果”面板，展开“视频效果”文件夹，选择“过时>时间码”效果，并将其拖至“调整图层”素材上，如图3-121所示。

⑦ 选中“调整图层”素材，在“效果控件”面板中将“时间码”选项中的“位置”设置为1547.0、645.0，“不透明度”设置为0%，取消“场符号”选项，将“时间码源”设置为“生成”，如图3-122所示。

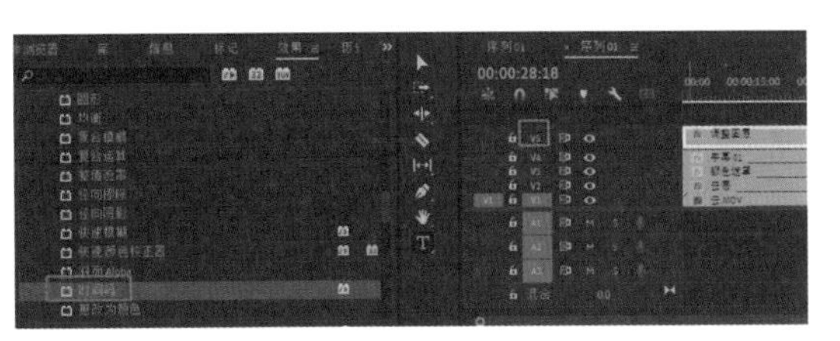

图3-121

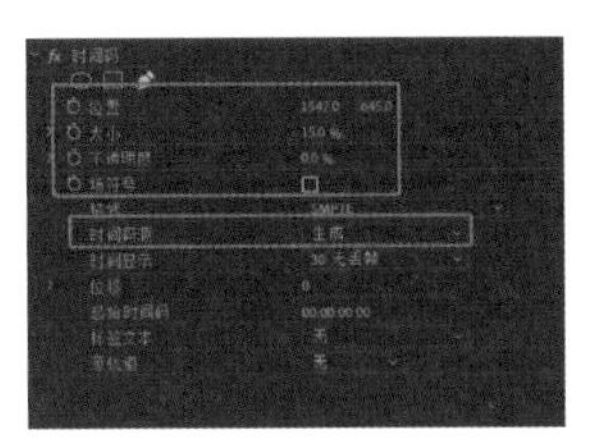

图3-122

⑧ 选中“调整图层”素材，在“效果控件”面板中单击“时间码”选项中的“创建4点多边形蒙版”按钮，然后框选时间码中“分”与“秒”的部分，并将“蒙版羽化”设置为0.0，如图3-123所示。

图3-123

⑨ 最终效果如图3-124所示。

图3-124

3.3 本章小结

本章主要讲解了4种制作字幕的方法，介绍了当前比较流行的8种字幕效果，包括书写文字效果、霓虹灯效果、打字机效果、镂空效果、扫光效果、溶解效果、对话弹窗效果、计时器效果，希望读者能活学活用，多多实践。

3.4 实战训练：电影风格字幕开头效果

资源位置

微课视频

素材位置 素材文件>第3章>3.4实战训练：电影风格字幕开头效果

实例位置 实例文件>第3章>3.4实战训练：电影风格字幕开头效果.prproj

视频位置 视频文件>第3章>3.4实战训练：电影风格字幕开头效果.mp4

技术掌握 蒙版路径的应用

本实训的目的是运用蒙版路径制作电影风格的字幕开头效果，完成后的效果如图3-125所示。

图3-125

设计思路

（1）使用“文字工具”和“矩形工具”制作电影片头字幕。

（2）通过对蒙版和关键帧的设置，制作电影片头的运动效果。

操作步骤

① 将“垂柳.MOV”素材导入“项目”面板，并将其拖至“时间轴”面板中，如图3-126所示。

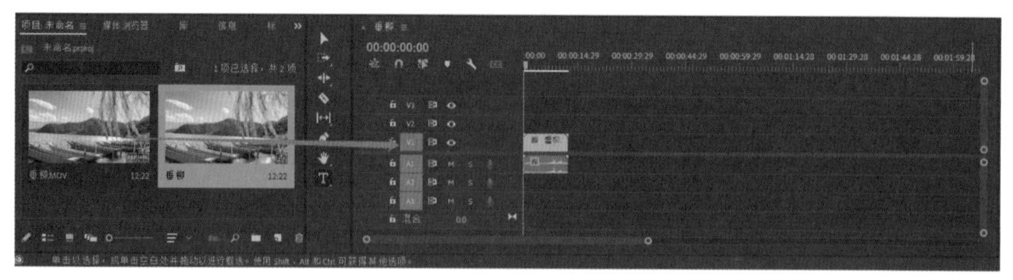

图3-126

② 执行“文件>新建>旧版标题”命令，打开“字幕”面板，然后选择“文字工具”，输入文字“垂柳”，将“字体系列”设置为“黑体”，“字体大小”设置为100.0，将“X位置”调整为961.0，“Y位置”调整为541.0，“字符间距”设置为30.0，“颜色”设置为绿色，如图3-127所示，设置完成后关闭“字幕”面板。

图3-127

3 将“字幕01”素材拖至“时间轴”面板的V2轨道上，在“效果控件”面板中单击“不透明度”选项中的“创建4点多边形蒙版”按钮，调整蒙版位置，如图3-128所示。

图3-128

4 打开“效果控件”面板，将时间指示器移至素材的开始位置，单击“蒙版扩展”左侧的“切换动画”按钮，将“蒙版扩展”调整为-30；然后移动时间指示器至第3秒处，将“蒙版扩展”调整为100.0，如图3-129所示。

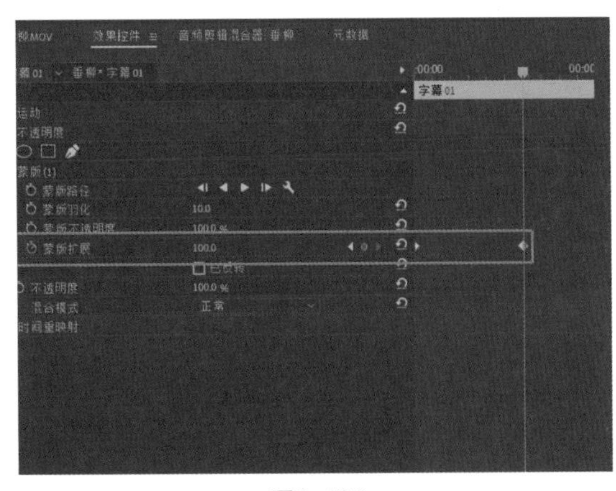

图3-129

5 执行“文件>新建>旧版标题”命令打开“字幕”面板，选择“矩形工具”，以文字内容为参照画一个矩形，将“不透明度”调整为0%，单击“内描边”右侧的“添加”，将“大小”调整为7.0，将“颜色”设置为蓝色，设置完成后关闭“字幕”面板，如图3-130所示。

6 将“字幕02”素材拖至V3轨道上，如图3-131所示。

图3-130

图3-131

⑦ 打开"效果"面板，展开"视频效果"文件夹，选择"扭曲>变换"效果，然后将其拖至V3轨道中的"字幕02"素材上。选中"字幕02"素材，打开"效果控件"面板，取消"等比缩放"选项，将时间指示器移至视频的开始位置，单击"变换"选项中"缩放高度"左侧的"切换动画"按钮，将"缩放高度"设置为0.0；再将时间指示器移至2分20帧的位置，将"缩放高度"设置为100.0，如图3-132所示。

图3-132

⑧ 选中“时间轴”面板中的所有素材，单击鼠标右键，在弹出的快捷菜单中选择“嵌套”命令，然后选择嵌套后的素材，将时间指示器移至视频的开始位置，在“效果控件”面板中单击“不透明度”左侧的“切换动画”按钮，将“不透明度”设置为0.0%；将时间指示器移至第1秒的位置，将“不透明度”设置为100.0%，如图3-133所示。

图3-133

⑨ 最终效果如图3-134所示。

图3-134

第4章 视频效果设计实战

本章主要讲解使用Premiere制作转场和视频效果的相关知识，让读者对转场与视频效果的制作有基本的整体性认识，为之后的视频制作、效果添加打下基础。

4.1 转场效果的制作

一个完整的片段往往由多段视频拼接而成。素材组接处的转换就是转场，转场分为技巧型转场和无技巧型转场两种。技巧型转场就是在转场时添加某种转场效果，使视频的过渡更加具有创意。无技巧型转场就是用镜头的自然过渡来连接前后两个镜头中的内容。本节主要讲解技巧型转场的用法。

4.1.1 经典转场效果的制作

1. 交叉缩放

交叉缩放可以融合两段视频的内容，并实现视频画面的平滑过渡或增加趣味性。

将两段视频素材导入“项目”面板，将它们拖至“时间轴”面板的轨道上，效果如图4-1所示。

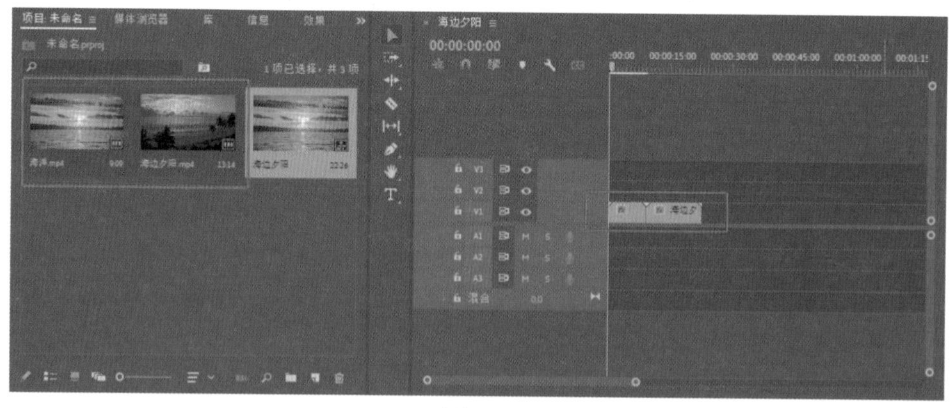

图4-1

在轨道上素材的交界处添加“视频效果>缩放>交叉溶解”效果，并调整“交叉溶解”效果的时间，如图4-2所示。

选中轨道上的任意一段素材，打开“效果控件”面板，将时间指示器移至“交叉溶解”效果的开始位置，单击“不透明度”左侧的“切换动画”按钮，然后将时间指示器拖至“交叉溶解”效果的结束位置，将“不透明度”调整为0.0%，如图4-3所示。

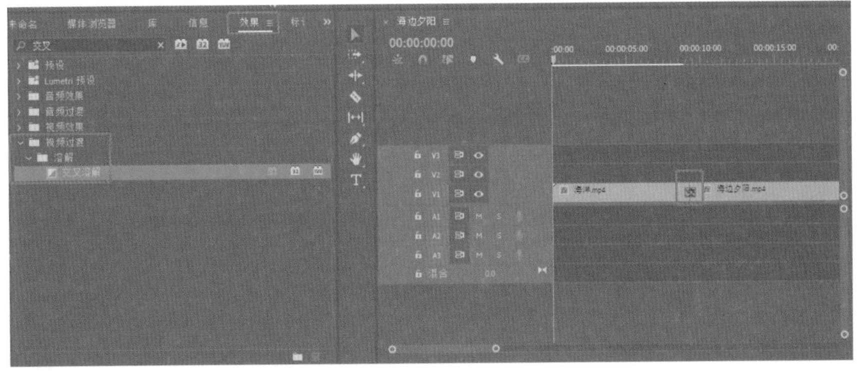
图4-2

图4-3

2. 渐变转场

渐变转场主要以画面的亮度作为渐变的依据，可以在亮部和暗部之间进行双向调节。

将两段视频素材导入“项目”面板，将它们移至“时间轴”面板的轨道上，效果如图4-4所示。

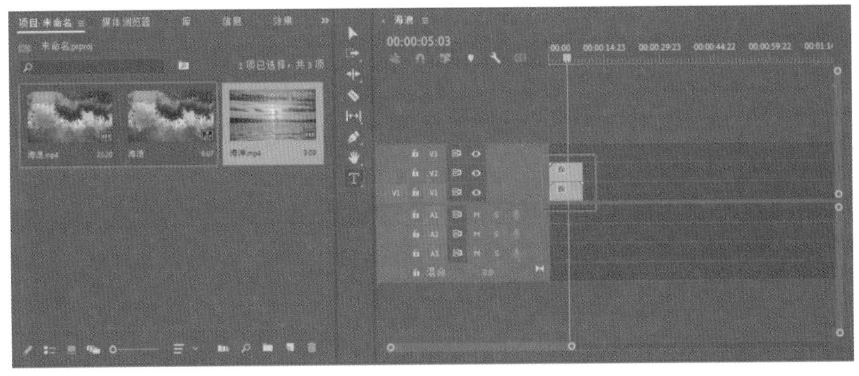
图4-4

选中V2轨道上的素材，为其添加“视频效果>过渡>渐变擦除”效果，如图4-5所示。

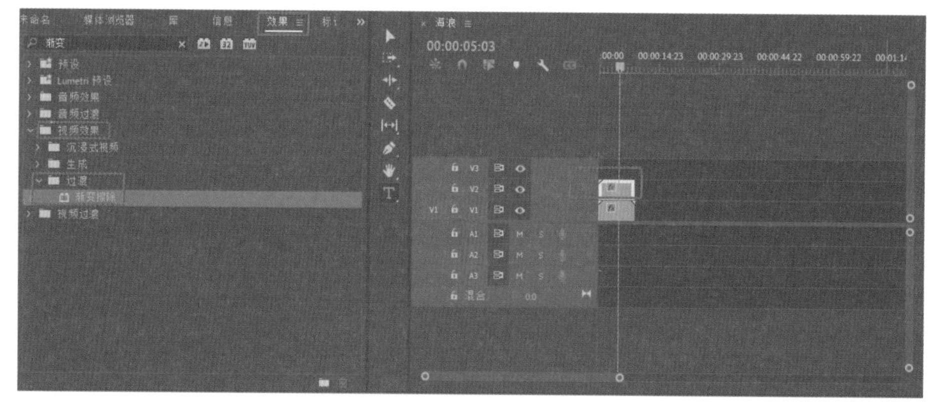

图4-5

打开“效果控件”面板，将时间指示器移至“渐变擦除”效果的开始位置，单击“渐变擦除”选项中的“过渡完成”左侧的“切换动画”按钮，然后将时间指示器拖至“渐变擦除”效果的结束位置，将“过渡完成”调整为55%，将“过渡柔和度”调整为10%，如图4-6所示。

图4-6

3. 湍流置换

湍流置换可以使视频画面随机产生扭曲效果。

将一段视频素材导入“项目”面板，并将其移至“时间轴”面板的轨道上，如图4-7所示。

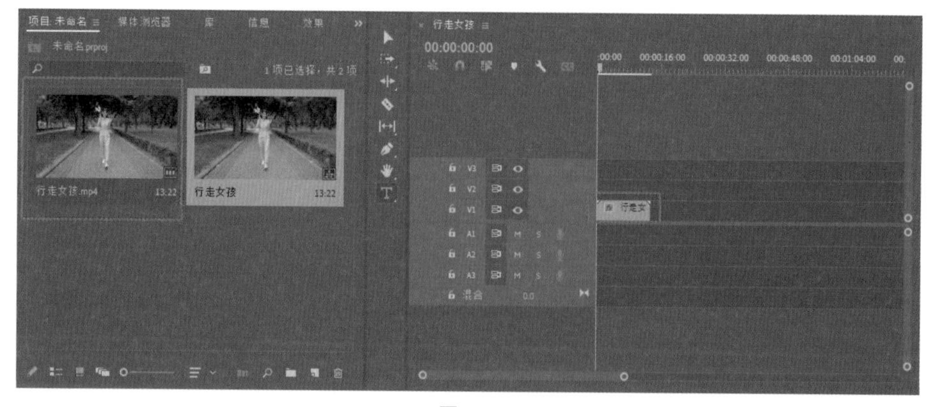

图4-7

使用“文字工具”在视频画面中输入文字“ON THE WAY”，调整其大小、字体、颜色和位置，并将其移至V2轨道上，如图4-8所示。

图4-8

选中文字层，为其添加“视频效果>扭曲>湍流置换”效果，如图4-9所示。

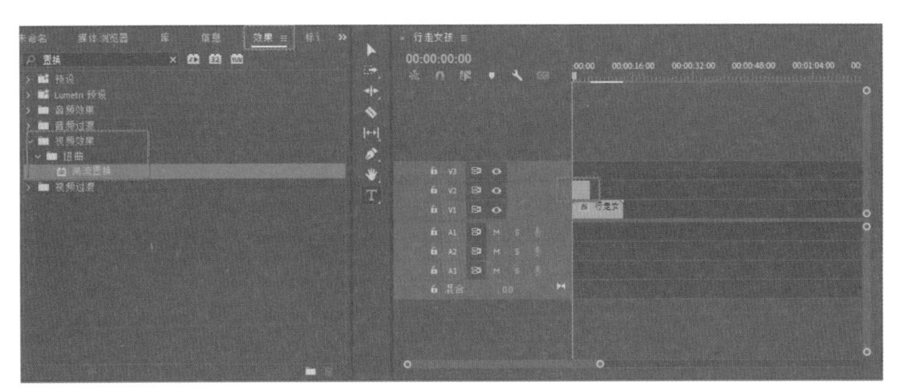

图4-9

选中文字层，并将时间指示器移至第1帧的位置，打开“效果控件”面板，调整“湍流置换”选项中的参数，设置“置换”为“湍流”，单击“数量”左侧的“切换动画”按钮，将“数量”调整为50.0，如图4-10所示，将时间指示器向后移动10帧，然后将“数量”调整为0。

图4-10

4. 亮度键

“亮度键”效果的作用是分离画面中的亮部和暗部，通过较明显的亮度反差来实现背景与画面分离。

将两段视频素材导入“项目”面板，并将它们拖至“时间轴”面板的轨道上，如图4-11所示。

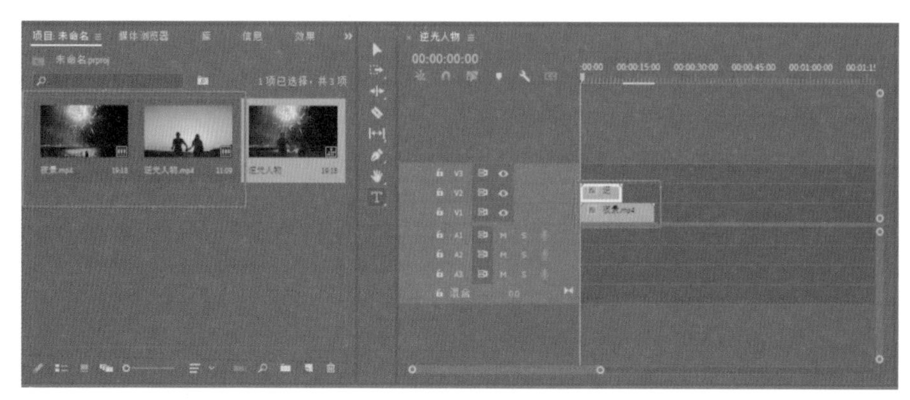

图4-11

选择V2轨道上的素材，为其添加“视频效果>键控>亮度键”效果，如图4-12所示。

选择V2轨道上的素材，打开“效果控件”面板，将“亮度键”选项中的“阈值”调整为65.0%，“屏蔽度”调整为70.0%，如图4-13所示。

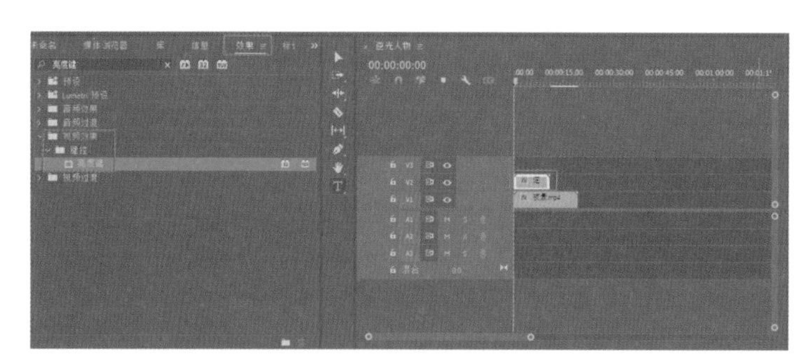

图4-12

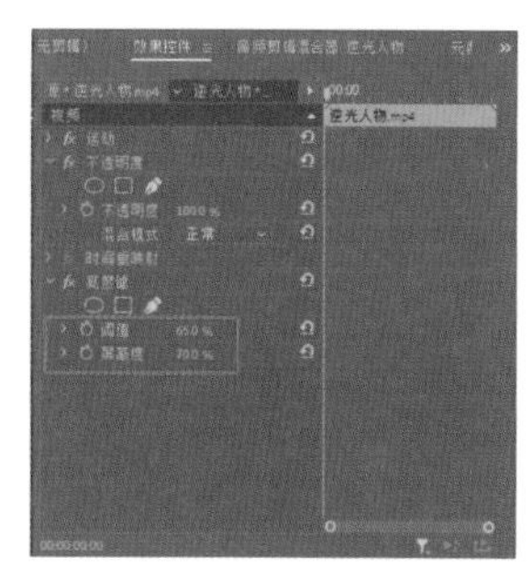

图4-13

5. 差值遮罩

差值遮罩可以去除两个视频素材中相匹配的图像区域。

将两段视频素材导入“项目”面板，并将它们拖至“时间轴”面板的轨道上，如图4-14所示。

图4-14

选择V2轨道上的素材，为其添加“视频效果>过时>差值遮罩”效果，如图4-15所示。

选择V2轨道上的素材，打开“效果控件”面板，将“差值遮罩”选项中的“差值图层”设置为“视频1”，将“匹配容差”调整为0.0%，“匹配柔和度”调整为0.0%，如图4-16所示。

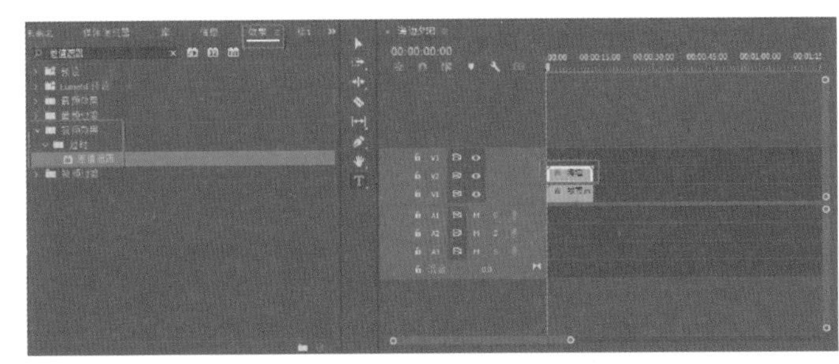

图4-15

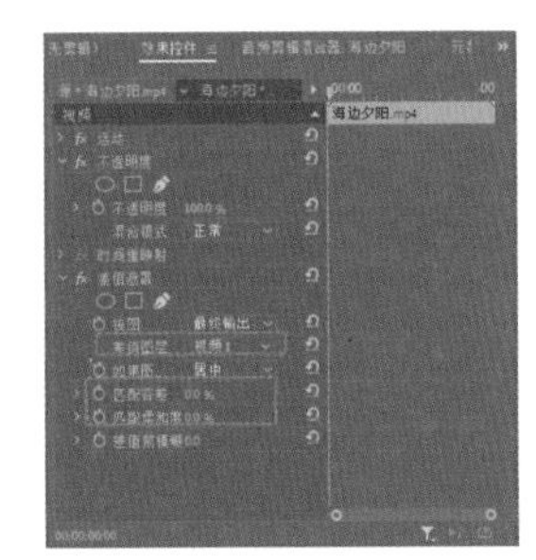

图4-16

将时间指示器移至素材的开始位置，并选中V2轨道中的素材，在“效果控件”面板中单击“匹配容差”左侧的“切换动画”按钮，如图4-17所示。

将时间指示器移至素材的结束位置，将“匹配容差”调整为100.0%，如图4-18所示。

图4-17

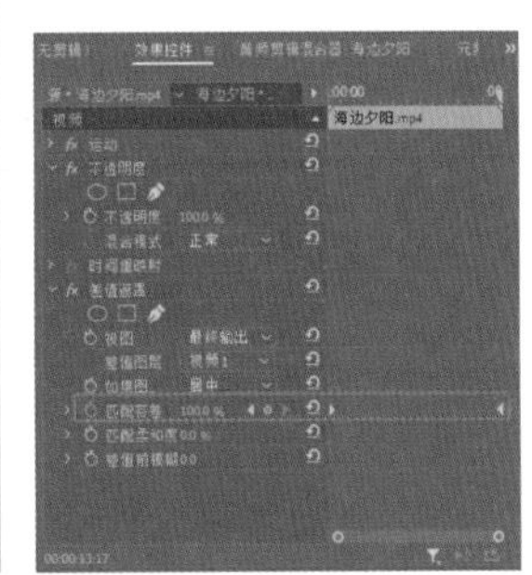

图4-18

6. 高斯模糊

高斯模糊是最常用的模糊效果之一，它可以对视频画面进行整体的模糊处理。

将一段视频素材导入“项目”面板，并将其拖至“时间轴”面板的轨道上，如图4-19所示。

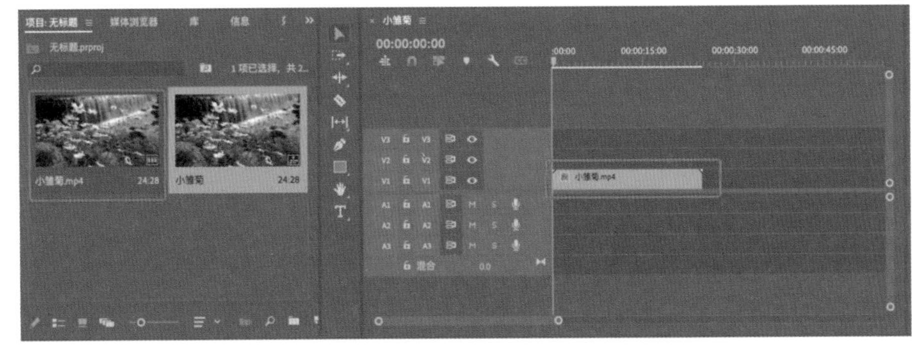

图4-19

选择素材，为其添加“视频效果>模糊与锐化>高斯模糊”效果，如图4-20所示。

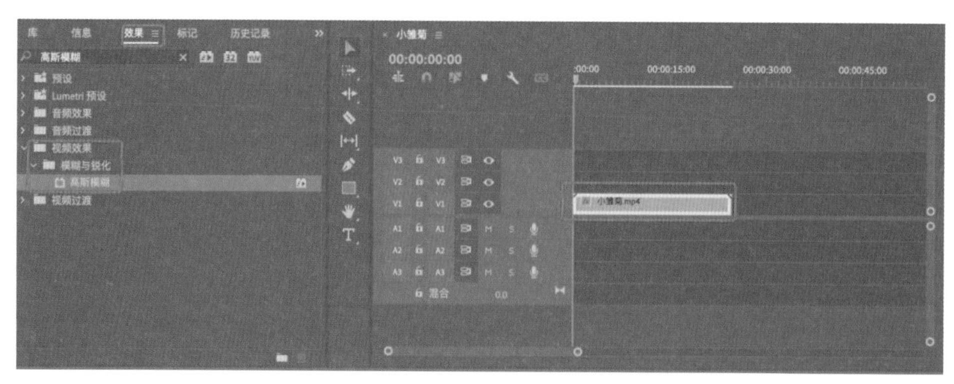

图4-20

打开“效果控件”面板，将“高斯模糊”选项中的“模糊度”调整为100.0，视频画面变得模糊，如图4-21所示。

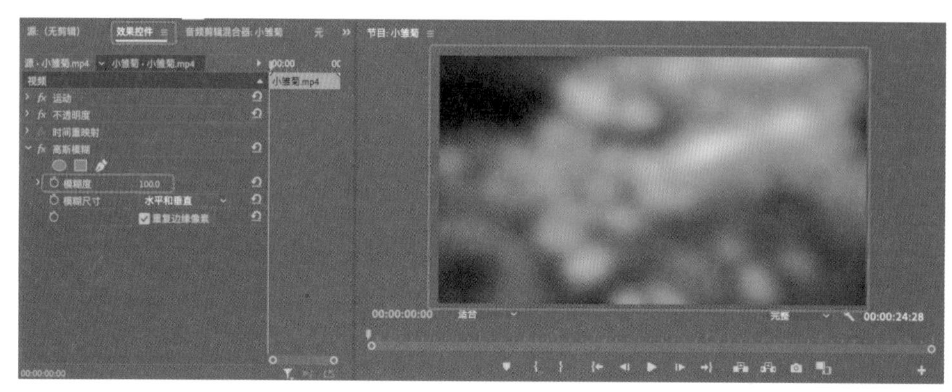

图4-21

7. 方向模糊

方向模糊可以在视频画面的指定方向上做模糊处理。

将一段视频素材导入“项目”面板，并将其拖至“时间轴”面板的轨道上，如图4-22所示。

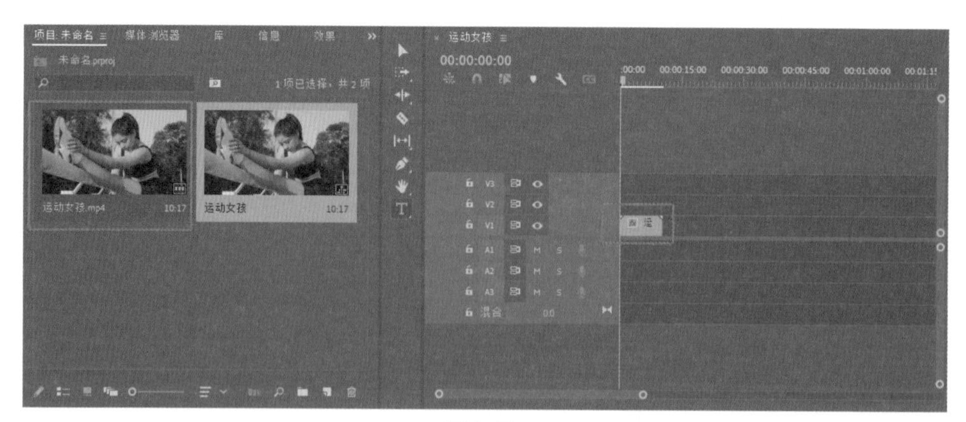

图4-22

选择素材，为其添加“视频效果>模糊与锐化>方向模糊”效果，如图4-23所示。

打开“效果控件”面板，将“方向模糊”选项中的“模糊长度”调整为70.0，视频画面变得模糊，如图4-24所示。

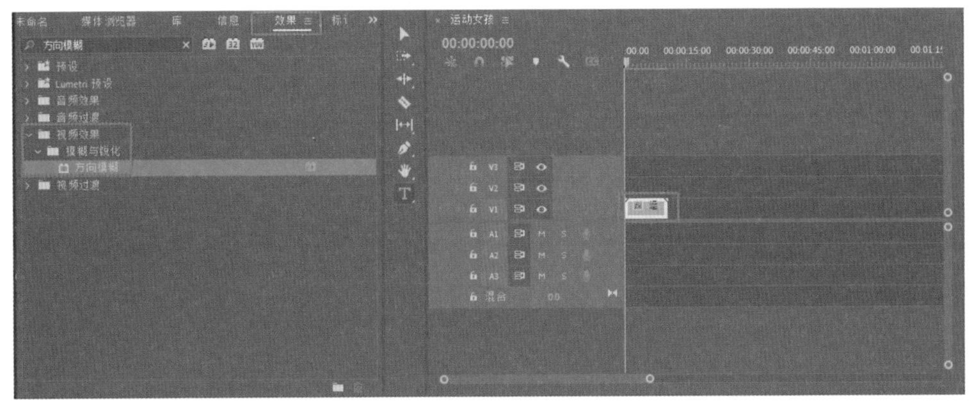

图4-23

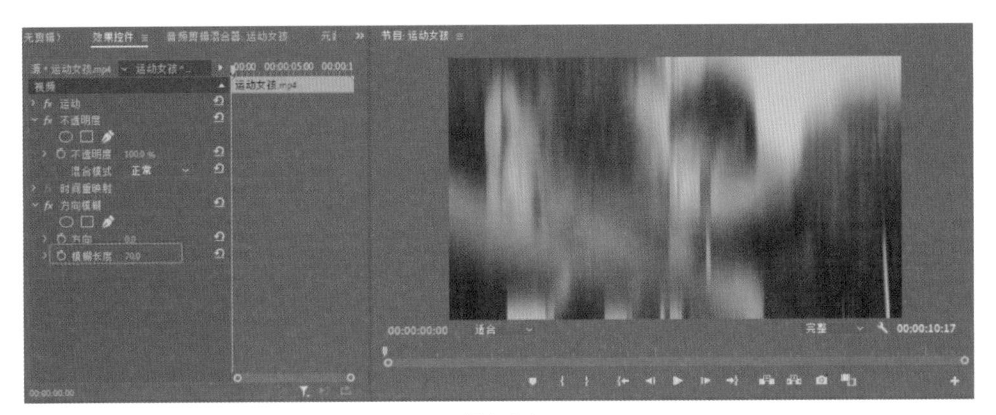

图4-24

8. 裁剪

裁剪常用于多画面效果或面部缩放效果，可以对视频画面进行裁剪并保留部分画面效果。将一段视频素材导入“项目”面板，并将其拖至“时间轴”面板的轨道上，如图4-25所示。

图4-25

选择素材，为其添加“视频效果>变换>裁剪”效果，如图4-26所示。

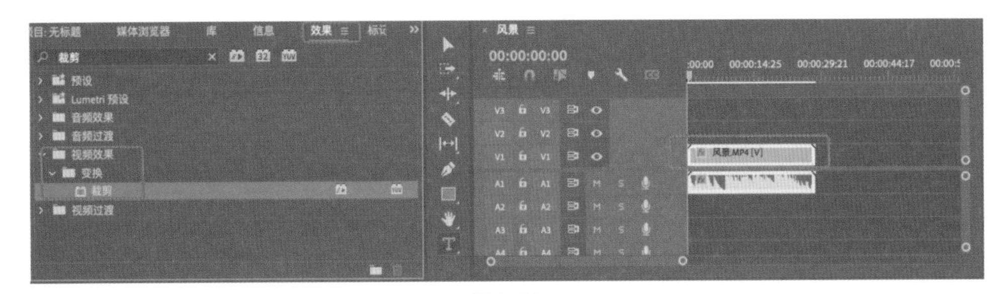

图4-26

打开“效果控件”面板，将“裁剪”选项中的“左侧”调整为10.0%，“右侧”调整为

10.0%，视频画面的左右两侧被裁剪掉一部分，如图4-27所示。

图4-27

4.1.2 创意类转场效果的制作

1. 渐变擦除

渐变擦除是视频之间渐变转场的方式之一，实现两段视频画面的平滑过渡或增加趣味性。通过对两个不同镜头的重新组合，可以得到超现实的转场效果。

将一段视频素材导入“项目”面板，并将其拖至“时间轴”面板中，如图4-28所示。

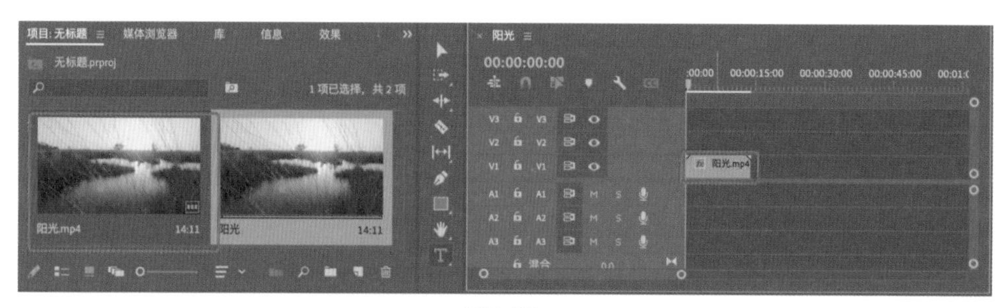

图4-28

选中素材，为其添加“视频效果>过渡>渐变擦除”效果，如图4-29所示。

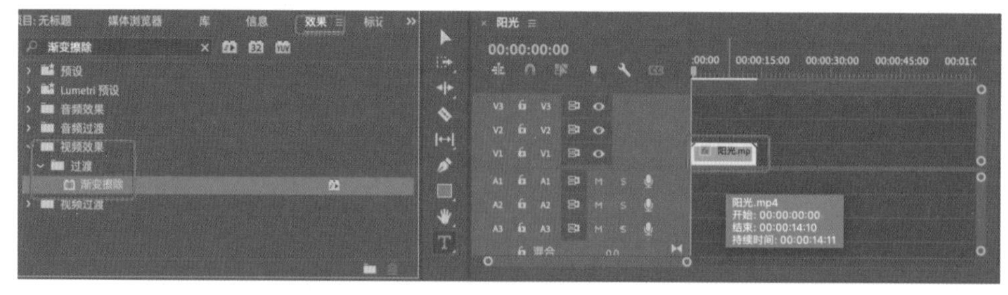

图4-29

打开“效果控件”面板，将时间指示器移至第1帧，单击“渐变擦除”选项中的“过渡完成”左侧的“切换动画”按钮，并将该参数调整为0%；单击“过渡柔和度”左侧的“切换动画”按钮，将该参数调整为0%；将“渐变图层”设置为“视频1”，如图4-30所示。

将时间指示器移至第3秒的位置，将“渐变擦除”选项中的“过渡完成”调整为30%，“过渡柔和度”调整为30%，“渐变图层”设置为“视频1”，如图4-31所示。

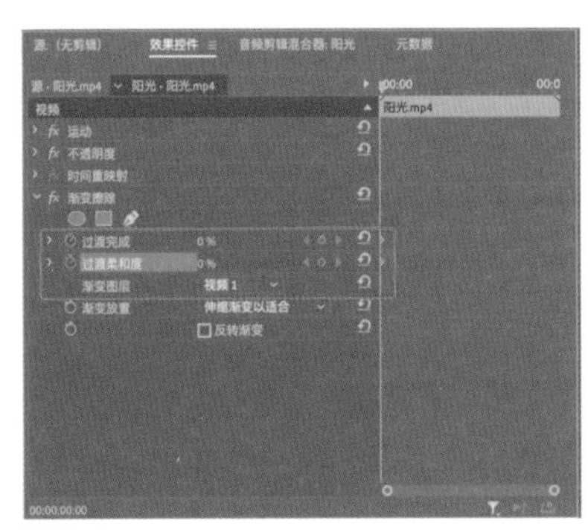

图4-30

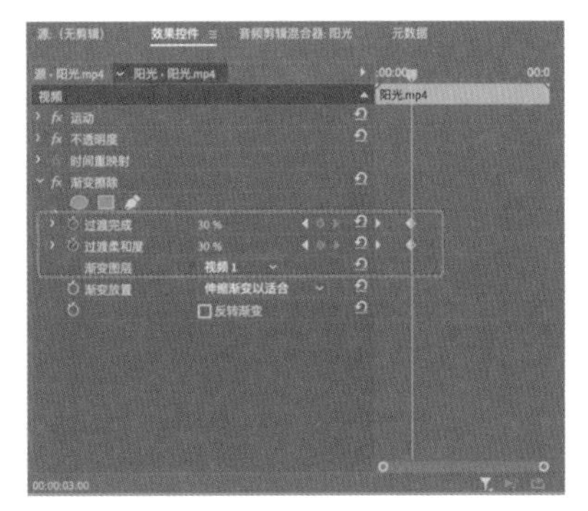

图4-31

2. 轨道遮罩键

轨道遮罩键可以为主体轨道添加遮罩，使主体轨道显示在遮罩轨道上的有色部分，透明或黑色部分不显示，常用于各种转场，如水墨转场、标题遮罩转场等。

将一段视频素材导入“项目”面板，并将其拖至“时间轴”面板中，如图4-32所示。

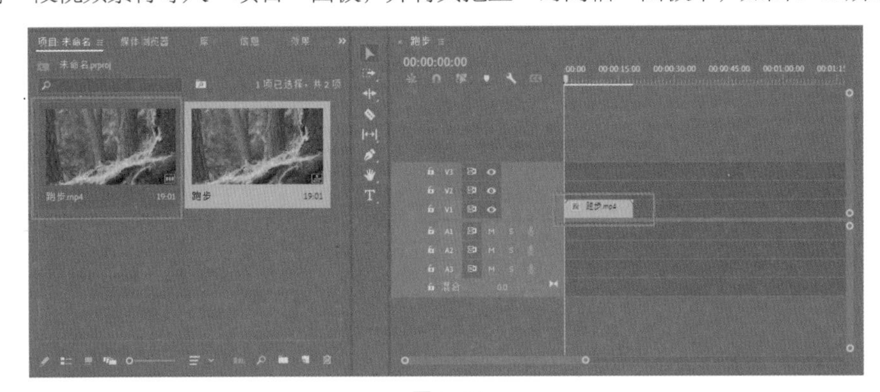

图4-32

选择“文字工具”，输入文字“运动人生”，并调整其大小、位置和时长，如图4-33所示。

图4-33

选择V1轨道上的素材，为其添加“视频效果>键控>轨道遮罩键”效果，如图4-34所示。

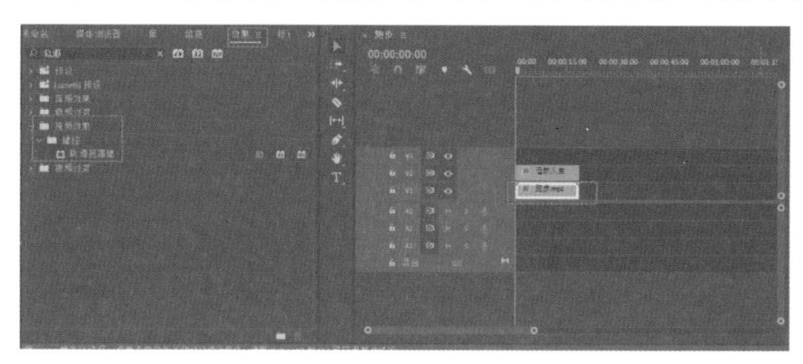

图4-34

打开“效果控件”面板，将“轨道遮罩键”选项中的“遮罩”设置为“视频2”，可以看见文字上有V1轨道中的视频画面，如图4-35所示。

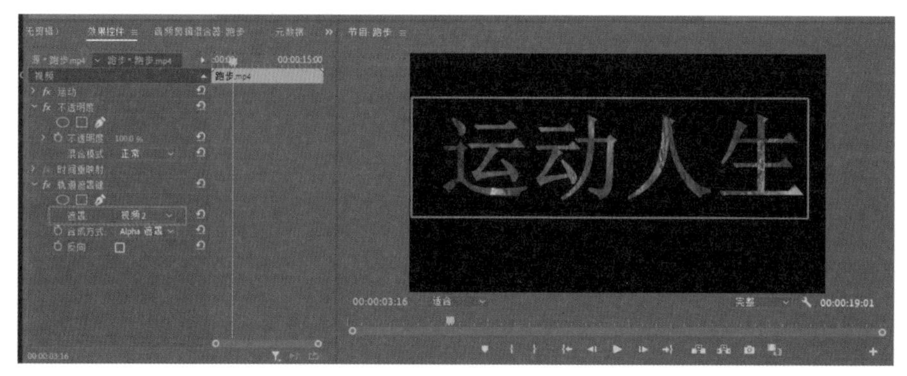

图4-35

3. 蒙版

我们可以在剪辑中定义要模糊、覆盖、高光显示、应用效果或校正颜色等的特定区域。蒙版表现为某个区域，仅对此区域内的视频进行效果处理。

将两段视频素材导入“项目”面板，并将它们拖至“时间轴”面板中，如图4-36所示。

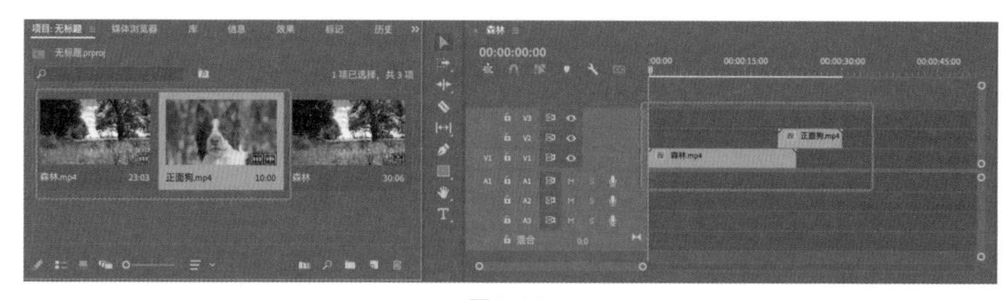

图4-36

将时间指示器移至V2轨道上素材的第1帧处，如图4-37所示。

单击“节目”监视器面板中的“导出帧”按钮，在弹出的对话框中将导出“格式”设置为“JPEG”，“路径”自定义，勾选“导入到项目中”选项，如图4-38所示，单击“确定”按钮。

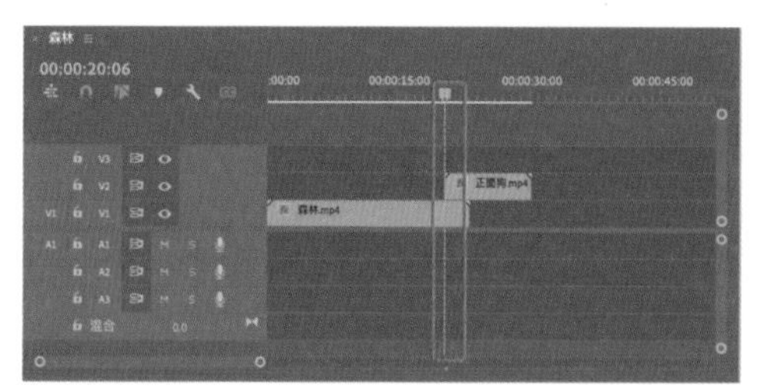

图4-37

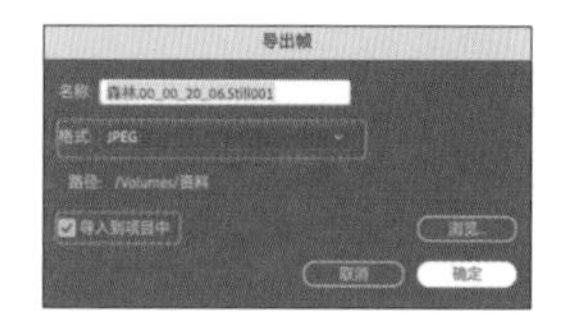

图4-38

将导入的图片拖至V3轨道上，将其延长至V2轨道中素材的开始位置，如图4-39所示。

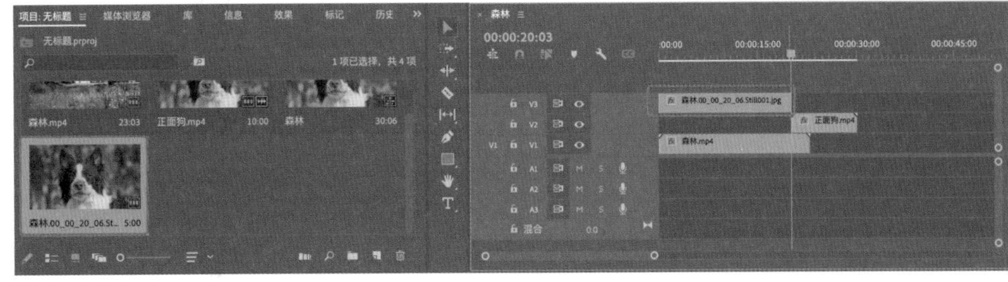

图4-39

将时间指示器移至第14秒的位置，拖动图片素材使其最左侧位于第14秒处，如图4-40所示。

将时间指示器向后移动10帧，打开“效果控件”面板，单击“不透明度”选项中的“自由绘制贝塞尔曲线”按钮，将狗轮廓抠出来，如图4-41所示。

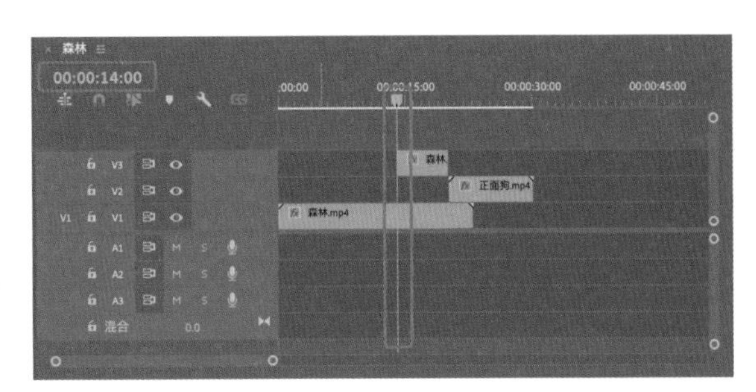

图4-40

图4-41

选择图片素材，打开“效果控件”面板，将“蒙版(1)”选项中的“蒙版羽化”调整为20.0；将时间指示器移至第14秒15帧的位置，单击“蒙版扩展”左侧的“切换动画”按钮，再将时间指示器移至图片素材的结束位置，将“蒙版扩展”调整为587.0，如图4-42所示。

图4-42

4. 蒙版——任意门

任意门转场效果主要利用窗户、柜子、门等物体，实现一种创意开门并切换场景的效果。

导入两段视频素材，并将它们拖至“时间轴”面板中，如图4-43所示。

图4-43

选中素材并将时间指示器移至V2轨道中素材的开门位置，打开“效果控件”面板，单击“不透明度”选项中的“创建4点多边形蒙版”按钮，将蒙版路径调整至与门框形状吻合，并勾选“已反转”选项，如图4-44所示。

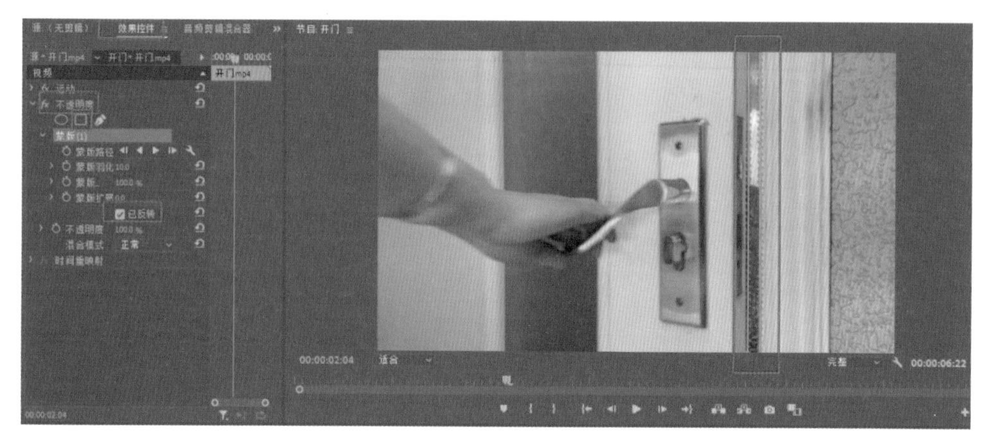

图4-44

蒙版路径确定好之后，需要对蒙版路径进行逐帧跟踪，单击“蒙版(1)”选项中的“蒙版路径”左侧的“切换动画”按钮，然后向后移动一帧，重新调整蒙版路径的位置，保证其与门部分吻合，如图4-45所示。

图4-45

重复蒙版路径的逐帧跟踪步骤，直到门及门框完全消失，如图4-46所示。

为保证开门前的画面不受影响，我们需将时间指示器移至第一个关键帧处，并向左移动一帧，将蒙版路径移出画面，如图4-47所示。

将V1轨道上素材的开始位置移至时间指示器的位置，并删除右侧多余的素材，如图4-48所示。

图4-46

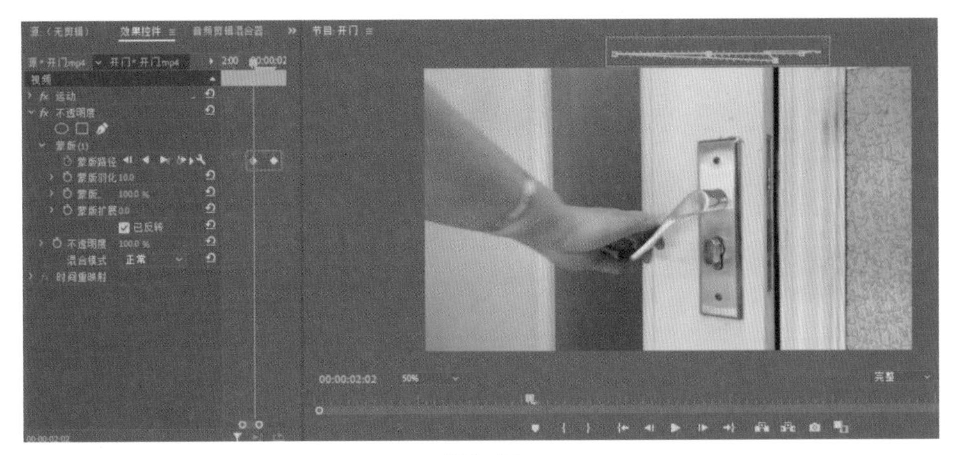

图4-47

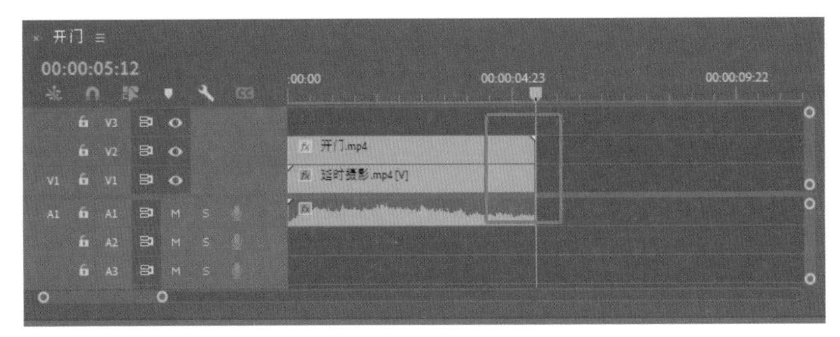

图4-48

5. 缩放

缩放可以对视频画面进行放大或缩小处理。

导入两个图片素材，并将它们拖至“时间轴”面板中，如图4-49所示。

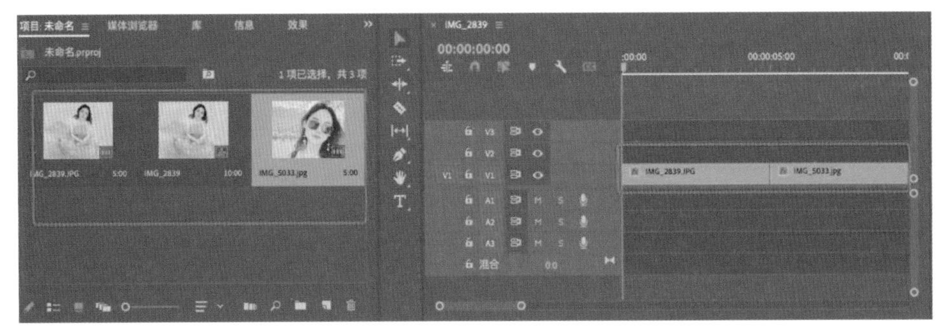

图4-49

选择第一个图片素材，将时间指示器移至第1帧，打开“效果控件”面板，保持“运动”选项中的“缩放”不变，单击“缩放”左侧的“切换动画”按钮，再将时间指示器移至第一个图片素材的最后一帧，将“缩放”调整为10000.0，如图4-50所示。

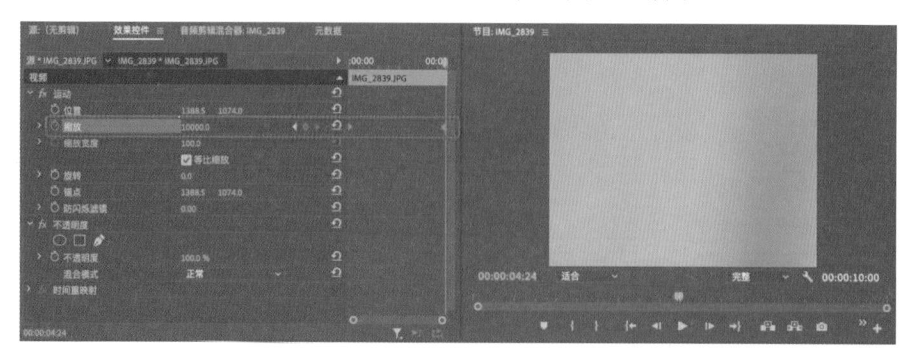

图4-50

选择第二个图片素材，将时间指示器移至该素材图片的第1帧，打开“效果控件”面板，将“运动”选项中的“缩放”调整为3150.0，单击“缩放”左侧的“切换动画”按钮，再将时间指示器移至第二个图片素材的最后一帧，将“缩放”调整为100.0，如图4-51所示。

图4-51

6. 镜像

镜像是指沿一条对称轴将一侧的素材映射到另一侧。

导入两段视频素材，并将它们拖至“时间轴”面板中，如图4-52所示。

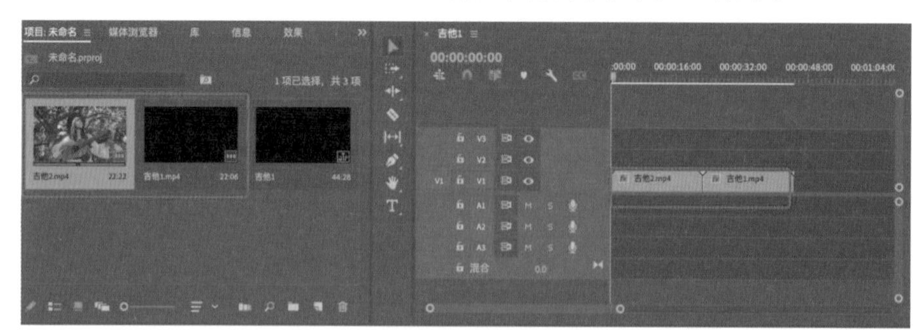

图4-52

新建一个“调整图层”，并将其拖至V2轨道上，位于V1轨道上两段素材的中间，调整长度使其左右跨度各5帧，将时间指示器移至两段素材中间，按住Shift键并按“←”键，将时间指示器左侧的“调整图层”素材删除，按住Shift键并按两次“→”键，将时间指示器右侧的“调整图层”素材删除，如图4-53所示。

选中“调整图层”素材，按住Alt键将其向上拖至V3轨道上，复制一份“调整图层”，如图4-54所示。

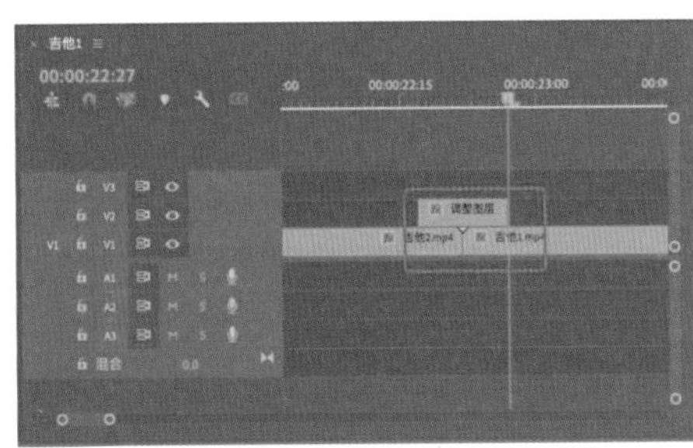

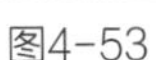

图4-53

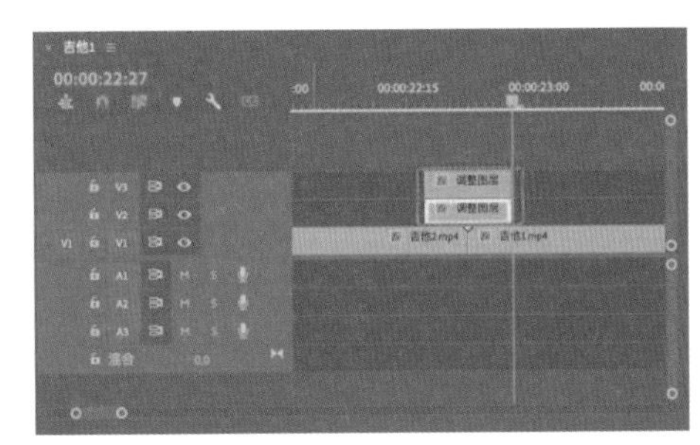

图4-54

将“视频效果>风格化>复制”效果添加至V2轨道上，然后打开“效果控件”面板，将“复制”选项中的“计数”调整为3，如图4-55所示。

图4-55

第一次添加“镜像”效果。将“视频效果>扭曲>镜像”效果添加到V2轨道上，打开“效果控件”面板，将“镜像”选项中的“反射角度”调整为90.0°，将“反射中心”的y坐标值调整为720.0，使下面两层视频对称，如图4-56所示。

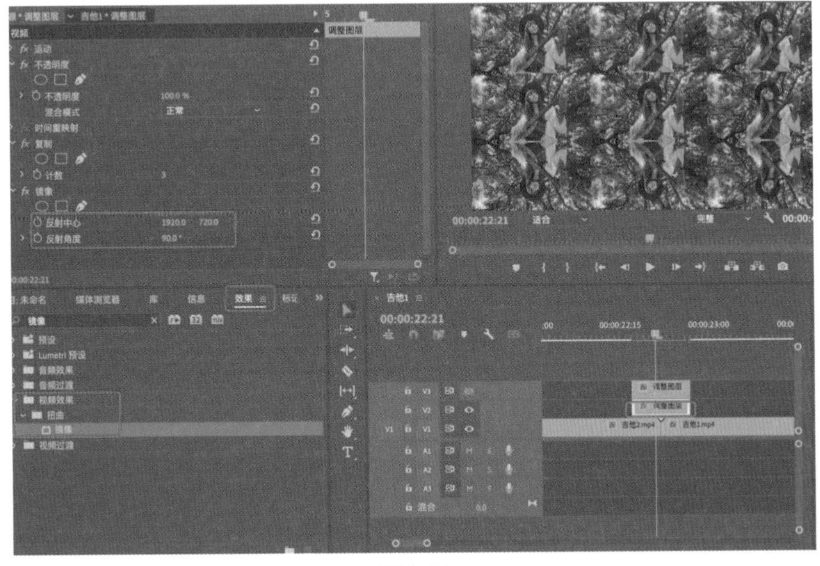

图4-56

第二次添加“镜像”效果。将“视频效果>扭曲>镜像”效果添加到V2轨道上，打开“效果控件”面板，将“镜像”选项中的“反射角度”调整为-90.0°，将“反射中心”的y轴坐标值调整为360.0，使上面两层视频对称，如图4-57所示。

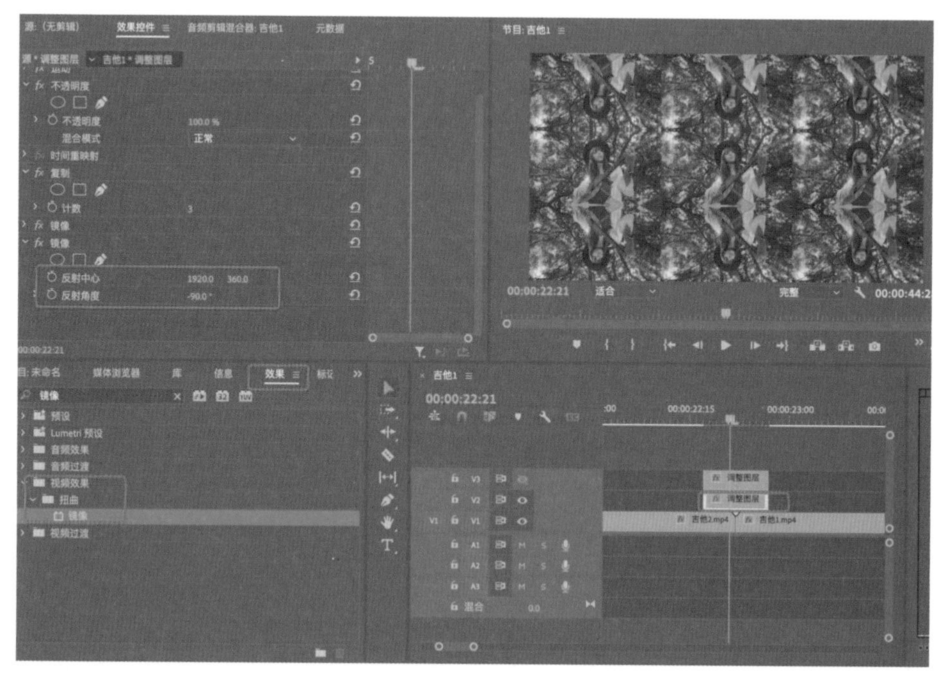

图4-57

第三次添加“镜像”效果。将“视频效果>扭曲>镜像”效果添加到V2轨道上，打开“效果控件”面板，将“镜像”选项中的“反射角度”调整为0.0，将“反射中心”的x坐标值调整为1276.0，使右边两层视频对称，如图4-58所示。

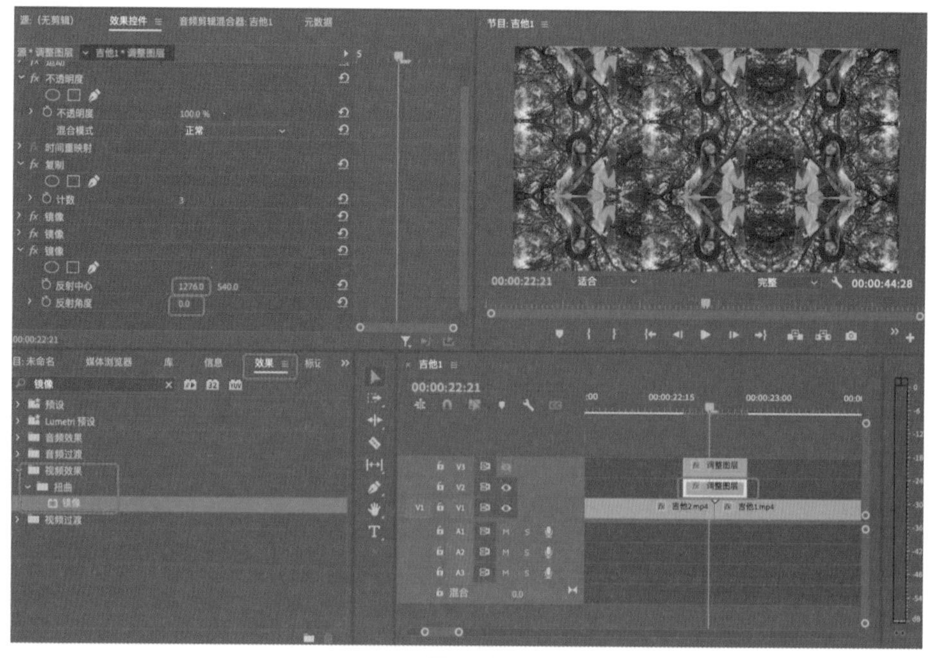

图4-58

第四次添加“镜像”效果。将“视频效果>扭曲>镜像”效果添加到V2轨道上，打开“效果控件”面板，将“镜像”选项中的“反射角度”调整为180.0°，将“反射中心”的x坐标值调整为640.0，使左边两层视频对称，如图4-59所示。

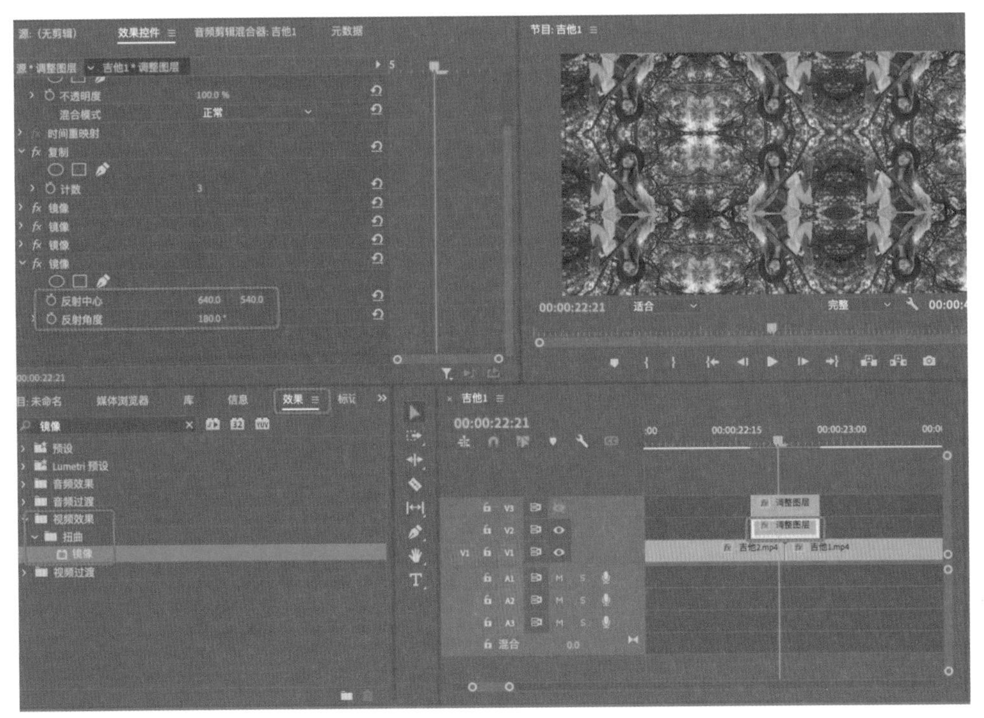

图4-59

选择V3轨道上的“调整图层”素材，将“视频效果>扭曲>变换”效果添加到V3轨道上，打开“效果控件”面板，将“变换”选项中的“缩放”调整为300.0，取消“使用合成的快门角度”选项，将“快门角度”调整为360.00，如图4-60所示。

图4-60

将时间指示器移至“调整图层”素材第1帧的位置，打开“效果控件”面板，单击“变换”选项中“旋转”左侧的“切换动画”按钮；然后将时间指示器移至最后一帧的位置，将“旋转”调整为1x0.0°，即360°，如图4-61所示。

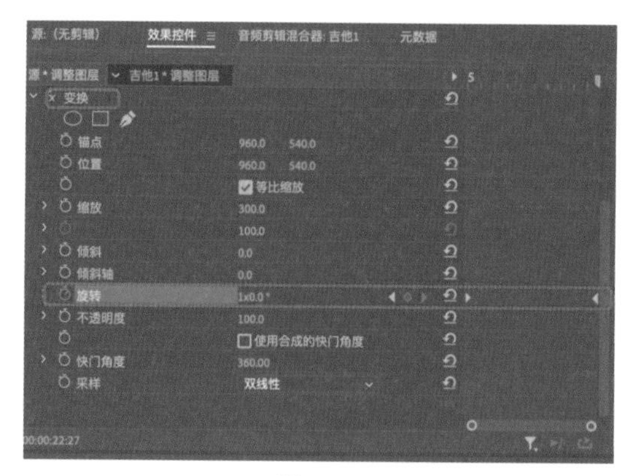

图4-61

4.2 常用视频效果设计案例

4.2.1 案例：马赛克效果

资源位置

素材位置 素材文件>第4章>4.2.1案例：马赛克效果

实例位置 实例文件>第4章>4.2.1案例：马赛克效果.prproj

视频位置 视频文件>第4章>4.2.1案例：马赛克效果.mp4

技术掌握 马赛克效果的制作

本案例讲解制作马赛克效果的方法。马赛克效果主要用于对视频中的部分区域进行模糊处理，完成后的效果如图4-62所示。

图4-62

设计思路

（1）添加“马赛克”效果，使视频画面变模糊。

（2）使用“创建椭圆形蒙版”工具模糊部分区域。

操作步骤

① 将“跑步.mp4”素材导入“项目”面板，并将其拖至“时间轴”面板中，如图4-63所示。

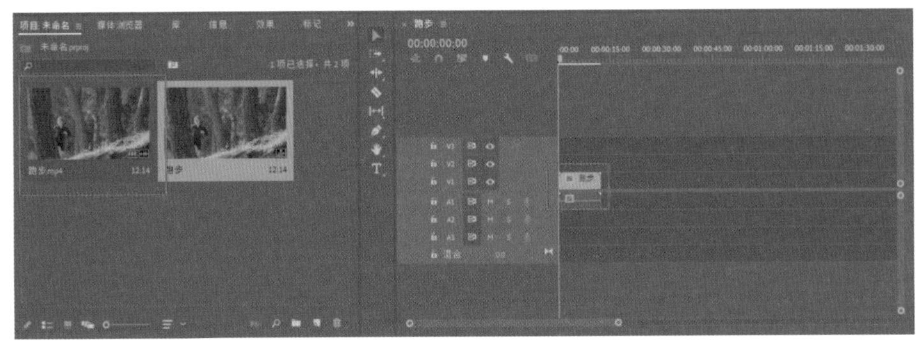

图4-63

② 打开“效果”面板，将“视频效果>风格化>马赛克”效果添加至“跑步.mp4”素材上，然后打开“效果控件”面板，将“马赛克”选项中的“水平块”和“垂直块”调整为80，如图4-64所示。

图4-64

③ 将时间指示器移至视频的开始位置，单击“马赛克”选项中的“创建椭圆形蒙版”按钮，将蒙版调整至画面中的人脸上，并调整蒙版大小，使其与人脸大小一致，如图4-65所示。

图4-65

④ 单击“向前跟踪所选蒙版”按钮，开始跟踪人脸的移动轨迹，等待跟踪完成，如图4-66所示。

图4-66

⑤ 最终效果如图4-67所示。

图4-67

4.2.2 案例：铅笔画效果

资源位置

素材位置 素材文件>第4章>4.2.2案例：铅笔画效果

实例位置 实例文件>第4章>4.2.2案例：铅笔画效果.prproj

视频位置 视频文件>第4章>4.2.2案例：铅笔画效果.mp4

技术掌握 “查找边缘”效果的应用

微课视频

本案例讲解使用“黑白”效果和“查找边缘”效果制作铅笔画效果的方法，完成后的效果如图4-68所示。

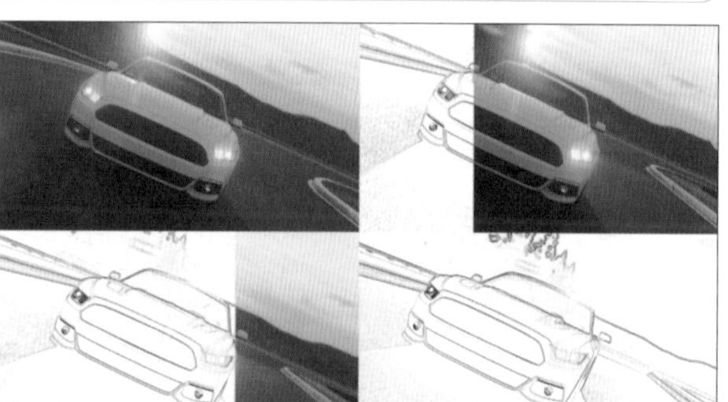

图4-68

设计思路

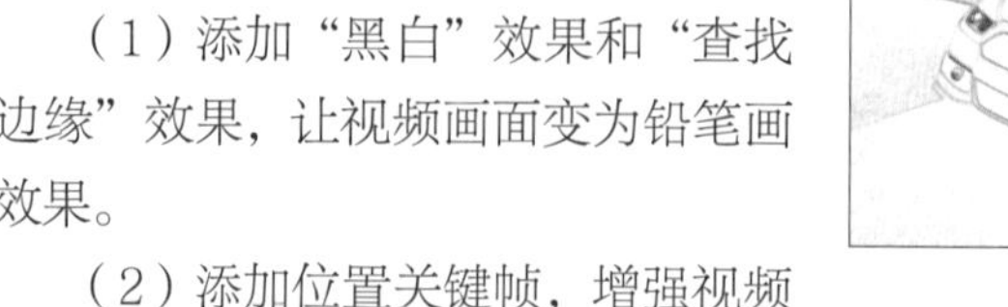

（1）添加“黑白”效果和“查找边缘”效果，让视频画面变为铅笔画效果。

（2）添加位置关键帧，增强视频

画面的渐变感。

操作步骤

① 将“车.mp4”素材导入“项目”面板，并将其拖至“时间轴”面板中，如图4-69所示。

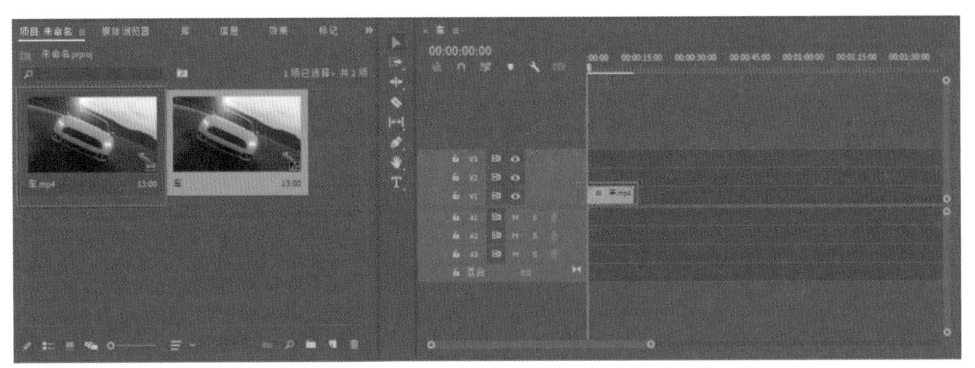

图4-69

② 新建一个“调整图层”并将其拖至V2轨道上，调整其长度，使其与V1轨道上的素材长度一致。打开“效果”面板，利用搜索框找到“黑白”效果和“查找边缘”效果，并将它们添加到“调整图层”上，如图4-70和图4-71所示。

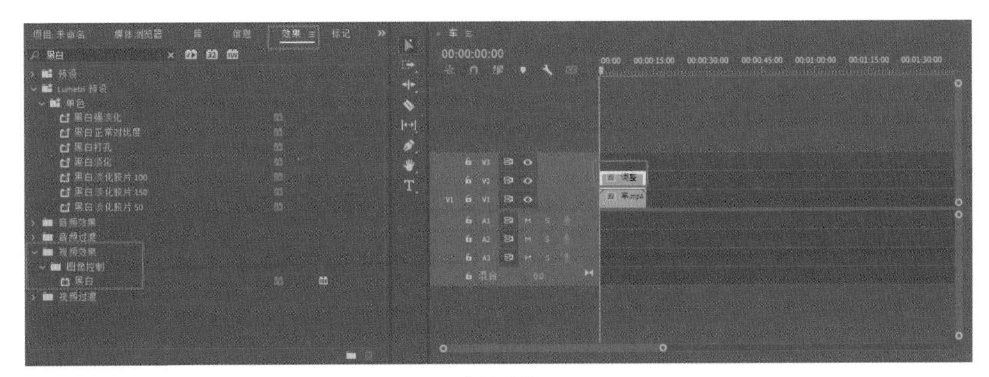

图4-70

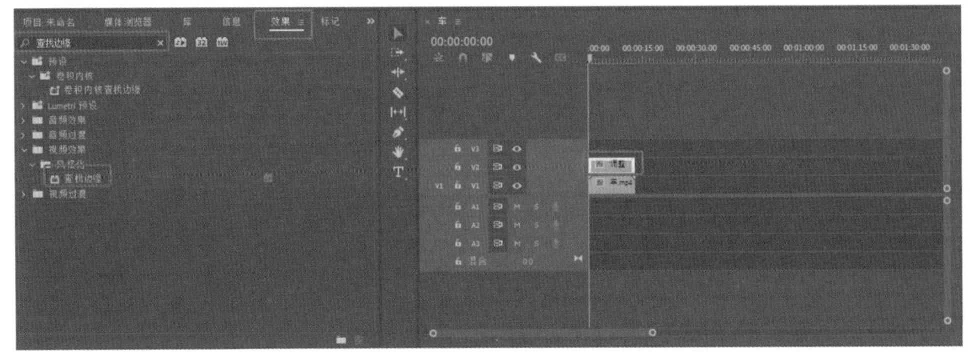

图4-71

③ 选择“调整图层”素材，将时间指示器移至开始位置，单击“位置”左侧的“切换动画”按钮，将x坐标值调整为-670.0；然后将时间指示器移至第3秒的位置，单击“重制参数”按钮，将代表x轴的参数自动调整为640.0，如图4-72所示。最终效果如图4-73所示。

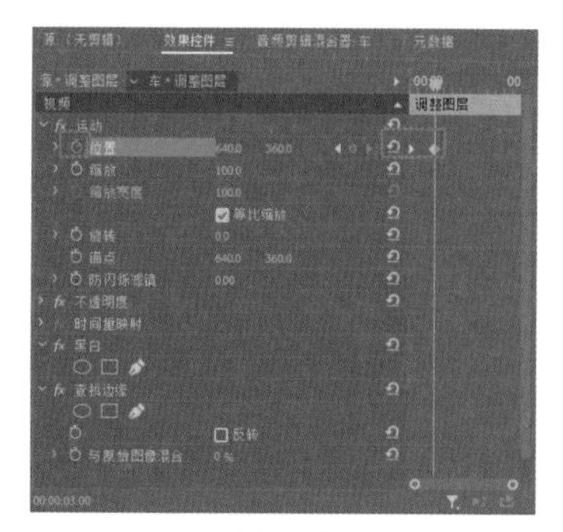

图4-72

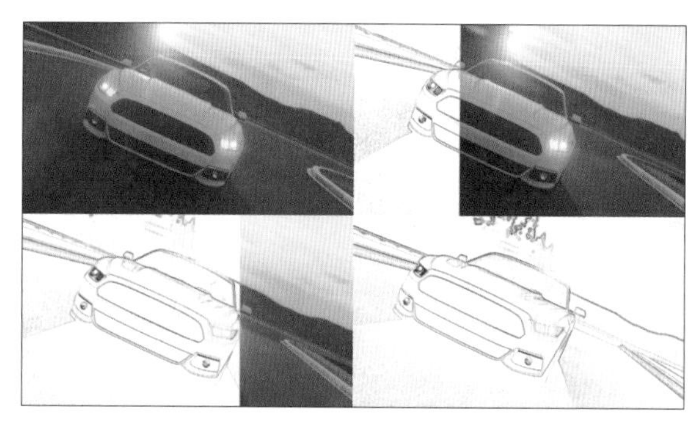

图4-73

4.2.3 案例：漫画效果

资源位置

素材位置 素材文件>第4章>4.2.3案例：漫画效果

实例位置 实例文件>第4章>4.2.3案例：漫画效果.prproj

视频位置 视频文件>第4章>4.2.3案例：漫画效果.mp4

技术掌握 色调分离技术的应用

微课视频

本案例讲解使用“棋盘”效果和“色调分离”效果制作漫画效果的方法，完成后的效果如图4-74所示。

图4-74

设计思路

（1）添加“棋盘”效果，增强视频画面的层次感。

（2）添加“色调分离”效果，增强视频画面的漫画感。

操作步骤

① 将“运动女孩.mp4”素材导入“项目”面板，并将其拖至“时间轴”面板中，如图4-75所示。

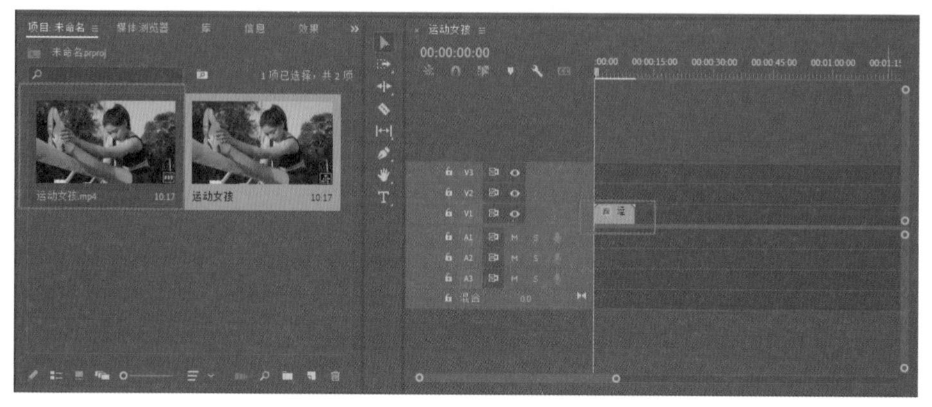

图4-75

❷ 打开“效果”面板，将“视频效果>过时>棋盘”效果添加至“运动女孩.mp4”素材上。选中素材，打开“效果控件”面板，将“棋盘”选项中的“大小依据”调整为“宽度和高度滑块”，将“宽度”和“高度”均调整为1.0，“混合模式”调整为“叠加”，如图4-76所示。

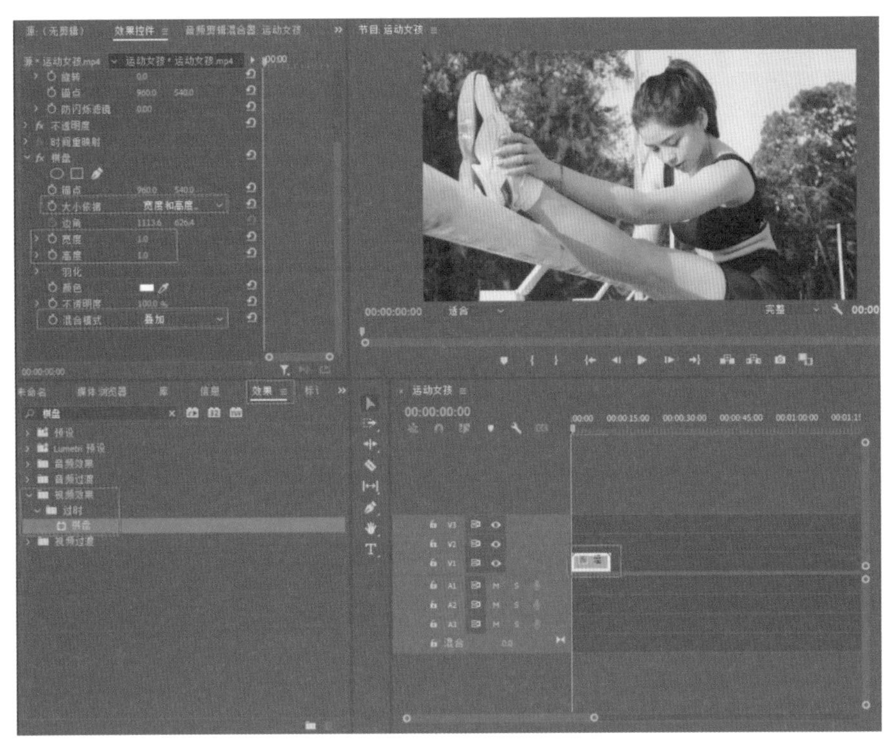

图4-76

❸ 打开“效果”面板，将“视频效果>风格化>色调分离”效果添加至“运动女孩.mp4”素材上，打开“效果控件”面板，将“色调分离”选项中的“级别”调整为5，如图4-77所示。

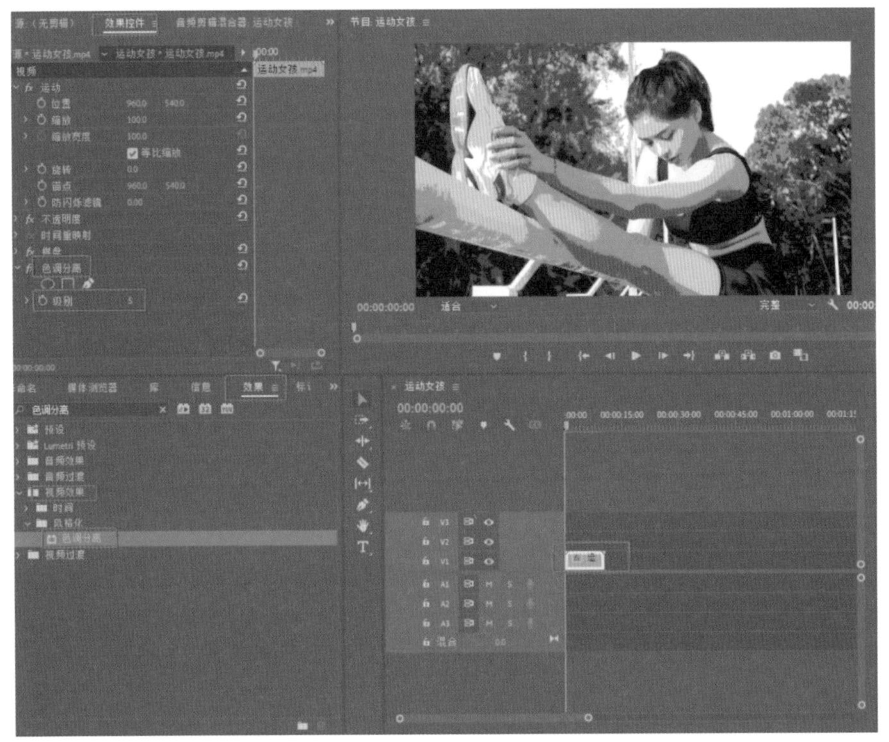

图4-77

4 最终效果如图4-78所示。`

图4-78

4.2.4 案例：梦幻场景效果

资源位置

素材位置 素材文件>第4章>4.2.4案例：梦幻场景效果

实例位置 实例文件>第4章>4.2.4案例：梦幻场景效果.prproj

视频位置 视频文件>第4章>4.2.4案例：梦幻场景效果.mp4

技术掌握 “高斯模糊”效果的应用

微课视频

本案例讲解使用“高斯模糊”效果和“Lumetri颜色”面板制作梦幻场景效果的方法，完成后的效果如图4-79所示。

图4-79

设计思路

（1）添加“高斯模糊”效果并对其参数进行调整，增强视频画面的朦胧感。

（2）调整“Lumetri颜色”面板中的参数，增强画面的色彩感。

操作步骤

① 将"夜景.mp4"素材导入"项目"面板，并将其拖至"时间轴"面板中，如图4-80所示。

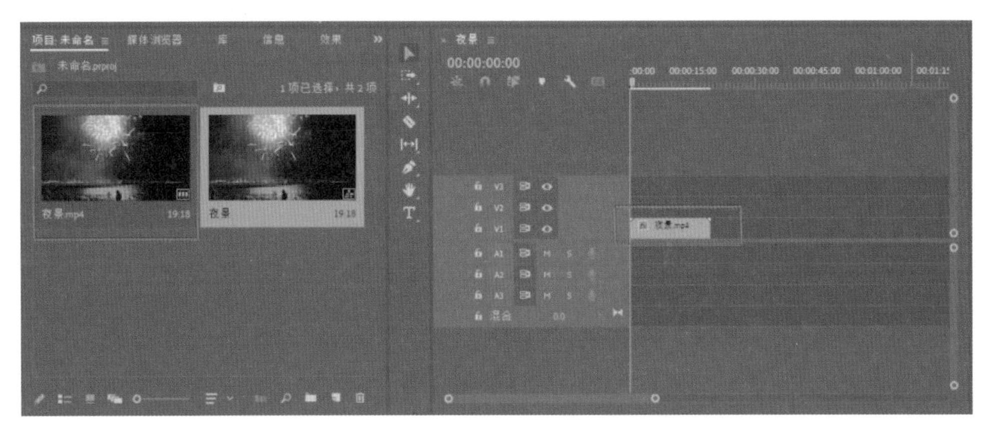

图4-80

② 新建一个"调整图层"并将其拖至V2轨道上，调整其长度，使其与V1轨道上的素材长度一致。打开"效果"面板，将"视频效果>模糊与锐化>高斯模糊"效果添加至"调整图层"素材上，打开"效果控件"面板，将"高斯模糊"选项中的"模糊度"调整为55.0，"模糊尺寸"设置为"水平和垂直"，勾选"重复边缘像素"选项，设置"不透明度"为65.0%，将"混合模式"设置为"滤色"，如图4-81所示。

图4-81

③ 切换为"颜色"模式，将"基本校正"中的"对比度"调整为50.0，"高光"调整为50.0，"阴影"调整为-17.0，"白色"调整为100.0，如图4-82所示。

图4-82

④ 最终效果如图4-83所示。

图4-83

4.2.5 案例：双重曝光效果

资源位置

素材位置 素材文件>第4章>4.2.5案例：双重曝光效果

实例位置 实例文件>第4章>4.2.5案例：双重曝光效果.prproj

视频位置 视频文件>第4章>4.2.5案例：双重曝光效果.mp4

技术掌握 混合模式的应用

本案例讲解使用混合模式和“Lumetri颜色”面板制作双重曝光效果的方法，完成后的效果如图4-84所示。

图4-84

设计思路

（1）通过更改“不透明度”的混合模式，改变视频画面的叠加显示方式。

（2）通过调整“Lumetri颜色”面板中的参数，增强画面的色彩对比效果。

操作步骤

❶ 将“海边夕阳.mp4”素材和“逆光人物.mp4”素材导入“项目”面板，并将它们拖至“时间轴”面板中，裁掉“海边夕阳.mp4”素材的后半段，使其与“逆光人物.mp4”素材的长度一致，效果如图4-85所示。

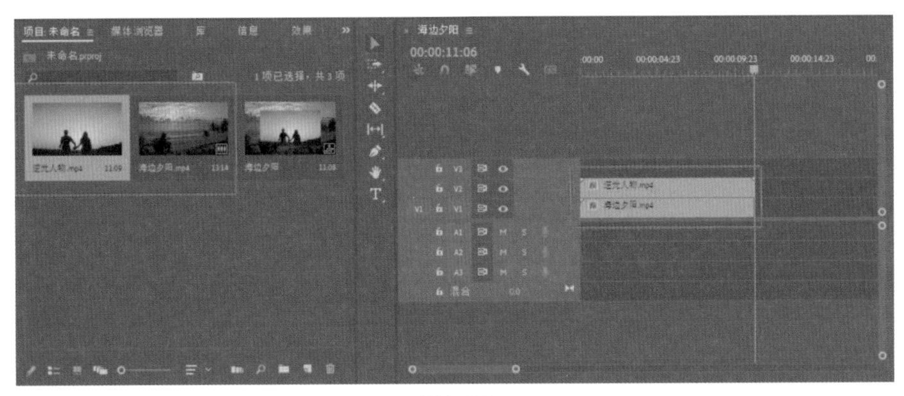

图4-85

❷ 选择“逆光人物.mp4”素材，打开“效果控件”面板，将“运动”选项中的“缩放”调整为152.0，将“不透明度”选项中的“混合模式”更改为“变亮”，如图4-86所示。

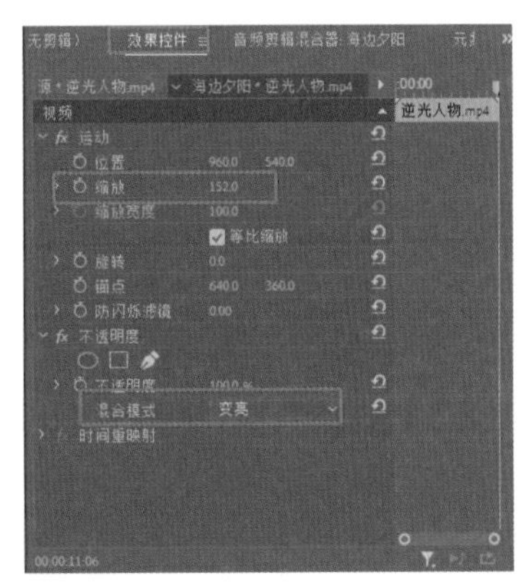

图4-86

❸ 选择“逆光人物.mp4”素材，切换为“颜色”模式，在“Lumetri颜色”面板中将“基本校正”中的“对比度”调整为-74.0，“高光”调整为74.0，“阴影”调整为-60.0，“白色”调整为66.0，“黑色”调整为-40.0，如图4-87所示。

图4-87

❹ 最终效果如图4-88所示。

图4-88

4.2.6 案例：镜像效果

资源位置

素材位置 素材文件>第4章>4.2.6案例：镜像效果

实例位置 实例文件>第4章>4.2.6案例：镜像效果.prproj

视频位置 视频文件>第4章>4.2.6案例：镜像效果.mp4

技术掌握 镜像效果的制作

微课视频

本案例讲解制作镜像效果的方法，完成后的效果如图4-89所示。

图4-89

设计思路

通过添加"镜像"效果及调整相关参数，制作镜像效果。

操作步骤

❶ 将"海洋.mp4"素材导入"项目"面板，并将其拖至"时间轴"面板中，如图4-90所示。

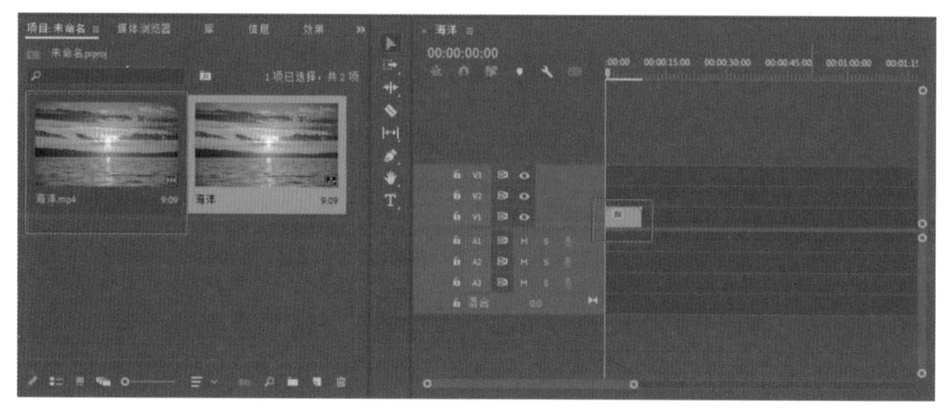

图4-90

② 打开"效果"面板，将"视频效果>扭曲>镜像"效果添加至"海洋.mp4"素材上，将时间指示器移至视频开始的位置，打开"效果控件"面板，将"镜像"选项中的"反射中心"的y坐标值调整为700.0，将"反射角度"调整为90.0°，如图4-91所示。

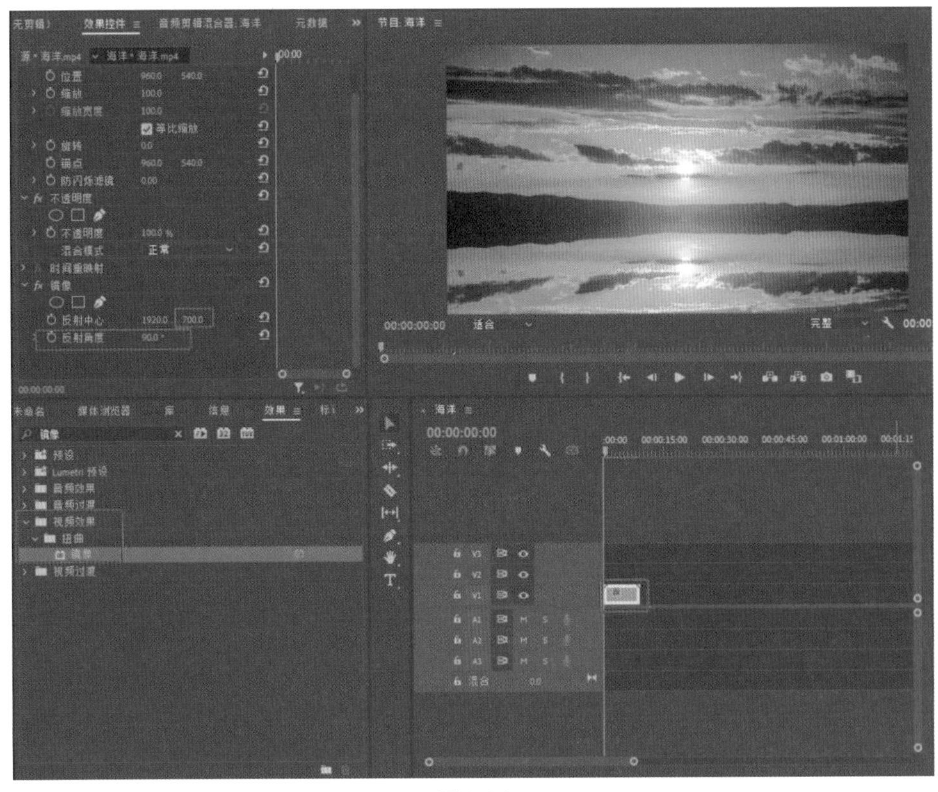

图4-91

③ 最终效果如图4-92所示。

图4-92

4.2.7 案例：长腿效果

资源位置

微课视频

素材位置 素材文件>第4章>4.2.7案例：长腿效果

实例位置 实例文件>第4章>4.2.7案例：长腿效果.prproj

视频位置 视频文件>第4章>4.2.7案例：长腿效果.mp4

技术掌握 "变换"效果的应用

本案例讲解使用“变换”效果制作长腿效果的方法，完成前后的效果如图4-93所示。

图4-93

设计思路

（1）添加“变换”效果。

（2）使用“创建4点多边形蒙版”工具拉长人物腿部，注意不要拉得过长。

操作步骤

1 将“夕阳下.mp4”素材导入“项目”面板，并将其拖至“时间轴”面板中，如图4-94所示。

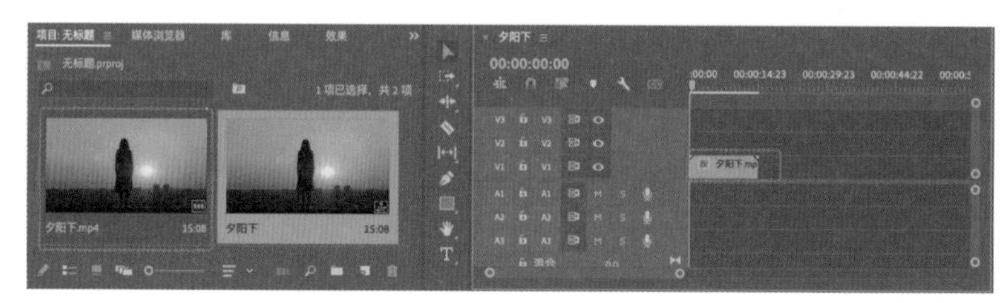

图4-94

2 打开“效果”面板，将“视频效果>扭曲>变换”效果添加至“夕阳下.mp4”素材上，打开“效果控件”面板，取消“等比缩放”选项，如图4-95所示。

图4-95

3 将时间指示器移至视频开始的位置，单击“变换”选项中的“创建4点多边形蒙版”按钮，沿着女孩的腿部画出矩形选区，如图4-96所示。

4 将“蒙版(1)”选项中的“缩放高度”调整为106.0，如图4-97所示。

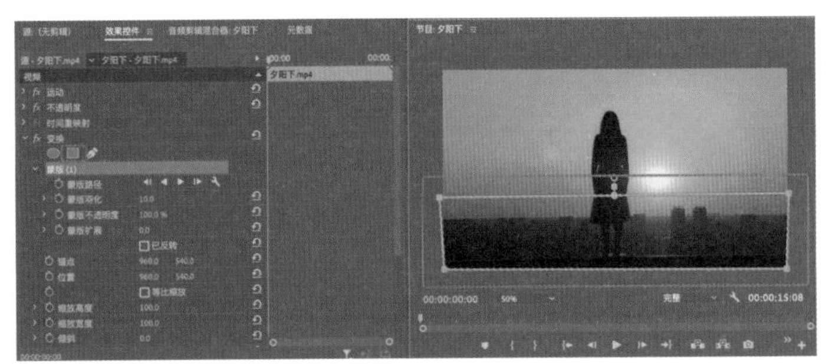

图4-96

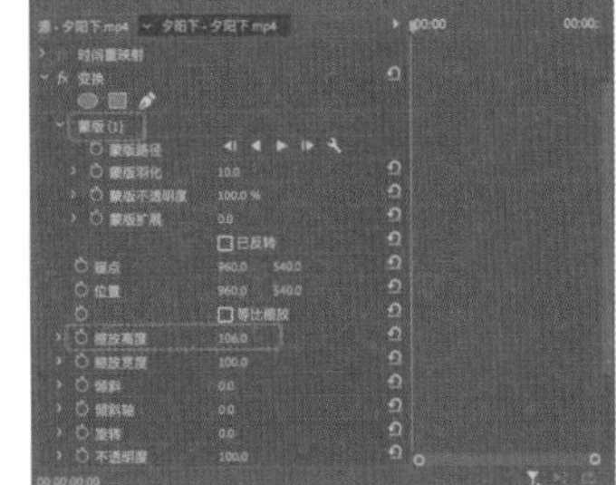

图4-97

5 完成前后的对比效果如图4-98所示。

图4-98

4.3 技巧型视频效果设计案例

4.3.1 案例：帧定格效果

资源位置

素材位置　素材文件>第4章>4.3.1案例：帧定格效果

实例位置　实例文件>第4章>4.3.1案例：帧定格效果.prproj

视频位置　视频文件>第4章>4.3.1案例：帧定格效果.mp4

技术掌握　帧定格效果的制作

本案例讲解制作帧定格效果的方法，帧定格效果常用于展示风景、人像，在剪辑的过程中可以从视频中截取图片，也可以使用其他相似的图片，完成后的效果如图4-99所示。

图4-99

设计思路

（1）使用“插入帧定格分段”命令添加静止画面。

（2）使用“高斯模糊”效果模糊V1轨道上的静止画面。

（3）调整“缩放”“旋转”参数，为V2轨道上的静止画面增加动感。

操作步骤

❶ 将“行走女孩.mp4”素材导入“项目”面板，并将其拖至“时间轴”面板中，如图4-100所示。

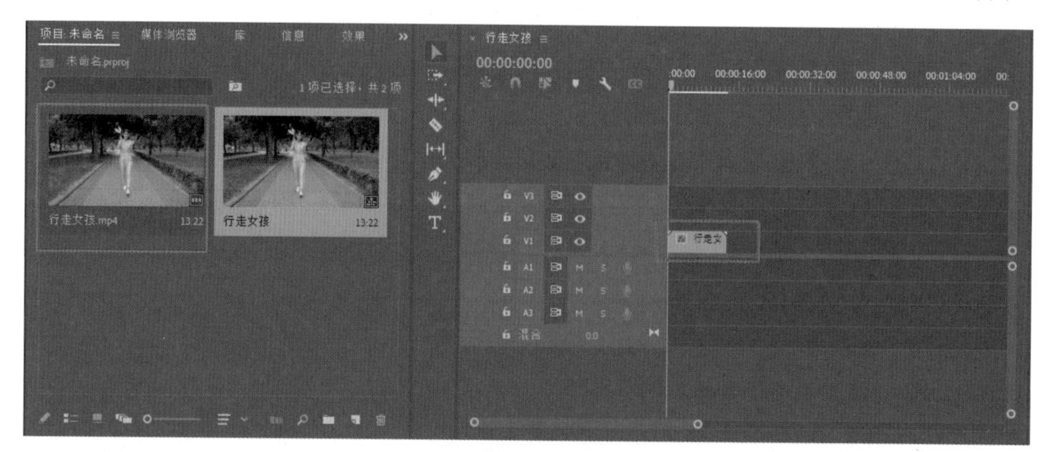

图4-100

❷ 将时间指示器移至第4秒处，单击鼠标右键，在弹出的快捷菜单中选择“插入帧定格分段”命令，如图4-101所示。

❸ 操作完成后，出现一段静止画面，按住Alt键将其拖至V2轨道上，如图4-102所示。

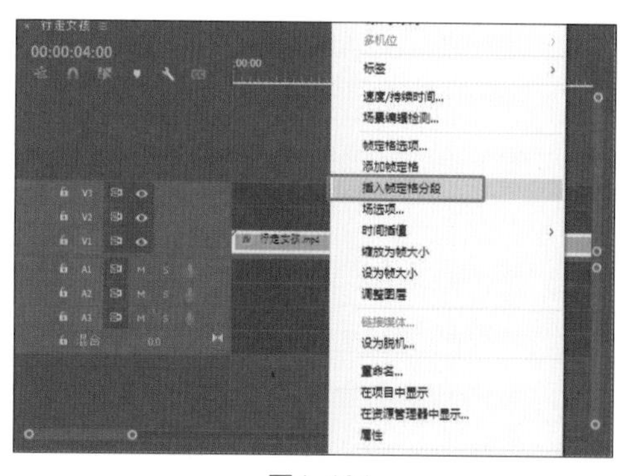

图4-101

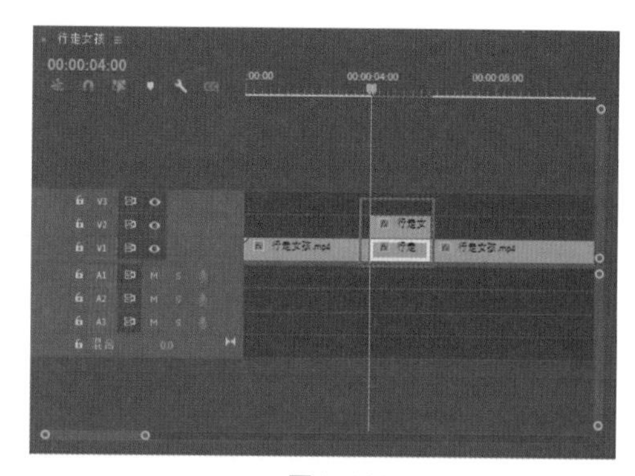

图4-102

❹ 打开“效果”面板，选择V1轨道上的静止画面，为其添加“视频效果>模糊与锐化>高斯模糊”效果，打开“效果控件”面板，将“高斯模糊”选项中的“模糊度”调整为60.0，如图4-103和图4-104所示。

❺ 选择V2轨道上的素材，打开“效果控件”面板，单击“运动”选项中“缩放”左侧的“切换动画”按钮，将时间指示器移至第4秒10帧的位置，将“缩放”调整为70.0；再将时间指示器移至第4秒的位置，单击“旋转”左侧的“切换动画”按钮；将时间指示器移至第4秒10帧的位置，将“旋转”调整为8.0°，如图4-105所示。

❻ 选中V1轨道和V2轨道上的静止画面，单击鼠标右键，在弹出的快捷菜单中选择“嵌套”命令，如图4-106所示。

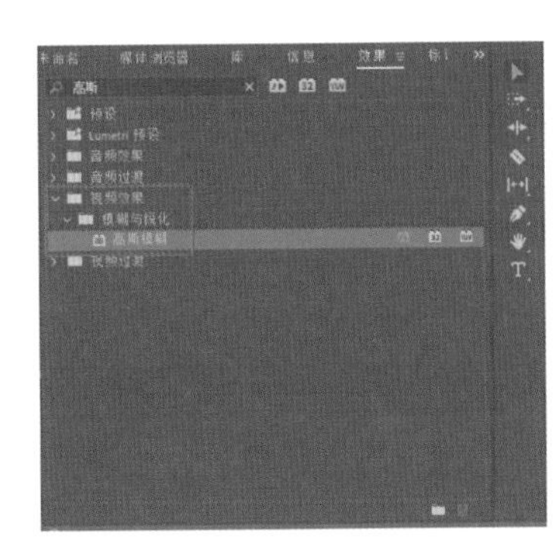

图4-103

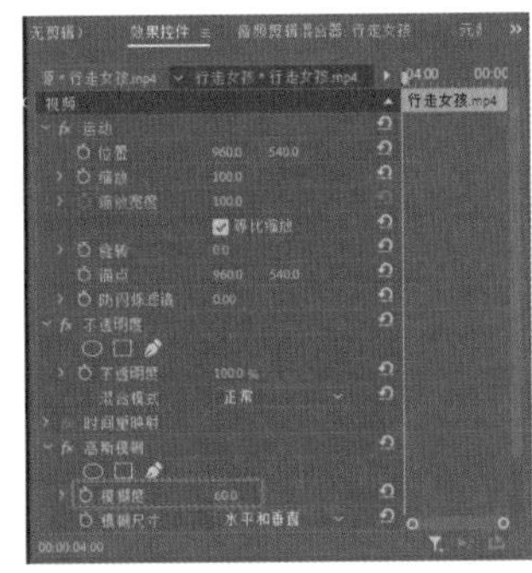

图4-104

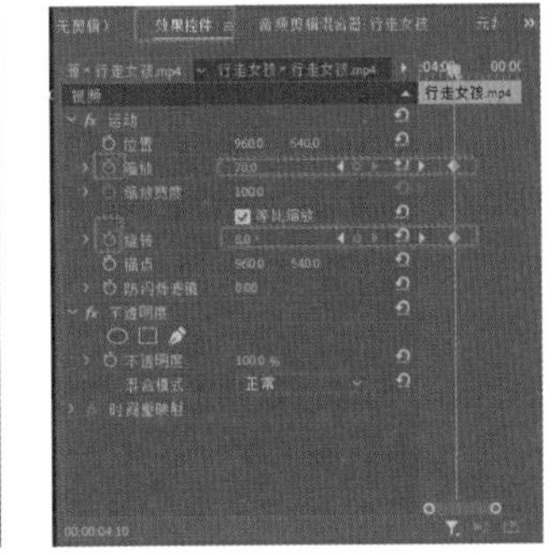

图4-105

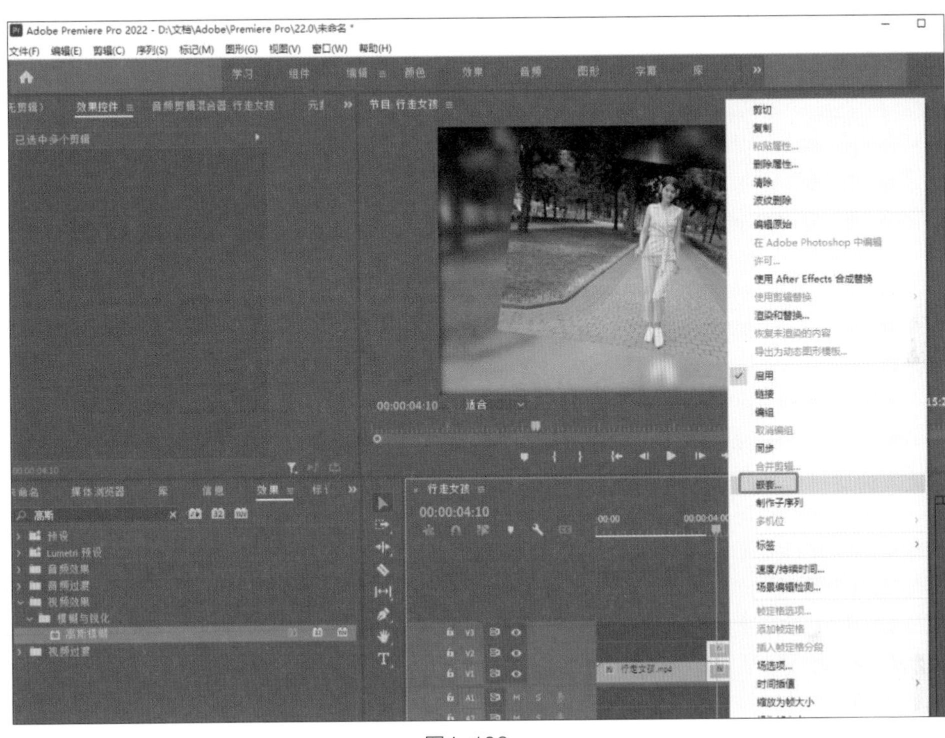

图4-106

7 在“效果”面板中选择“视频过渡>溶解>白场过渡”效果，并将其添加到“嵌套”素材上，如图4-107所示。

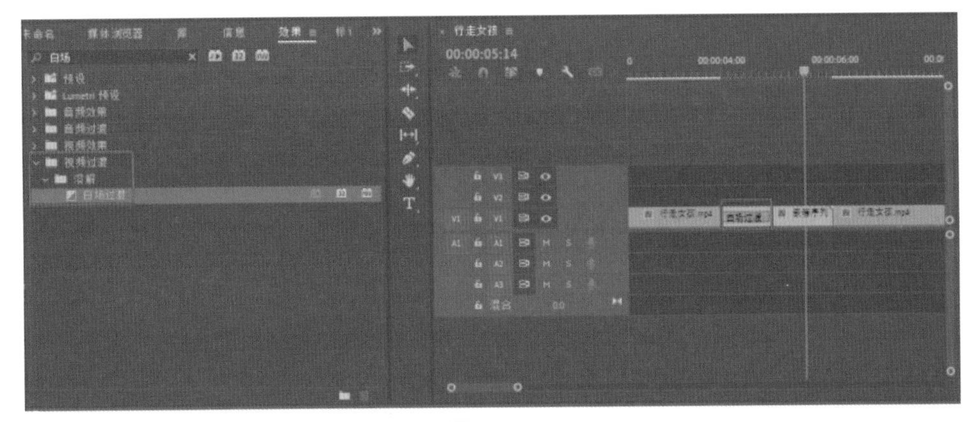

图4-107

8 将相机快门声添加至“白场过渡”效果上，最终效果如图4-108所示。

图4-108

4.3.2 案例：分屏效果

资源位置

素材位置 素材文件>第4章>4.3.2案例：分屏效果

实例位置 实例文件>第4章>4.3.2案例：分屏效果.prproj

视频位置 视频文件>第4章>4.3.2案例：分屏效果.mp4

技术掌握 分屏效果的制作

微课视频

本案例讲解制作分屏效果的方法，分屏效果类似画中画效果。利用裁剪的方式可得到多个场景同时播放的效果，完成后的效果如图4-109所示。

图4-109

设计思路

（1）使用“效果控件”面板调整视频画面的位置与大小。

（2）使用“线性擦除”效果调整视频画面的显示区域。

（3）使用“字幕”面板为视频画面制作边框。

操作步骤

① 将“大海.mp4”素材、“脚步.mp4”素材和“海浪.mp4”素材导入“项目”面板，并将它们拖至“时间轴”面板中，再将它们调整为相同的长度，如图4-110所示。

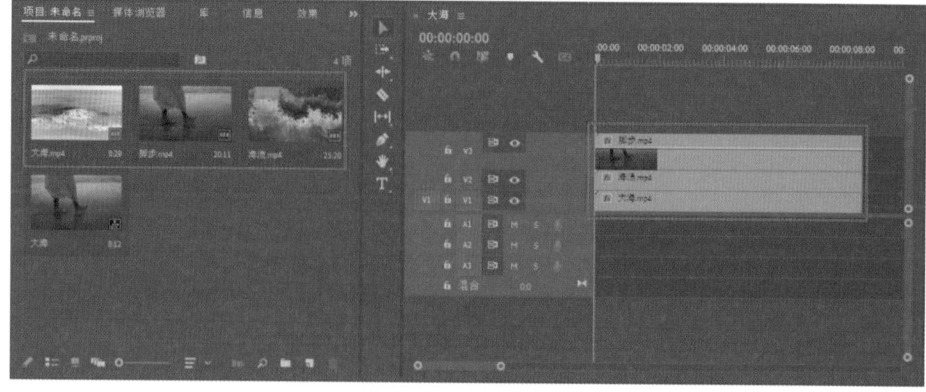

图4-110

② 选择“脚步.mp4”素材，打开“效果控件”面板，调整“运动”选项中的“位置”为454.0、843.0，将“缩放”调整为52.0，如图4-111所示。

③ 选择“海浪.mp4”素材，打开“效果控件”面板，调整“运动”选项中的“位置”为1482.0、864.0，将“缩放”调整为56.0，如图4-112所示。

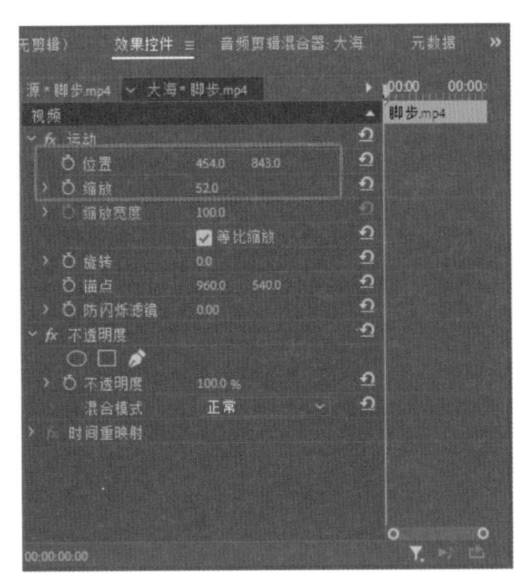

图4-111

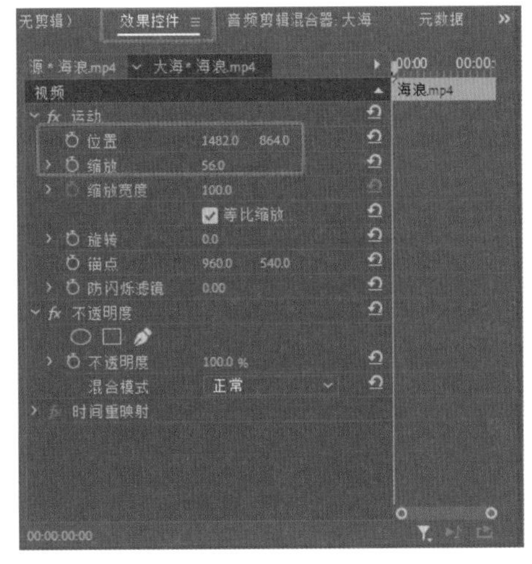

图4-112

④ 打开“效果”面板，将“视频效果>过渡>线性擦除”效果添加至“脚步.mp4”素材上，打开“效果控件”面板，将“线性擦除”选项中的“过渡完成”调整为55%，“擦除角度”调整为198.0°，如图4-113所示。

⑤ 打开“效果”面板，将“视频效果>过渡>线性擦除”效果添加至“海浪.mp4”素材上，打开“效果控件”面板，将“线性擦除”选项中的“过渡完成”调整为44%，“擦除角度”调整为155.0°，如图4-114所示。

图4-113

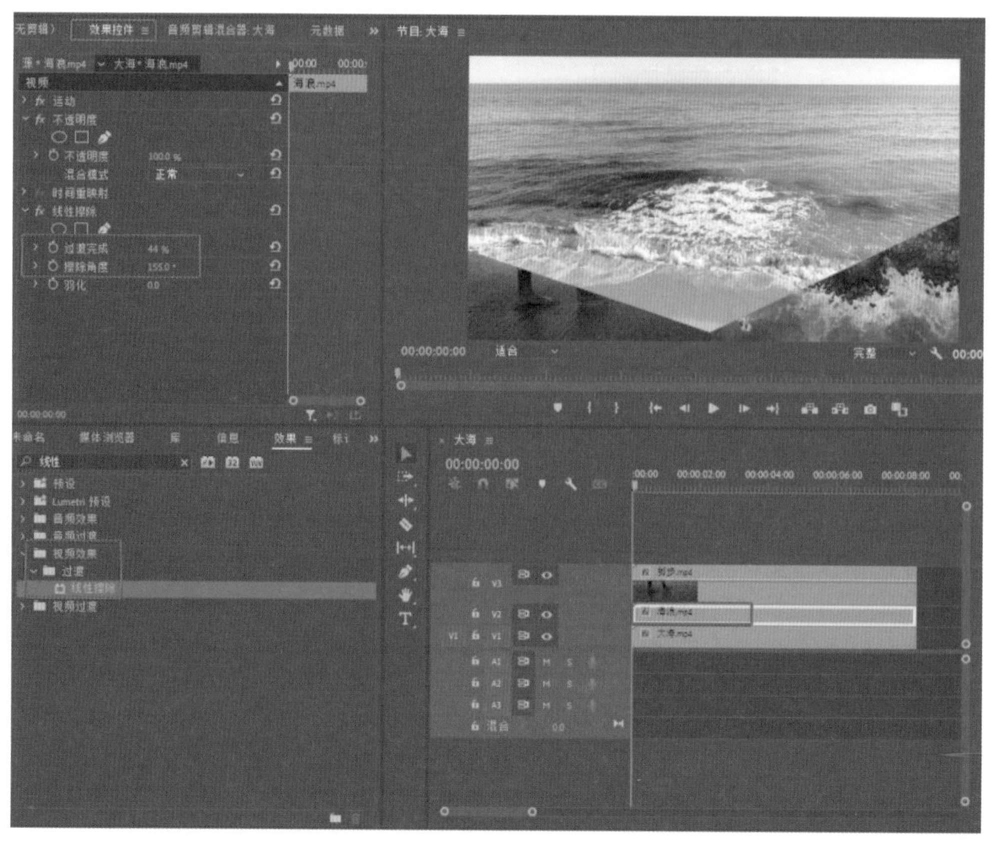

图4-114

6 新建“字幕01”素材，选择“矩形工具”，绘制一个矩形，然后调整其角度和位置，用其覆盖“脚步.mp4”素材的斜边，如图4-115所示。

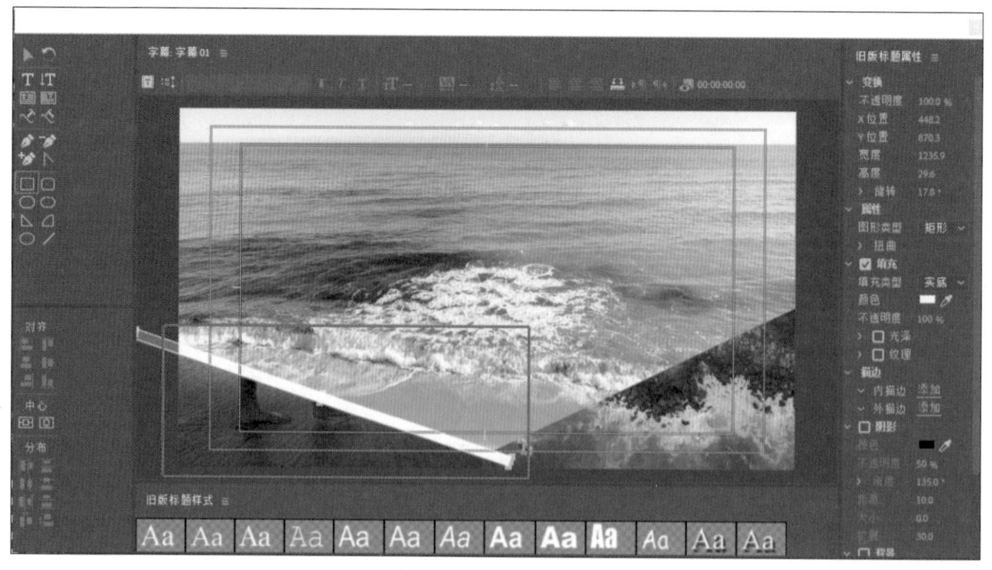

图4-115

7 重复步骤6，将“海浪.mp4”素材的斜边和整个视频画面的边框都用矩形覆盖，并将所有矩形的颜色设置为白色，如图4-116所示。

8 将“字幕01”素材拖至V4轨道上，并调整其长度，使其与下方的视频素材长度一致，如图4-117所示。

9 最终效果如图4-118所示。

图4-116

图4-117

图4-118

4.3.3 案例：直播弹幕效果

资源位置

素材位置　素材文件>第4章>4.3.3案例：直播弹幕效果

实例位置　实例文件>第4章>4.3.3案例：直播弹幕效果.prproj

视频位置　视频文件>第4章>4.3.3案例：直播弹幕效果.mp4

技术掌握　弹幕制作技术的应用

微课视频

本案例制作的直播弹幕效果是一种新兴的使用剪辑技巧制作的现场弹幕效果，多用于综艺节目、赛事直播、电竞直播、影视剧情中，完成后的效果如图4-119所示。

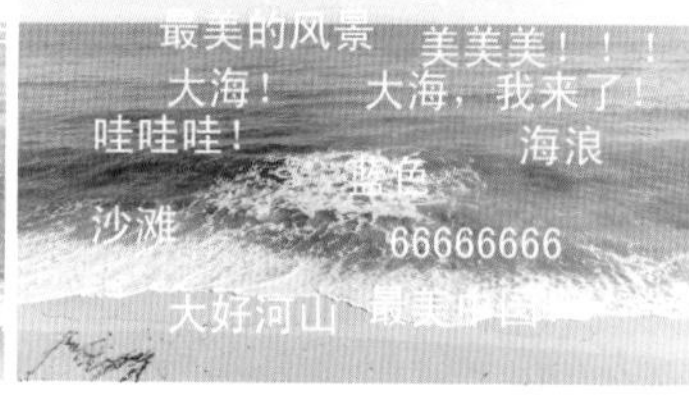

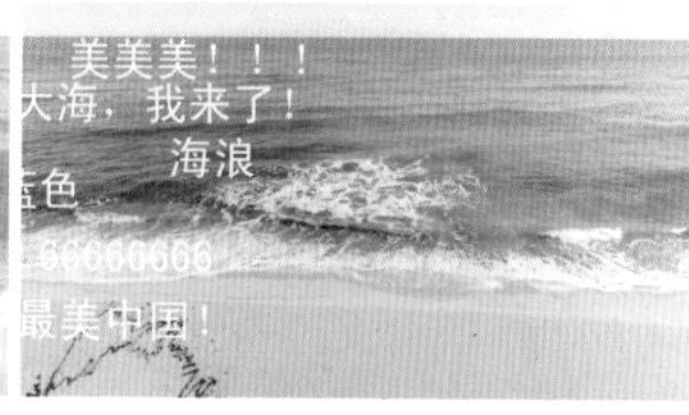

图4-119

设计思路

（1）使用“字幕”面板添加文字。

（2）添加运动关键帧动画，以制作文字弹幕效果。

操作步骤

① 将“大海.mp4”素材导入“项目”面板，并将其拖至“时间轴”面板中，如图4-120所示。

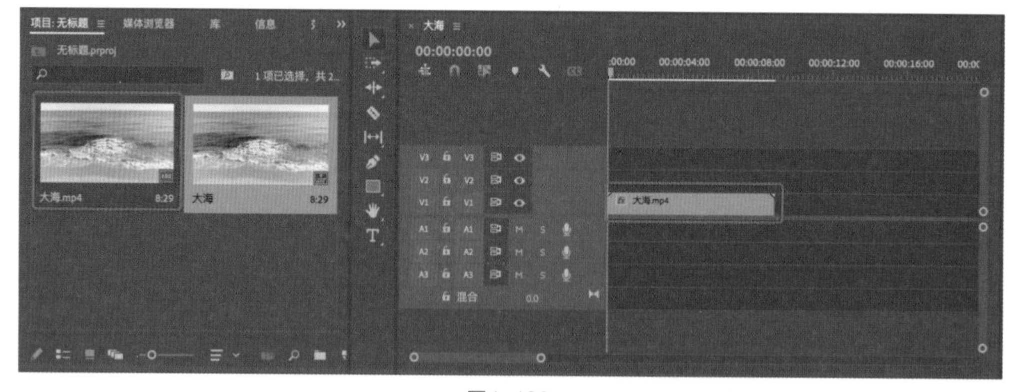

图4-120

② 新建“字幕01”素材，在“字幕”面板中输入文字，然后关闭“字幕”面板，如图4-121所示。

③ 将“字幕01”素材拖至V2轨道上，如图4-122所示。

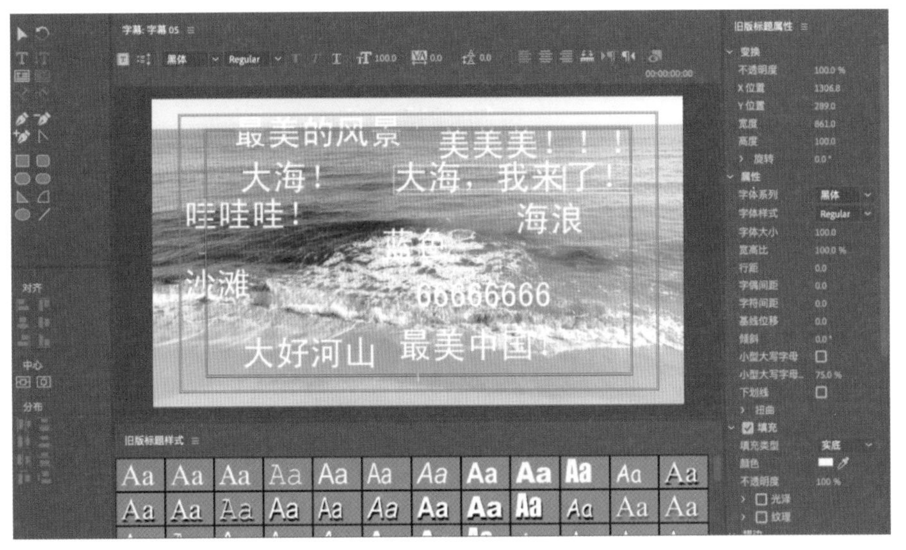

图4-121

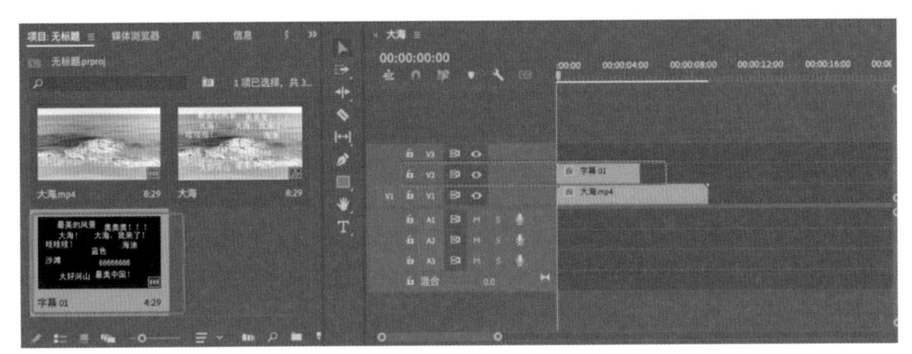

图4-122

④ 将时间指示器移至视频开始的位置，选择“字幕01”素材，打开“效果控件”面板，单击“运动”选项中“位置”左侧的“切换动画”按钮，并将x坐标值调整为2844.0，然后将时间指示器移至字幕素材结束的位置，将x坐标值调整为-966.0，如图4-123所示。

⑤ 最终效果如图4-124所示。

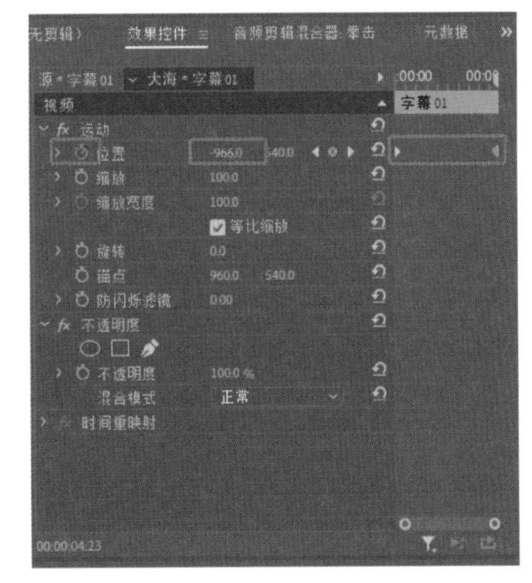

图4-123

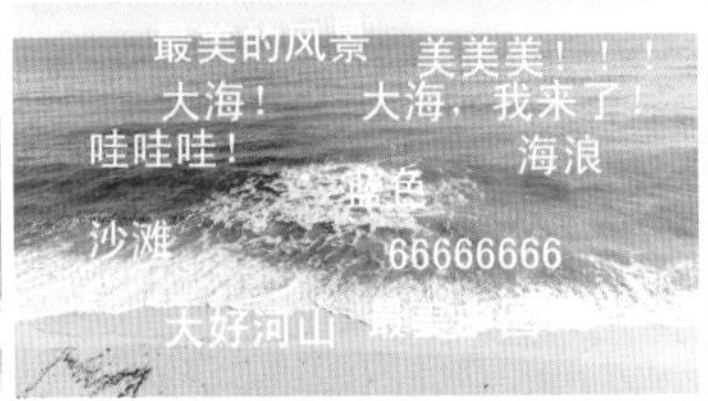

图4-124

4.3.4 案例：呼吸镜头效果

资源位置

素材位置 素材文件>第4章>4.3.4案例：呼吸镜头效果

实例位置 实例文件>第4章>4.3.4案例：呼吸镜头效果.prproj

视频位置 视频文件>第4章>4.3.4案例：呼吸镜头效果.mp4

技术掌握 “变形稳定器”效果的应用

微课视频

本案例讲解制作呼吸镜头效果的方法。反向使用“变形稳定器”效果，即可得到呼吸镜头效果，完成后的效果如图4-125所示。

图4-125

设计思路

通过反向使用“变形稳定器”效果，为稳定的画面增加抖动感。

操作步骤

① 将“小雏菊.mp4”素材导入“项目”面板，并将其拖至“时间轴”面板中，如图4-126所示。

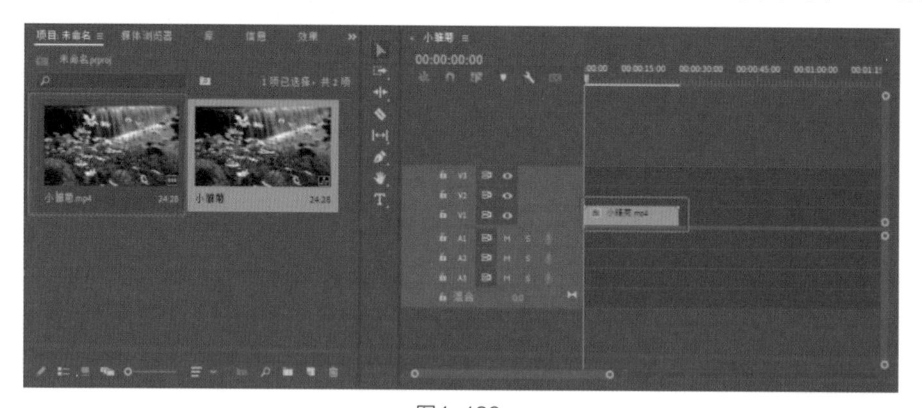

图4-126

② 打开“效果”面板，将“视频效果>扭曲>变形稳定器”效果添加至素材上，打开“效果控件”面板，将“变形稳定器”选项中的“平滑度”调整为65%，“方法”设置为“位置”，单击“分析”按钮，如图4-127所示。最终效果如图4-128所示。

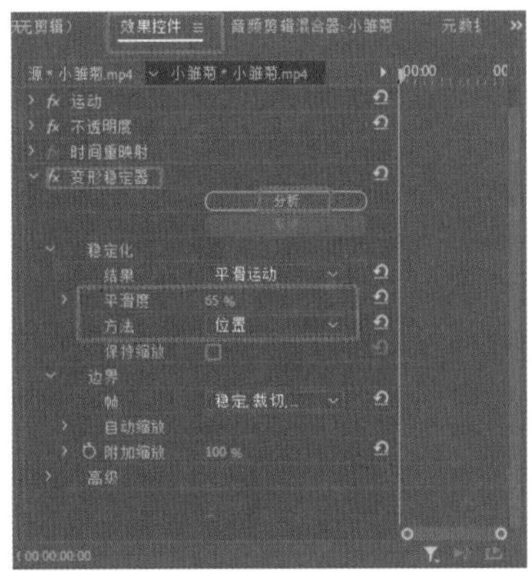

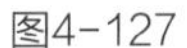
图4-127

图4-128

4.3.5 案例：希区柯克变焦

资源位置

素材位置 素材文件>第4章>4.3.5案例：希区柯克变焦

实例位置 实例文件>第4章>4.3.5案例：希区柯克变焦.prproj

视频位置 视频文件>第4章>4.3.5案例：希区柯克变焦.mp4

技术掌握 希区柯克变焦效果的制作

本案例讲解制作希区柯克变焦的方法，完成后的效果如图4-129所示。希区柯克变焦又叫作滑动变焦，它是电影拍摄中一种很常见的技法。1958年，知名导演希区柯克拍摄了心理惊悚片《迷魂记》，当时他的摄制组里有一位名叫阿尔敏·罗伯特斯（Irmin Roberts）的摄像师。这位摄像师为了表现主人公恐惧、紧张的心理，使用了滑动变焦的技法。滑动变焦，就是在改变镜头焦距的同时，让摄像机也动起来，使镜头中的物体在画面中的大小始终保持不变，只改变背景的大小。

图4-129

设计思路

使用运动关键帧动画制作画面的缩放效果。

操作步骤

① 将“海边夕阳.mp4”素材导入“项目”面板，并将其拖至“时间轴”面板中，如图4-130所示。

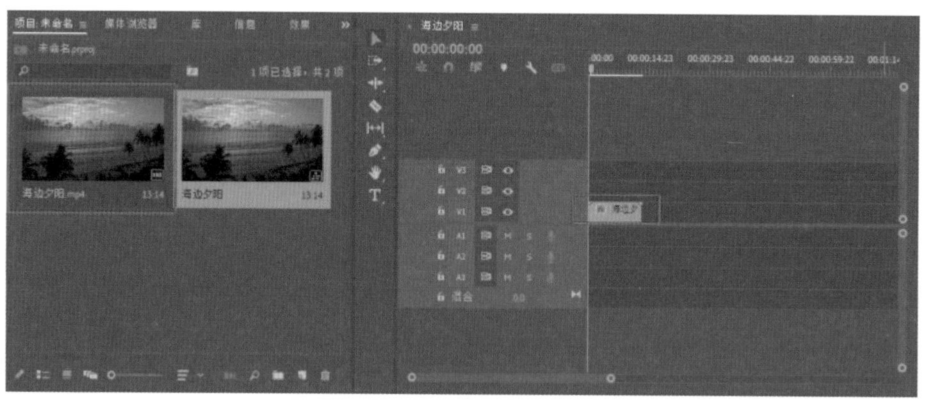

图4-130

❷ 选择“海边夕阳.mp4”素材，打开“效果控件”面板，将时间指示器移至视频开始的位置，单击“运动”选项中“缩放”左侧的“切换动画”按钮，然后将时间指示器移至第13秒的位置，将“缩放”调整为260.0，如图4-131所示。

❸ 最终效果如图4-132所示。

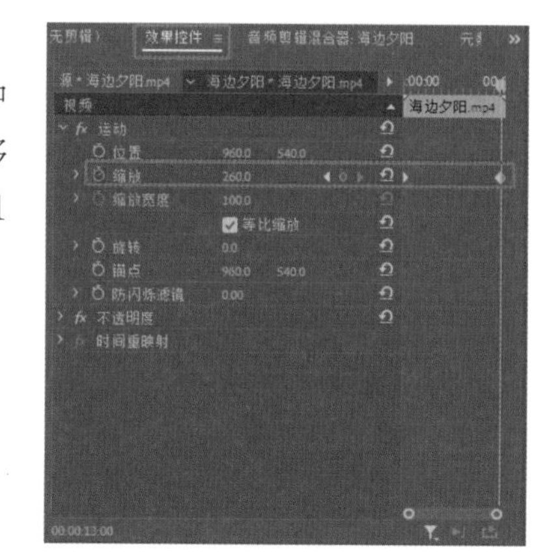

图4-131

图4-132

4.3.6 案例：网格效果

资源位置

素材位置 素材文件>第4章>4.3.6案例：网格效果

实例位置 实例文件>第4章>4.3.6案例：网格效果.prproj

视频位置 视频文件>第4章>4.3.6案例：网格效果.mp4

技术掌握 网格效果的制作

微课视频

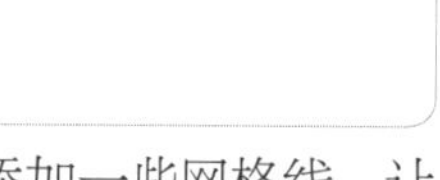

本案例讲解制作网格效果的方法。网格效果就是在原视频的基础上添加一些网格线，让视频主体更加突出。完成后的效果如图4-133所示。

图4-133

设计思路

（1）添加“网格”效果，使视频画面显示出网格线。

（2）更改“效果控件”面板中的参数，调整网格线的显示细节。

操作步骤

❶ 将“森林.mp4”素材导入“项目”面板，并将其拖至“时间轴”面板中，如图4-134所示。

图4-134

❷ 打开“效果”面板，将“视频效果>过时>网格”效果添加至“森林.mp4”素材上，如图4-135所示。

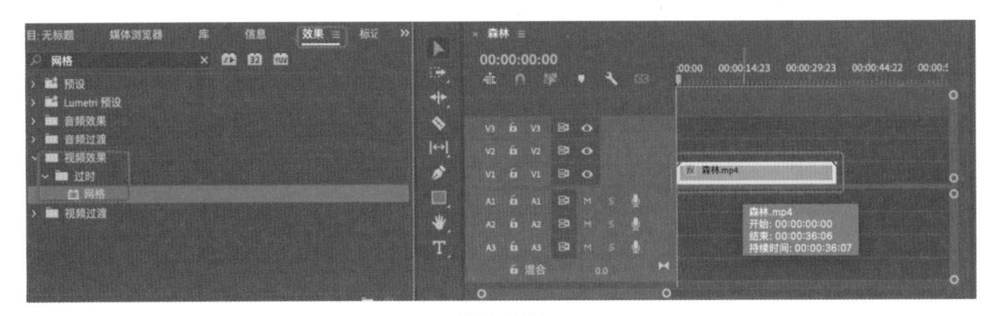

图4-135

❸ 选择“森林.mp4”素材，打开“效果控件”面板，将“网格”选项中的“混合模式”改为“正常”，将“锚点”调整为1110.0、607.0，“大小依据”更改为“宽度和高度滑块”，“宽度”调整为95.0，“高度”调整为80.0，“颜色”更改为白色，“不透明度”调整为26.0%，如图4-136所示。最终效果如图4-137所示。

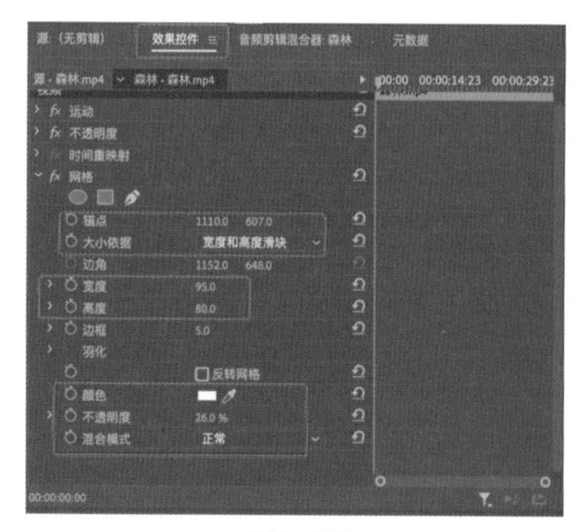

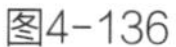

图4-136

图4-137

4.3.7 案例：图片视觉错位效果

资源位置

素材位置 素材文件>第4章>4.3.7案例：图片视觉错位效果

实例位置 实例文件>第4章>4.3.7案例：图片视觉错位效果.prproj

视频位置 视频文件>第4章>4.3.7案例：图片视觉错位效果.mp4

技术掌握 蒙版工具的使用

微课视频

本案例讲解制作图片视觉错位效果的方法。利用蒙版工具将画面中的关键元素选出来，再配合旋转、缩放等参数，就可以得到一种视觉错位的效果。完成后的效果如图4-138所示。

图4-138

设计思路

（1）使用蒙版工具让视频只显示部分画面。

（2）更改“效果控件”面板中的部分参数。

操作步骤

❶ 将图片素材“1.jpg”导入“项目”面板，并将其拖至“时间轴”面板中，如图4-139所示。

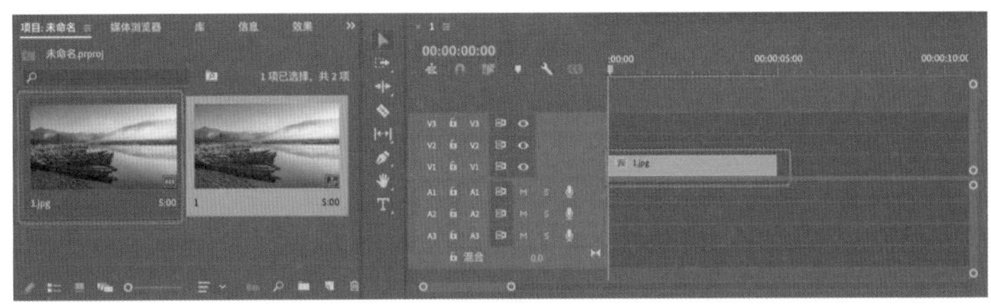

图4-139

② 选中V1轨道上的素材，按住Alt键将其向上拖至V2轨道上，将图片素材复制一份，如图4-140所示。

③ 关闭V1轨道上的“切换轨道输出”按钮，选中V2轨道上的图片素材，如图4-141所示。

④ 打开“效果控件”面板，单击“不透明度”选项中的“创建椭圆形蒙版”按钮，在“节目”监视器面板中画一个圆形选区，并将“蒙版羽化”调整为0.0，如图4-142所示。

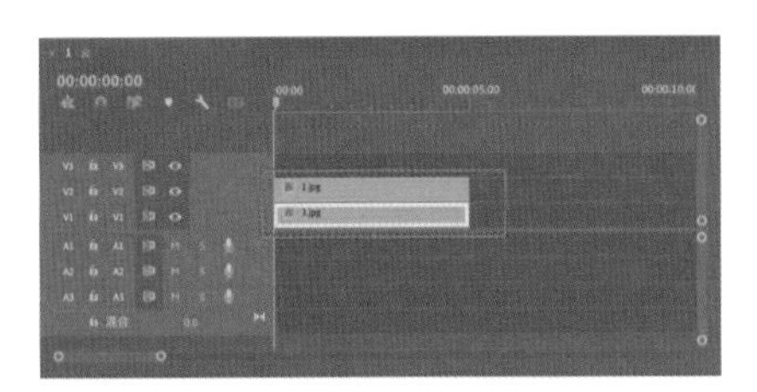

图4-140

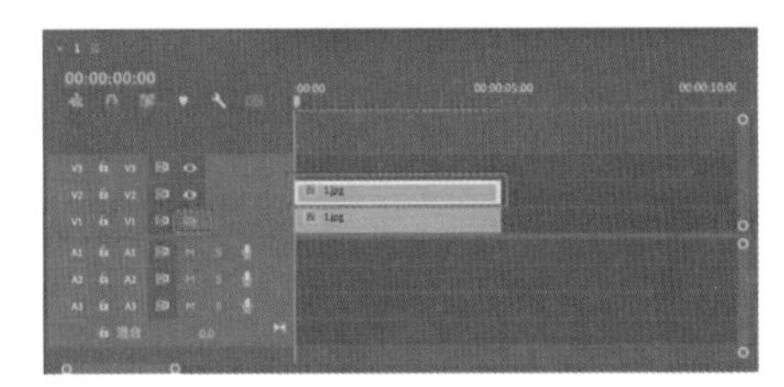

图4-141

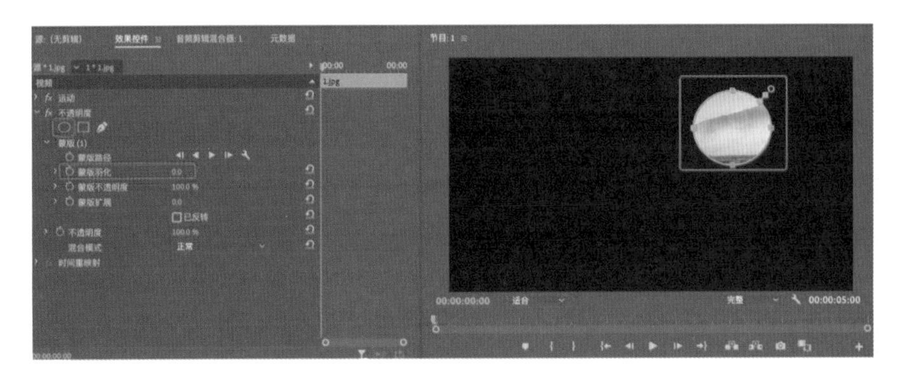

图4-142

⑤ 按照步骤4中的方法，在图片素材上再画4个圆形蒙版，如图4-143所示。

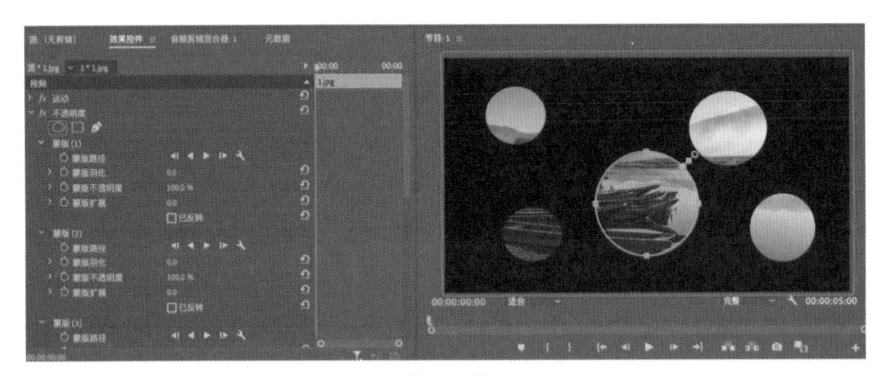

图4-143

⑥ 将时间指示器移至素材的开始位置，单击“运动”选项中“缩放”和“旋转”左侧的“切换动画”按钮，将“缩放”调整为100.0，“旋转”调整为-6.0°；然后将时间指示器移至第4

秒10帧的位置，单击“重置参数”按钮，如图4-144所示。

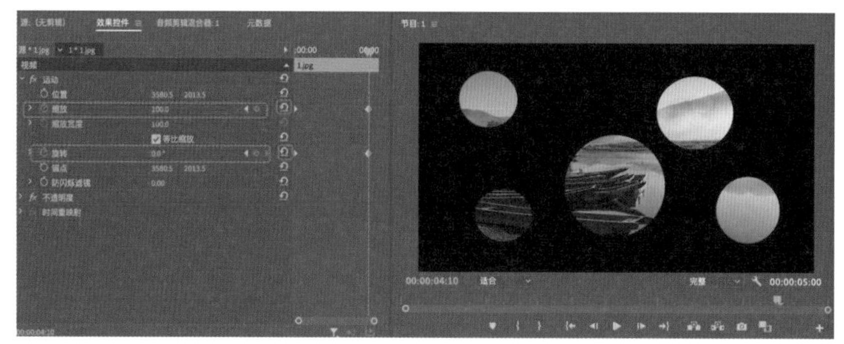

图4-144

⑦ 打开V1轨道上的“切换轨道输出”按钮，关闭V2轨道上的“切换轨道输出”按钮，选中V1轨道上的素材，如图4-145所示。

⑧ 打开“效果控件”面板，将时间指示器移至素材的开始位置，单击“运动”选项中“缩放”和“旋转”左侧的“切换动画”按钮，将“缩放”调整为100.0，“旋转”调整为-6.0°；然后将时间指示器移至第4秒10帧的位置，单击“重置参数”按钮，将“缩放”还原为100.0，“旋转”还原为0.0，如图4-146所示。

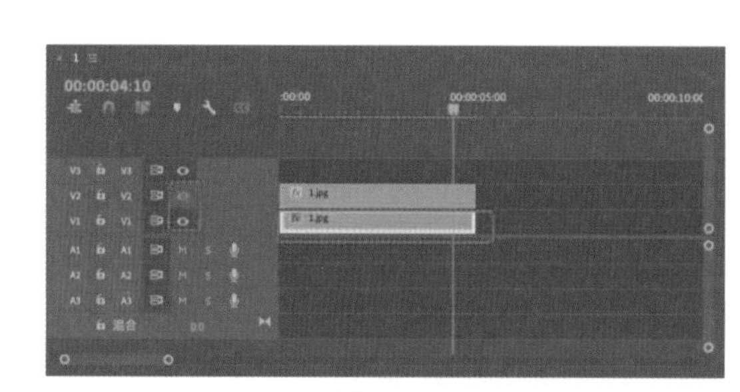

图4-145

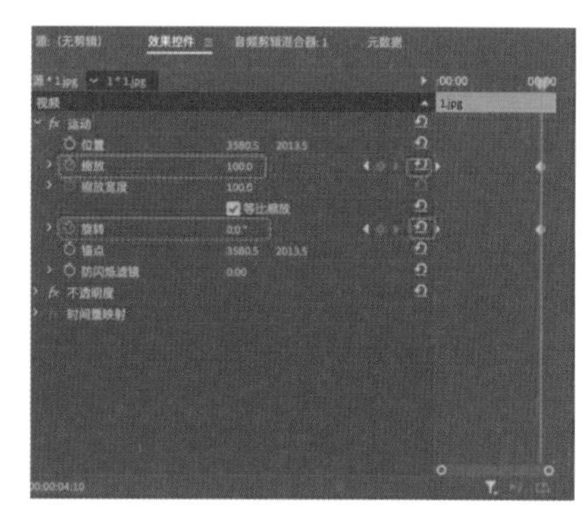

图4-146

⑨ 打开V2轨道上的“切换轨道输出”按钮，如图4-147所示。最终效果如图4-148所示。

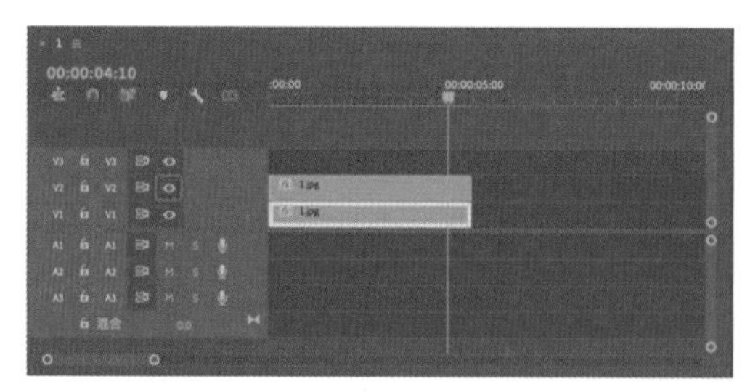

图4-147

图4-148

4.4 本章小结

本章介绍了视频剪辑中视频效果、转场效果的添加与应用，以及特殊视频效果的设计，包含经典类转场效果制作、创意类转场效果制作、炫酷特殊类视频效果设计等，使读者对视频剪辑转场、效果添加有了一个基本的、整体性的认识。视频转场及视频效果的添加是视频后期制作必不可少的步骤，能让整个视频的色彩更加绚丽，而且更加震撼。这样可以为读者制作更有创意的视频画面打下基础，有助于读者快速理解并掌握视频效果设计的操作。

4.5 实战训练：翻页转场

资源位置

- 素材位置 素材文件>第4章>4.5实战训练：翻页转场
- 实例位置 实例文件>第4章>4.5实战训练：翻页转场.prproj
- 视频位置 视频文件>第4章>4.5实战训练：翻页转场.mp4
- 技术掌握 “变换”效果的应用

本实训的目的是制作翻页转场效果。利用“变换”效果完成视频转场效果的制作，完成后的效果如图4-149所示。

图4-149

设计思路

（1）为素材应用“变换”效果。

（2）调整“效果控件”面板中的相关参数。

操作步骤

1 将图片素材“2.jpg”和“3.jpg”导入“项目”面板，并将它们拖至“时间轴”面板中，如图4-150所示。

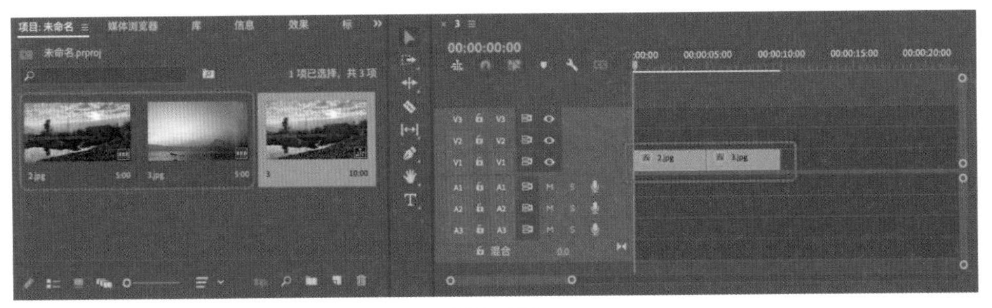

图4-150

②调整素材长度，用“剃刀工具”将图片素材“2.jpg”的尾部截取下来并移至V2轨道上，如图4-151所示。

③打开“效果”面板，将“视频效果>扭曲>变换”效果添加至V2轨道的素材上，如图4-152所示。

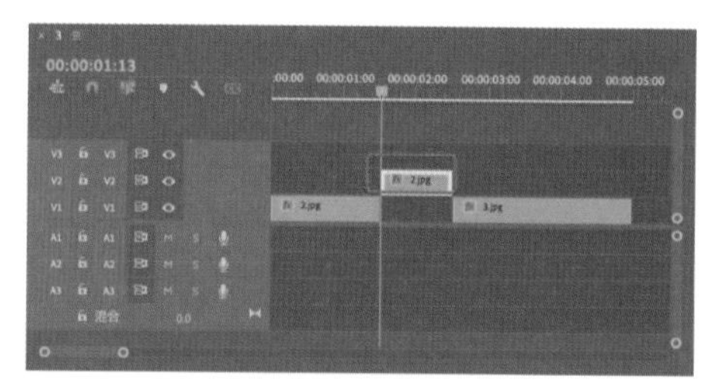

图4-151

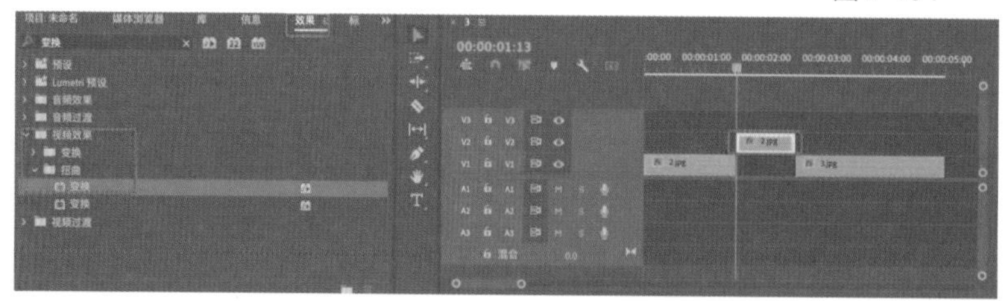

图4-152

④将时间指示器移至V2轨道上素材开始的位置，并选中V2轨道上的素材，打开“效果控件”面板，单击“变换”选项，“节目”监视器面板中会出现⊕图标，如图4-153所示。

图4-153

⑤制作画面从右向左折叠的效果，将“锚点”的x坐标值调整为0.0，如图4-154所示。

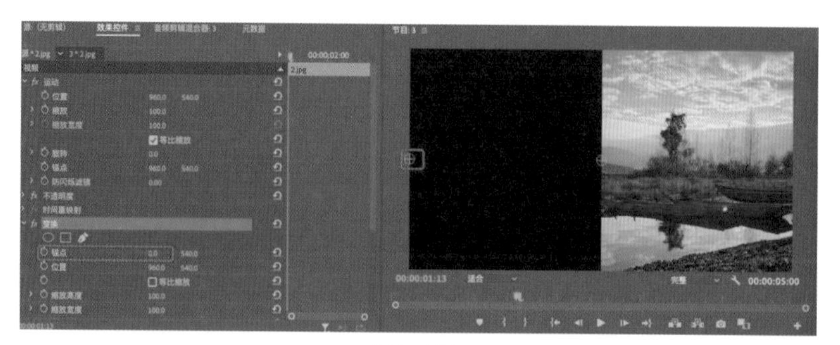

图4-154

⑥由于锚点的位置改变后画面的位置也会发生改变，因此将“变换”选项中“位置”的x坐标值调整为0.0，这样画面就可回到原始位置了，如图4-155所示。

图4-155

❼ 制作折叠翻页效果。单击“缩放宽度”左侧的“切换动画”按钮，将时间指示器移至V2轨道上素材的结束位置，将“缩放宽度”调整为0.0，取消“变换”选项中的“使用合成的快门角度”选项，将“快门角度”调整为360.00，提高画面的动态模糊度，如图4-156所示。

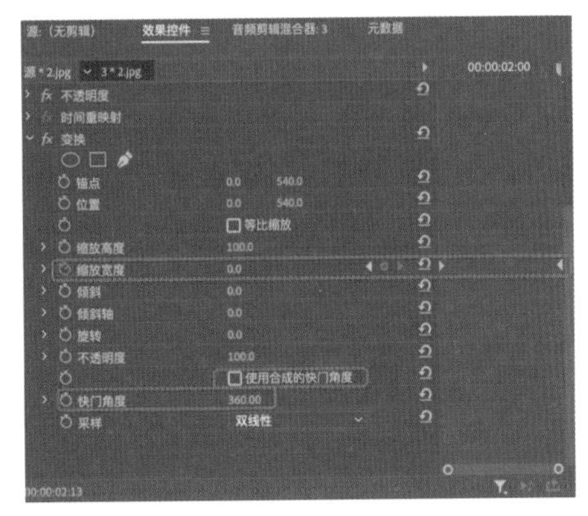

图4-156

❽ 制作图片素材“3.jpg”的折叠动画。先将图片素材“3.jpg”与V2轨道上的图片素材“2.jpg”对齐，然后为图片素材“3.jpg”添加“视频效果>扭曲>变换”效果，如图4-157所示。

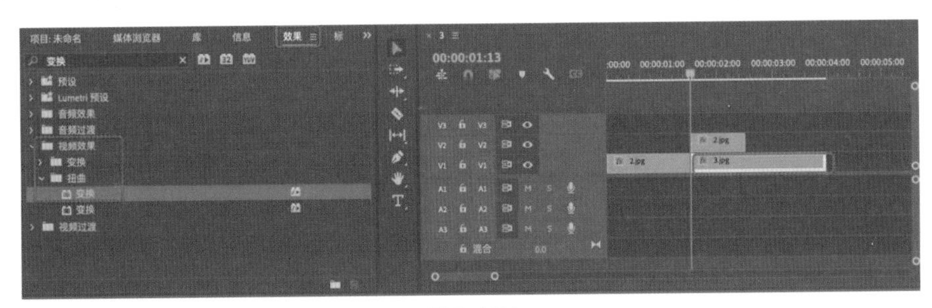

图4-157

❾ 图片素材“3.jpg”需要以画面右侧为起始点向左折叠，将锚点移至画面最右侧，并将V2轨道的“切换轨道输出”按钮关闭。选中图片素材“3.jpg”，打开“效果控件”面板，单击“变换”选项，“节目”监视器画板中出现⊕图标，将“锚点”的x坐标值调整为1920.0，将“位置”的x坐标值调整为1920.0，如图4-158所示。

❿ 制作折叠翻页效果。将时间指示器移至图片素材“3.jpg”的开始位置，单击“缩放宽度”左侧的“切换动画”按钮，将“缩放宽度”调整为0.0；将时间指示器移至V2轨道上素材的结束位置，

图4-158

将“缩放宽度”调整为100.0；取消“变换”选项中的“使用合成的快门角度”选项，将“快门角度”调整为360.00，提高画面的动态模糊度，如图4-159所示。

⑪ 将V2轨道的“切换轨道输出”按钮打开，这时可以看到折叠转场的初步效果。下面继续调整关键帧的缓入和缓出效果，选中V2轨道上的素材，在“效果控件”面板中展开“缩放宽度”选项，选中“缩放宽度”的第一个关键帧，单击鼠标右键，在弹出的快捷菜单中选择“缓出”命令，如图4-160所示；选择“缩放宽度”的第二个关键帧，单击鼠标右键，在弹出的快捷菜单中选择“缓入”命令，如图4-161所示。

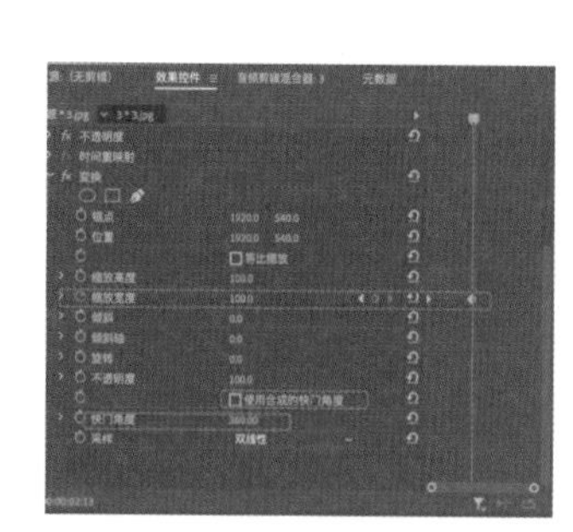

图4-159

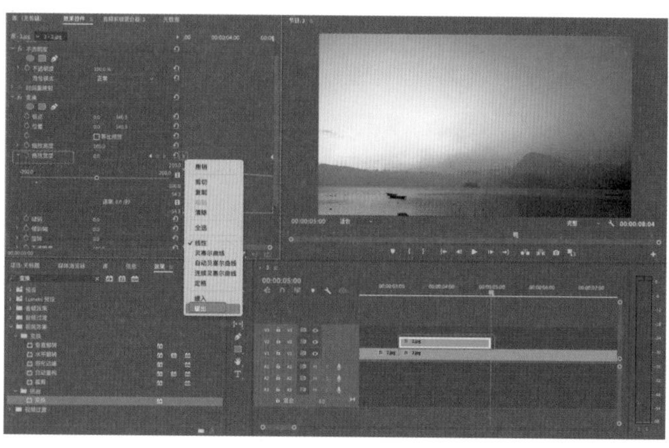

图4-160

⑫ 拖动关键帧上的小摇杆，将关键帧曲线调整成向下凹陷的形状，如图4-162所示。

图4-161

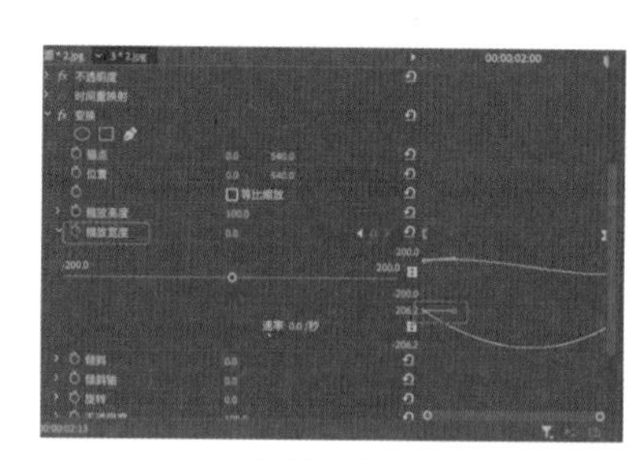

图4-162

⑬ 根据步骤11和步骤12中的操作，将图片素材“3.jpg”的“缩放宽度”曲线调整成向上凸起的形状，如图4-163所示。

⑭ 最终效果如图4-164所示。

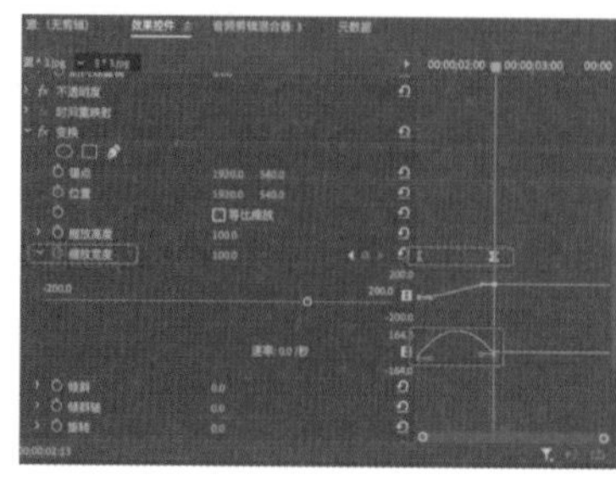

图4-163

图4-164

第5章 音频效果设计实战

本章主要讲解音频的概念、音频效果及其使用技巧。在Premiere中不仅可以改变音频的音量大小，还可以制作各种类型的音频效果，模拟出各种声音，从而辅助说明视频画面，营造丰富的气氛和提升观者的视听体验等。

5.1 音频的处理

声音是物体通过振动产生的声波，它通过介质传播，如空气、水等。声波传递到人耳中后，人类会通过声音的音调、音色、音频及响度等辨别声音的类型。在影视作品中可通过不同的声音传递出不同的情感，对剧情有一定的渲染和推动作用。

5.1.1 认识音频

1. 什么是音频

音频是一个专业术语，人类能够听到的所有声音都称为音频，包括噪声等。Premiere作为一款视频编辑软件，在音频处理方面表现得也很出色，用户可以通过音频效果模拟出各种声音，为不同的画面搭配不同的音频效果等。

音频包含的几种声道如下。

单声道：一种声音复制形式，单声道音频素材只包含一个音轨，其录制技术已经非常成熟，它的优点是文件所占内存较小，如图5-1所示。

立体声：立体声是在单声道的基础上发展起来的，它指的是具有立体感的声音。立体声有两个单声道系统，可以准确再现声源点的位置及其运动效果，如图5-2所示。

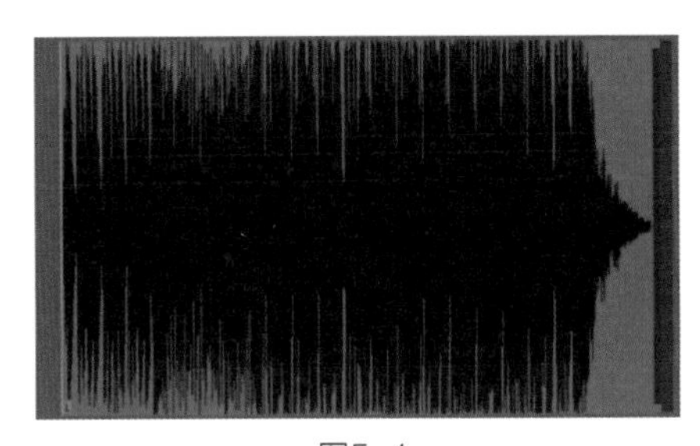

图5-1

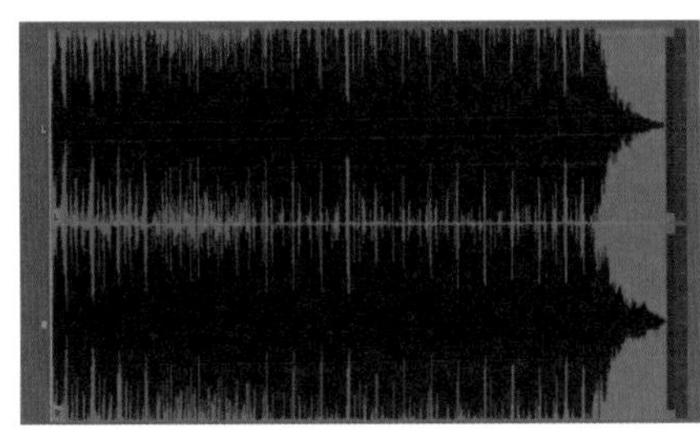

图5-2

5.1声道：5.1声道将环绕声道一分为二，分为左环绕（蓝色）和右环绕（粉色），银幕前方还增加了重低音效果音箱（Subwoofer）。综上，有银幕中央声道、银幕左右声道、环绕左右声道这5个声道，再加上0.1声道的重低音声道，由此得名5.1声道。5.1声道目前已经广泛应用于各类传统影院和家庭影院中，如图5-3所示。

2.“效果控件”面板中默认的音频效果

在“时间轴”面板中选中音频素材，打开“效果控件”面板，就可以对音频素材的音量、通道音量、声像器等进行调节，如图5-4所示。

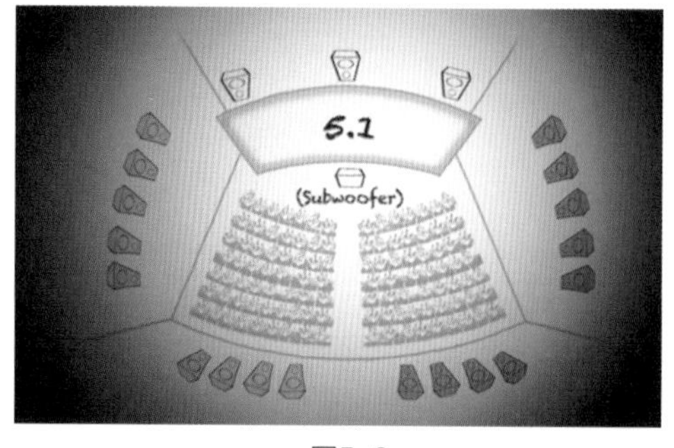

图5-3

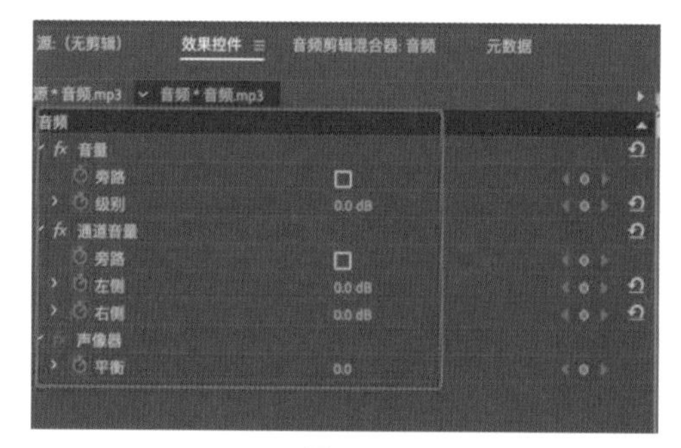

图5-4

重要参数解析

- 旁路：勾选该选项，音频效果将不再起作用。
- 级别：用于调节音频的音量大小。
- 通道音量：用于调节左声道和右声道的音量大小。
- 声像器：用于调节音频素材的声像位置，去除混响声。

3. 手动添加关键帧

通常情况下，“时间轴”面板中的关键帧处于隐藏状态，双击A1轨道右侧的空白处，如图5-5所示，关键帧按钮就会显示出来。

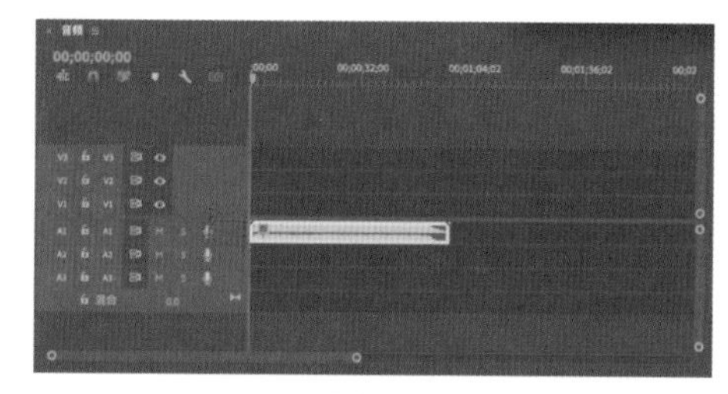

图5-5

此时，A1轨道中的“添加/删除关键帧”按钮是灰色的。单击“时间轴”面板中的音频素材，“添加/删除关键帧”按钮被激活，如图5-6所示。

选择A1轨道上的音频素材，将时间指示器移至合适的位置，单击素材文件左侧的“添加/删除关键帧”按钮，可以为音频素材手动添加一个关键帧，如图5-7所示。

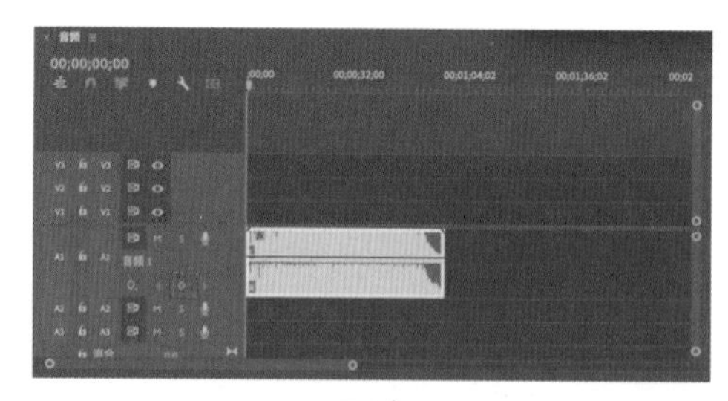

图5-6

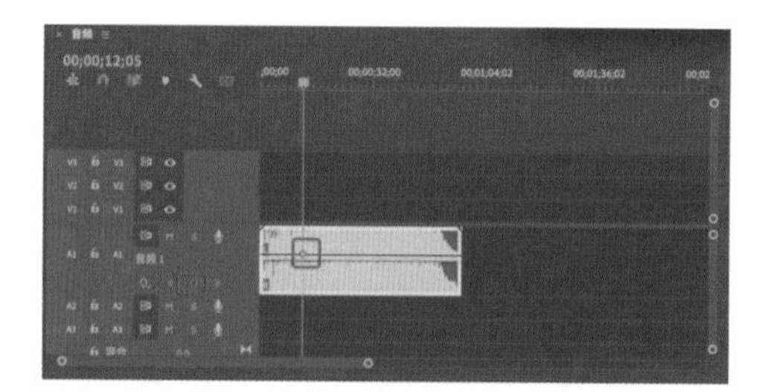

图5-7

4. 自动添加关键帧

选中“时间轴”面板上的音频素材文件，打开“效果控件”面板，“音频”选项中有“音量”“通道音量”“声像器”选项，在这3个选项中又有多个参数，如图5-8所示。将时间指示器移至合适的位置，编辑某个选项的数值，在更改参数的同时，其右侧会自动出现一个关键帧，如图5-9所示。

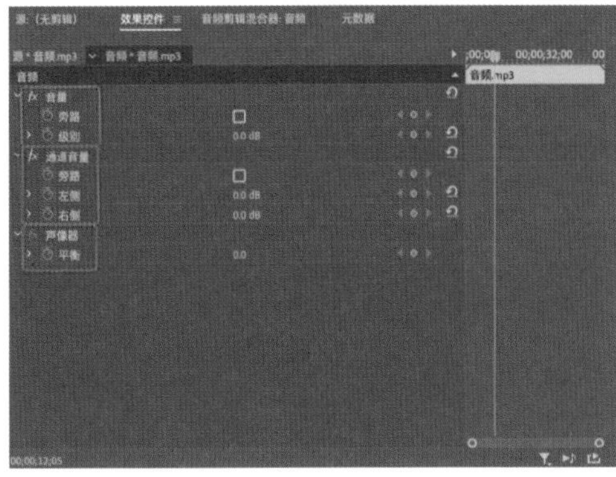

图5-8

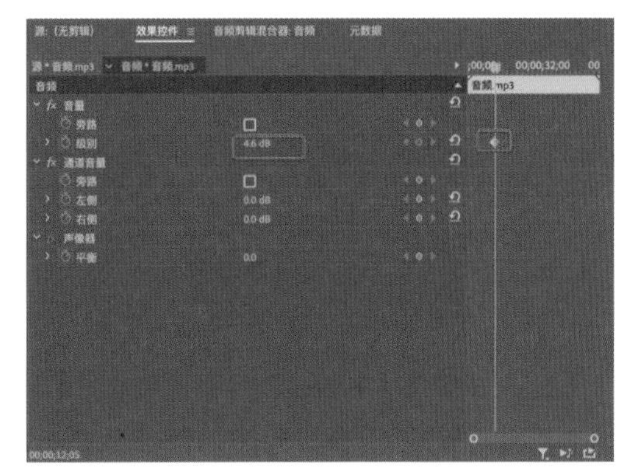

图5-9

5. 音频淡入淡出

在“时间轴”面板中选中音频素材，在起始帧和结束帧处分别单击“添加/删除关键帧”按钮，如图5-10所示，在第3帧和第17帧处各添加一个关键帧，如图5-11所示。

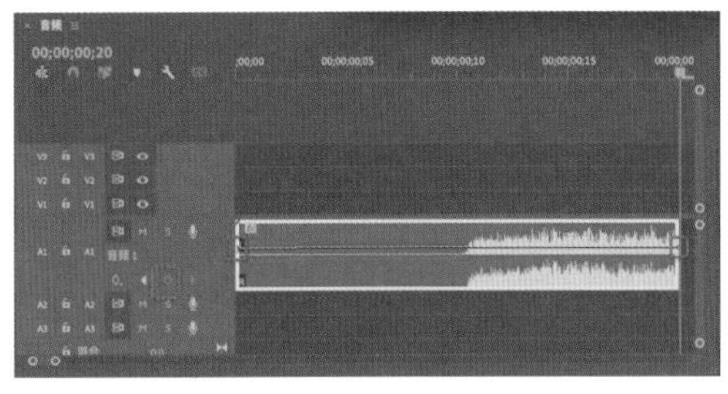

图5-10

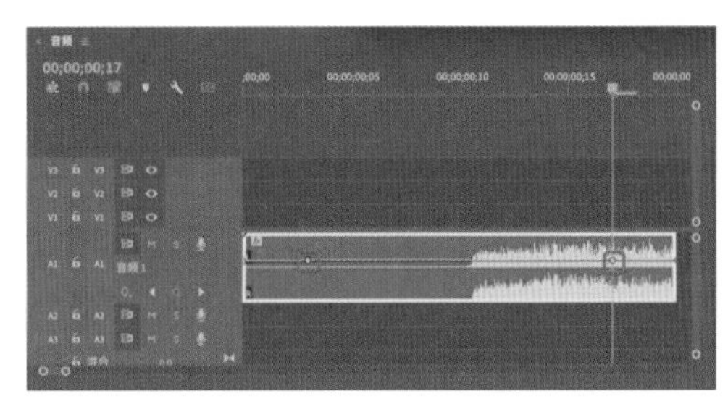

图5-11

将鼠标指针分别放在第一帧和最后一帧的位置，按住鼠标左键并向下拖曳鼠标，制作淡入淡出效果，如图5-12所示，按空格键播放音频。

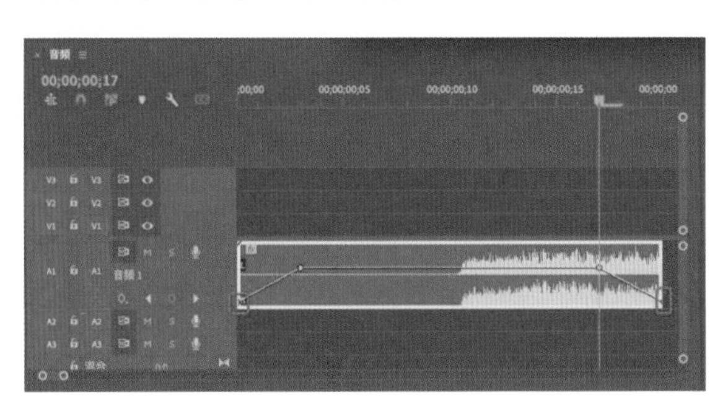

图5-12

5.1.2 编辑音频

有多种编辑音频素材的方法，读者可以根据自己的习惯选择合适的编辑方法。本小节主要讲解调节音频速度、调整音频增益等操作。

1. 音频轨道

音频轨道与视频轨道虽同处“时间轴”面板，但它们在本质上是不同的。首先，视频轨道在顺序上有先后关系，上面轨道中的素材会遮盖住下面轨道中的素材；音频轨道没有顺序上的先后关系，也不存在遮挡关系。其次，视频轨道都是相同的，而音频轨道有单声道和双声道等类型，指定类型的音频轨道只能导入相应的音频素材。音频轨道的类型在添加轨道时可以设置。音频轨道如图5-13所示。

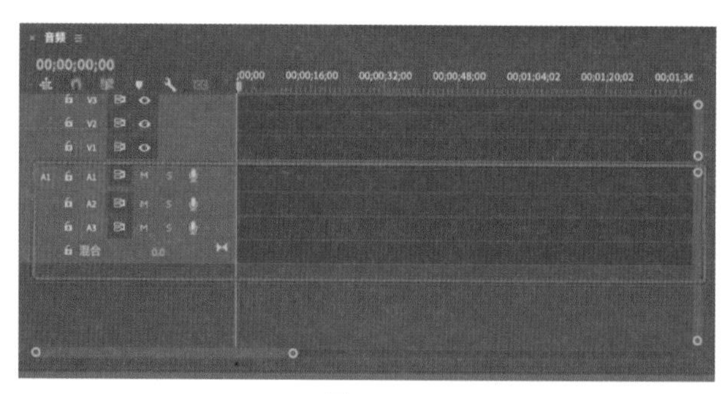

图5-13

音频轨道还有主轨道和普通轨道之分，主轨道上不能导入音频素材，主要起从整体上控制和调整声音的作用。

2. 导入音频素材

导入音频素材的方法与导入视频素材的方法一致。执行“文件>导入”命令，在弹出的“导入”对话框中选择需要导入的素材，单击“导入”按钮即可，如图5-14所示。这时素材会出现在“项目”面板中，如图5-15所示。此外，也可以将需要导入的音频素材直接拖至“项目”面板中。

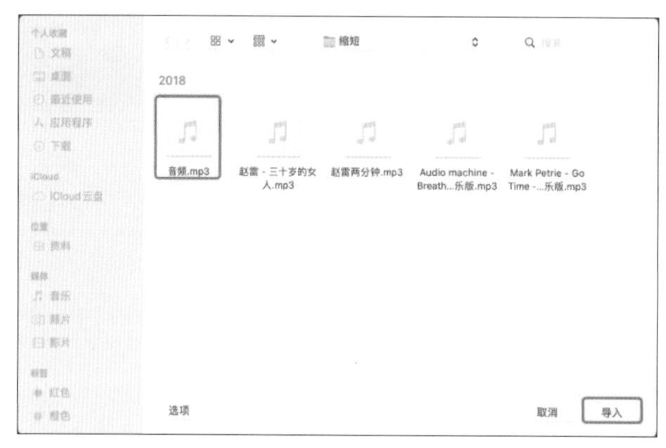

图5-14

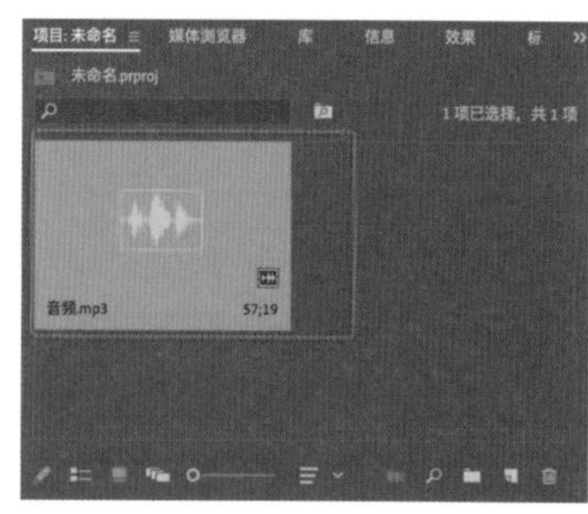

图5-15

这时可以将音频素材拖至“时间轴”面板中的音频轨道上，音频轨道显示为绿色，如图5-16所示。

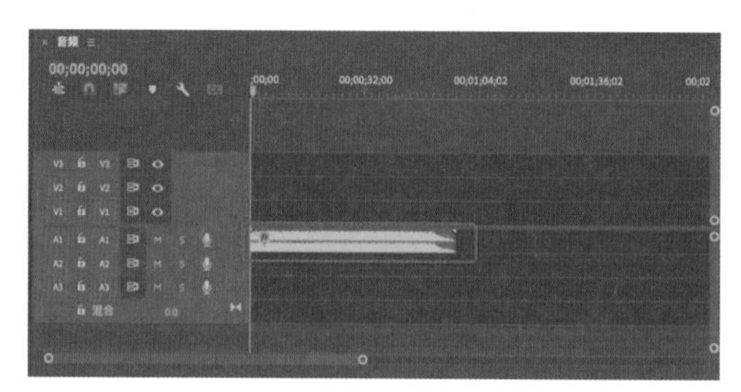

图5-16

3. 调节音频速度

方法一：在“项目”面板中设置。在“项目”面板中选中音频素材，单击鼠标右键，在弹出的快捷菜单中选择“速度/持续时间”命令即可，如图5-17所示。

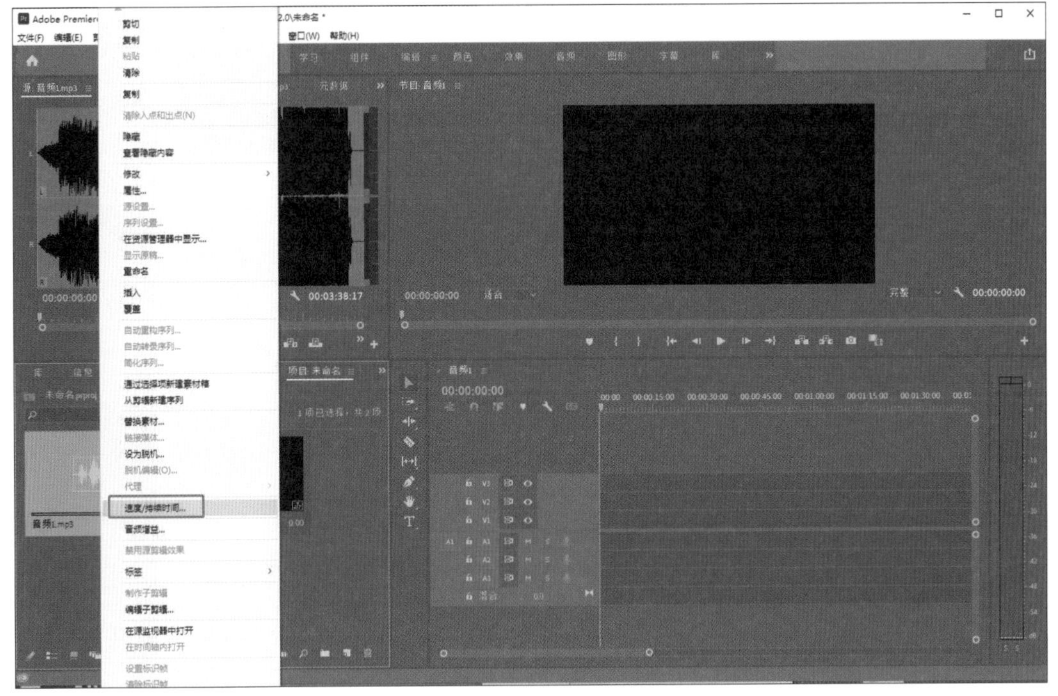

图5-17

方法二：在“源”监视器面板中设置。在“项目”面板中双击音频素材，打开“源”监视器面板，在“源”监视器面板的预览区中单击鼠标右键，在弹出的快捷菜单中选择“速度/持续时间”命令即可，如图5-18所示。

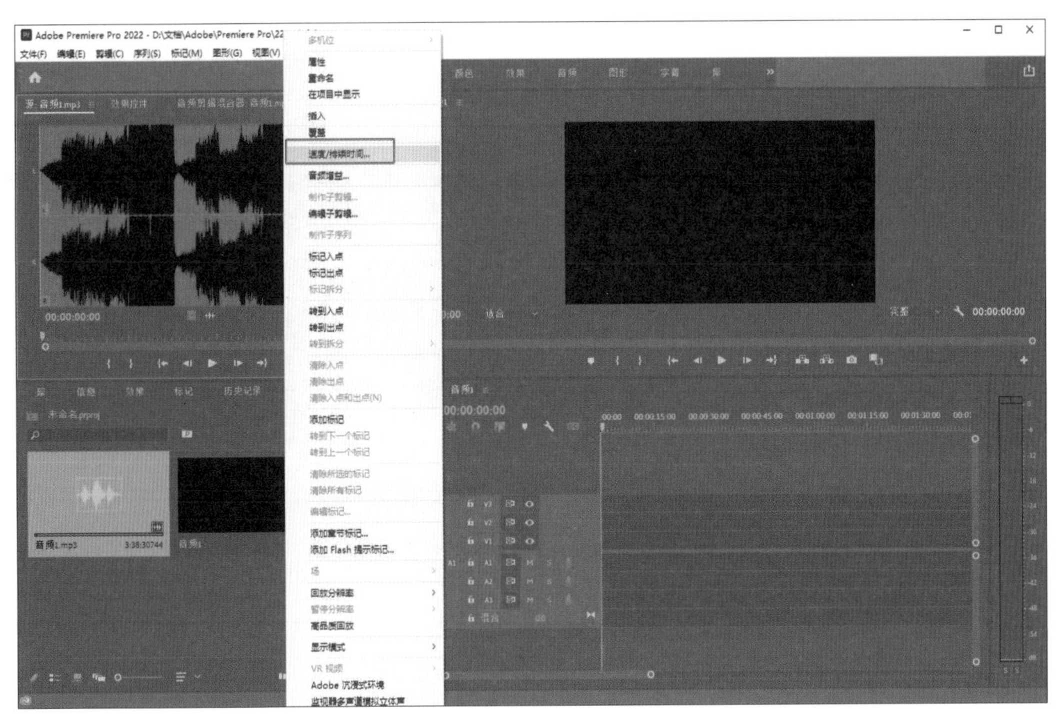

图5-18

方法三：在“时间轴”面板中设置。将音频素材拖至“时间轴”面板中并将其选中，单击鼠标右键，在弹出的快捷菜单中选择“速度/持续时间”命令即可，如图5-19所示。

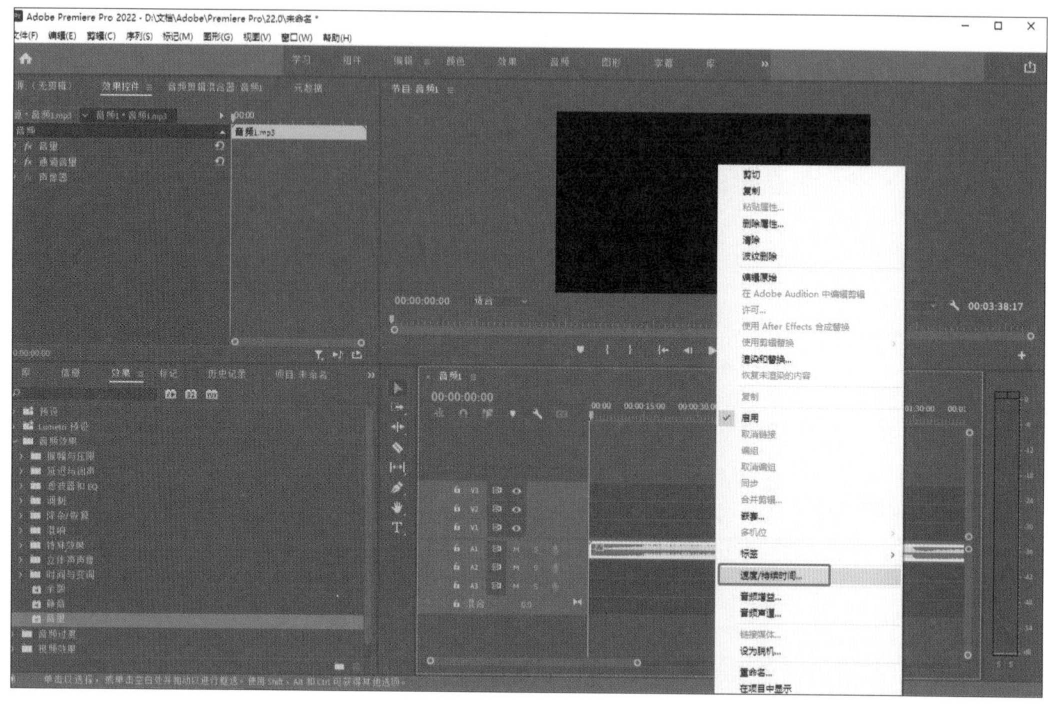

图5-19

方法四：通过菜单栏设置。选中音频素材，执行“剪辑>速度/持续时间”命令，如图5-20所示，在弹出的“剪辑速度/持续时间”对话框中设置音频素材的播放速度。默认情况下，“速度”参数与“持续时间”参数是相关联的，其中任意一个参数发生改变，另一个参数也会自动发生相应变化。若只想改变其中一个参数，另一个不变，则需要将这两个参数之间的链接解除，如图5-21所示。

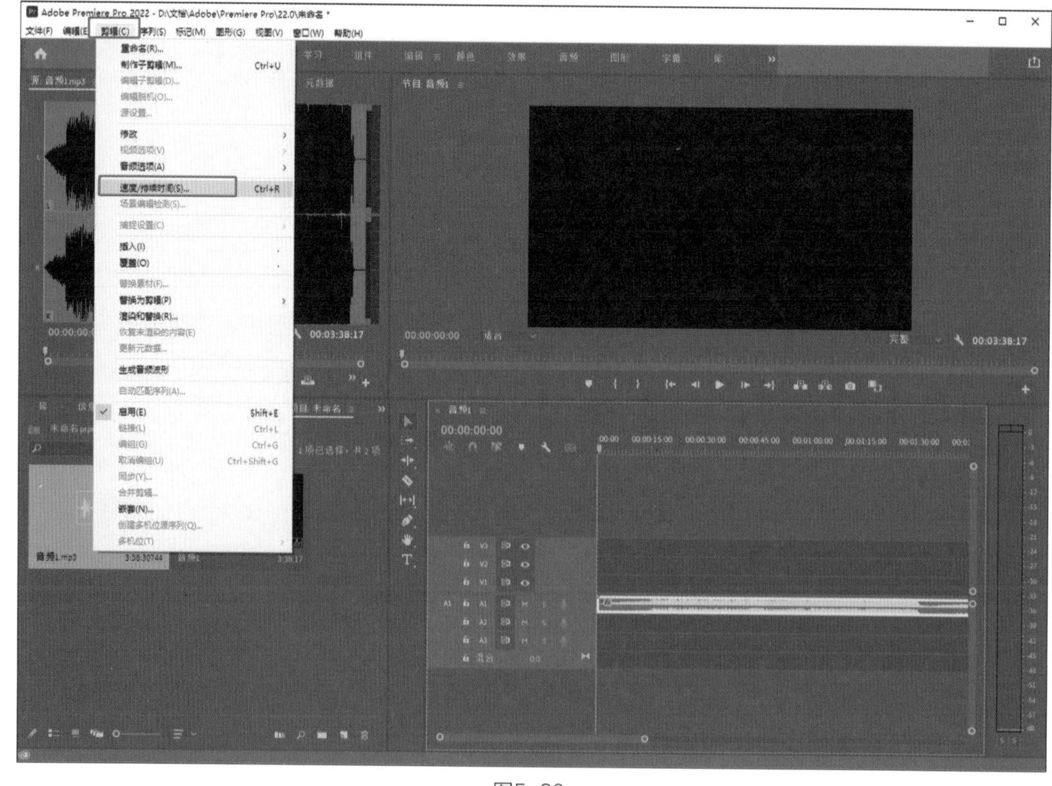

图5-20

4. 调整音频增益

音频增益是指音频信号电平的强弱。它会直接影响音量的大小，经常用于处理音频的声调，特别是在多个音频轨道中都有音频素材时，需要平衡这些音频素材的增益，否则某一个素材的音频信号过高或者过低，都会影响其他音频素材的播放效果。

在Premiere中，用于浏览音频素材增益强弱的面板是“音频仪表”面板，该面板主要用于浏览，无法对音频素材进行编辑，如图5-22所示。

将音频素材拖至“时间轴”面板上，在“节目”监视器面板中播放素材时，在“音频仪表”面板中会用两个柱状来表示当前音频的增益强弱，如图5-23所示。若音频音量超过安全范围，则柱状上会出现红色，如图5-24所示。

调节音频增益强弱的命令主要是“音频增益”命令。选择“时间轴”面板中的素材，单击鼠标右键，在弹出的快捷菜单中选择“音频增益”命令，弹出“音频增益”对话框，如图5-25所示。

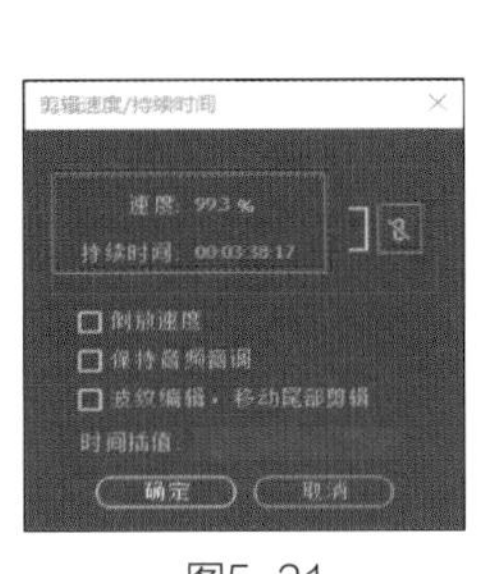

图5-21

图5-22

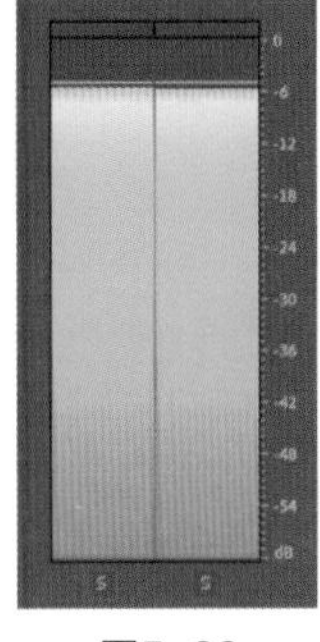

图5-23

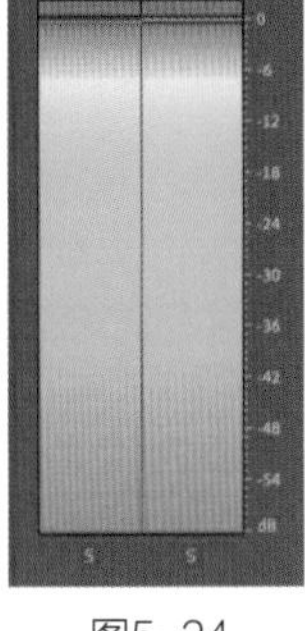

图5-24

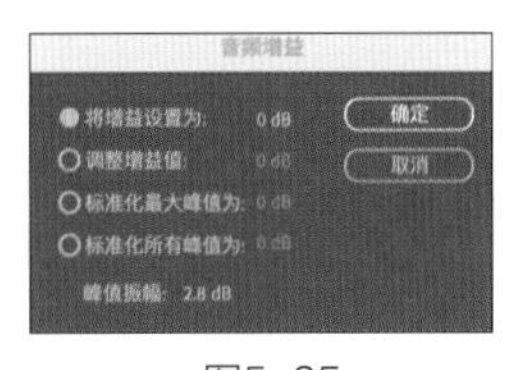

图5-25

重要参数解析

将增益设置为：选中该单选按钮，能够对音频素材的声量进行调整，负数为降低音量，正数为增加音量，如图5-26所示。

调整增益值：该参数的调整是基于“将增益设置为”参数的，它用于调整音频的增益强弱，如图5-27所示。

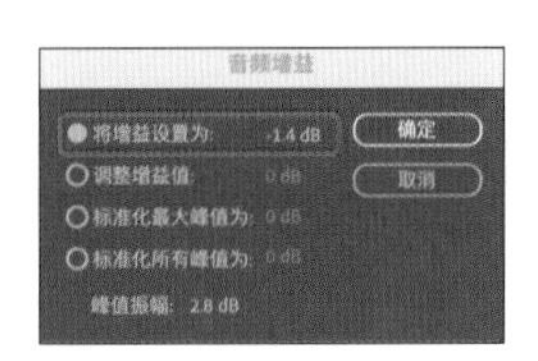

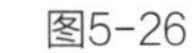

图5-26

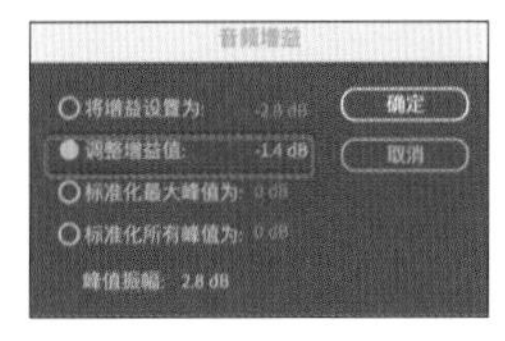

图5-27

标准化最大峰值为：前面两个单选按钮都用于整体调整音频素材的增益效果，“标准化最大峰值为”单选按钮则用于控制音频增益的最大峰值。

标准化所有峰值为：与“标准化最大峰值为”单选按钮相比，“标准化所有峰值为”单选按钮用于调整整个素材的音频增益峰值，而不是像“标准化最大峰值为”单选按钮那样仅调整最大音频增益峰值。

5.1.3 音频效果和音频过渡

音频效果和音频过渡与视频效果和视频过渡一样，可以使用音频效果来改变音频质量或创造出各种特殊的声音效果。

1. 音频过渡

Premiere有3种音频过渡效果，在“效果”面板中展开“音频过渡”文件夹，再展开“交叉淡化”文件夹，就会出现“恒定功率”“恒定增益”“指数淡化”3种效果，如图5-28所示。

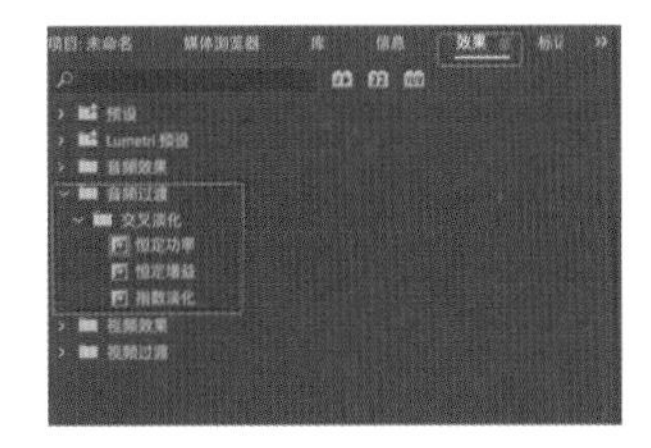

图5-28

效果解析

- 恒定功率：用于将两段素材的淡化线以抛物线的形式进行交叉，这种过渡符合人耳的听觉规律。
- 恒定增益：用于实现第二段音频淡入、第一段音频淡出的效果。
- 指数淡化：用于让第一段素材淡出时的音量在一开始下降得很快，到后来逐渐平缓，直到该段声音完全消失为止。

使用时只需将需要的音频效果从“效果”面板中直接拖至两段素材之间即可，如图5-29所示。添加音频过渡效果之后，可以在“效果控件”面板中设置音频过渡效果的参数，如图5-30所示。

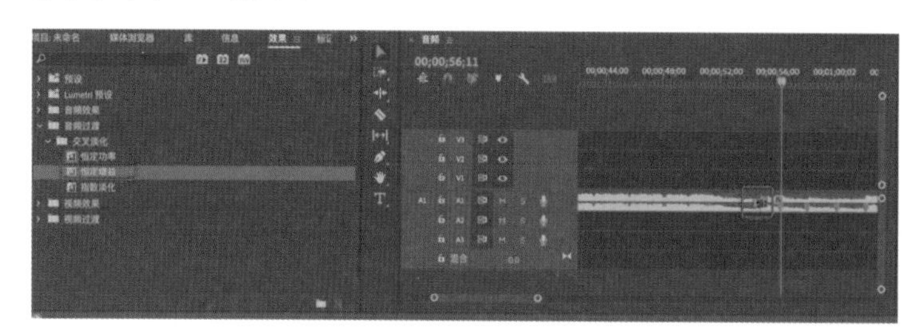

图5-29

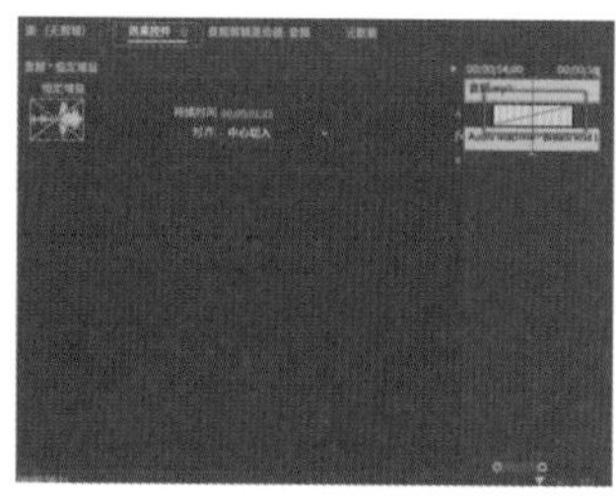

图5-30

2. 音频效果

音频效果位于“效果”面板的“音频效果”文件夹中，如图5-31所示。

使用时只需展开“效果”面板中的“音频效果”文件夹，选择需要的音频效果，然后将其拖至“时间轴”面板中的音频素材上即可，如图5-32所示。添加音频效果之后，可以在“效果控件”面板中设置音频效果的参数，如图5-33所示。

“振幅与压限”类效果主要用于改变音频的振幅、音量变化的速度或者应用的压缩方式，如图5-34所示。

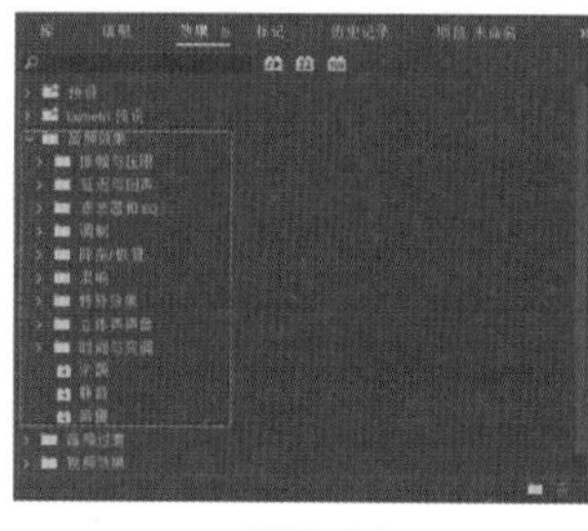

图5-31

图5-32

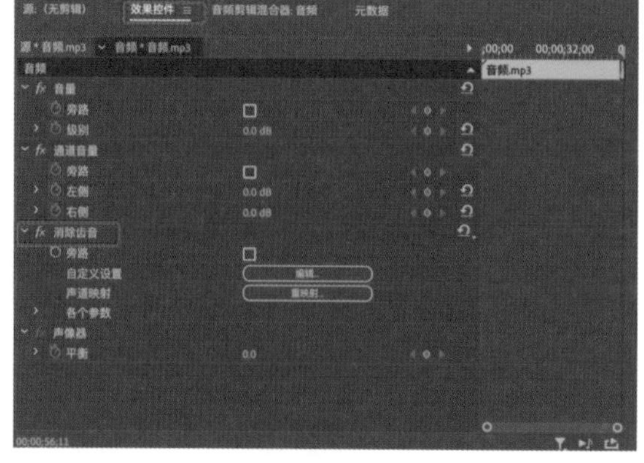

图5-33

图5-34

效果解析

- 动态：包含自动门、压缩器、扩展器和限幅器等部分，可以单独控制任意一个部分。
- 动态处理：可用作压缩器、限幅器或扩展器。
- 单频段压缩器：可减小动态范围，从而产生一致的音量并提高感知响度。
- 增幅：可增强或减弱音频信号。
- 多频段压缩器：可独立压缩4个不同的频段，由于每个频段通常包含唯一的动态内容，因此多频段压缩器对于音频母带的处理来说是一个强大的工具。
- 强制限幅：会大幅减弱高于指定阈值的音频。
- 消除齿音：可去除语音和歌声中使高频扭曲的“嘶嘶”声。
- 电子管建模压缩器：可模拟老式硬件压缩器。使用此效果可添加使音频增色的微妙扭曲。
- 通道混合器：可改变立体声或环绕声声道的平衡效果，还可以更改声音的表现位置、校正不匹配的电平或解决相位问题。
- 通道音量：可用于独立控制立体声声道或 5.1声道中每条声道的音量，每条声道的音量以分贝为单位。

“延迟与回声”类效果就是人为地将原声推迟一段时间后再叠加到原声上。有时延迟也被称为“回声”或“回音”，但二者是有区别的。延迟可以无限次地重复，而回声则是有限的。并且，回声是在时间上推迟得足够长的声音，因此每个回声听起来都是清晰的原始声音的副本，如图5-35所示。

效果解析

- 多功能延迟：可以为原始音频添加回声，最多可添加4个。
- 延迟：添加声音的回声，用于在指定时间之后播放。
- 模拟延迟：可模拟老式硬件压缩器的声音温暖度与自然度。

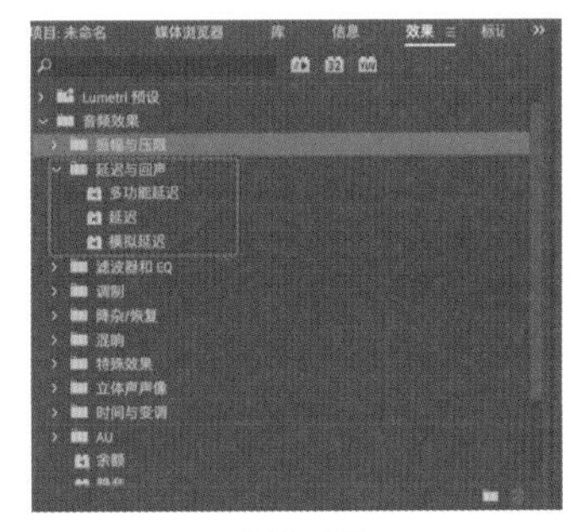

图5-35

“滤波器和 EQ”类效果依据设置的不同频段的参数来调节声音，它是非常重要的调节音色效果器。例如，我们可以提高高频来提高对话声的响亮度，或者提高低频来使细小的声音听起来更饱满，如图5-36所示。

效果解析

- FFT滤波器：可以产生高通滤波器（用于保持高频）、低通滤波器（用于保持低频）、窄带通滤波器（用于模拟电话铃声）或陷波滤波器（用于消除小的精确频段）。
- 低通：消除高于指定切断频率的频率。
- 低音：用于提高或降低低频（200 Hz及更低）。
- 参数均衡器：提供对音调均衡效果的最大控制。
- 图形均衡器（10 段）：一个八度音阶。图形均衡器可增强或减弱特定频段，并可直观地表示生成的均衡器曲线。与参数均衡器不同，图形均衡器可使用预设频段进行快速、简单

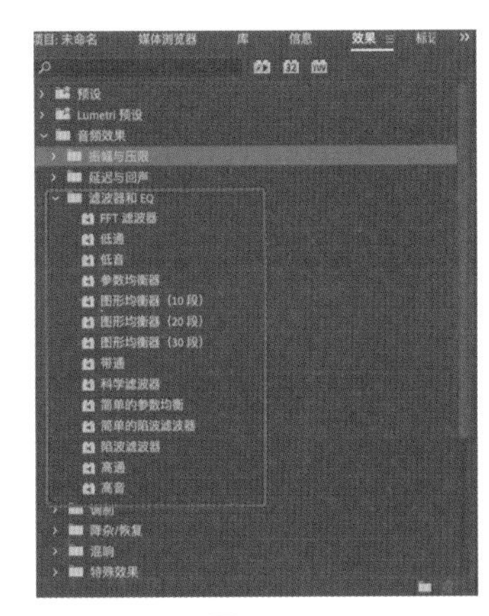

图5-36

的均衡处理。

- 图形均衡器（20 段）：二分之一个八度音阶。
- 图形均衡器（30 段）：三分之一个八度音阶。
- 带通：用于移除在指定范围外的频率或频段。
- 科学滤波器：可对音频进行高级处理，常用于采集数据，其中3种图形分别代表频率响应（分贝）、相位（度）、组延迟（毫秒）。
- 简单的参数均衡：作用同参数均衡器。
- 简单的陷波滤波器：作用同陷波滤波器。
- 陷波滤波器：使用此效果可删除非常窄的频段（如 60 Hz杂音），同时将其周围的频率保持原状。
- 高通：消除低于指定切断频率的频率。
- 高音：用于提高或降低高频（4000 Hz 及以上）。

“调制”类效果以特殊效果的形式修饰声音，如图5-37所示。

效果解析

- 和声/镶边：合并了两种流行的基于延迟的效果。
- 移相器：与镶边类似，移相器会移动音频信号的相位，并将其与原始信号重新合并。
- 镶边：通过将大致等比例的变化短延迟混合到原始信号中而产生的音频效果。通俗来说，该效果就好像是给原来的声音镶上了一种奇特的声音边缘，让人听到立体、有磁性的环绕声音。

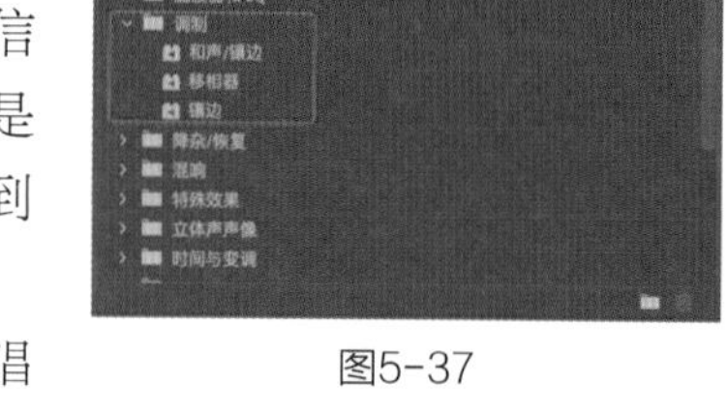

图5-37

“降噪/恢复”类效果可修复来自无线麦克风或旧黑胶唱片的“噼啪”声，如其中的“自动咔嗒声移除”效果。类似风的“呼呼”声、磁带的“嘶嘶”声或电线的“嗡嗡”声等背景噪声，可考虑使用“消除嗡嗡声”效果等去除，如图5-38所示。

效果解析

- 减少混响：可评估混响轮廓并调整混响总量。
- 消除嗡嗡声：可去除窄频段及其谐波，最常见的应用是处理照明设备及其他电子设备的电流的“嗡嗡”声。
- 自动咔嗒声移除：可以校正一大片区域中的音频或单个咔嗒声等，例如，快速去除黑胶唱片中的噼啪声和静电噪声。
- 降噪：可降低或完全去除音频中的噪声，处理对象可能包括不需要的“嗡嗡”声、“嘶嘶”声、风扇噪声、空调噪声或其他背景噪声。

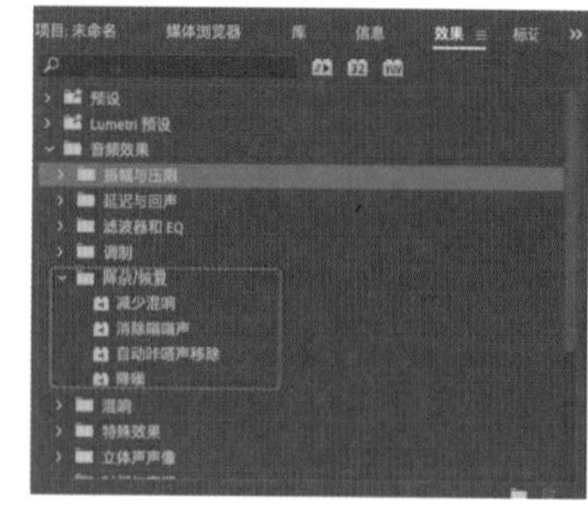

图5-38

“混响”类效果用于为音频添加声学空间的特性，如图5-39所示。

效果解析

- 卷积混响：可重现从衣柜到音乐厅等各种空间的声音效果。
- 室内混响：与其他混响效果一样，“室内混响”效果可模拟声学空间，但是相对于其他混响效果，它的速度更快，占用的处理器资源也更少，因为它不基于卷积。

- 环绕声混响：“环绕声混响”效果主要用于5.1声道的音源，但也可以为单声道或立体声音源提供环绕声效果。

“特殊效果”类效果可为音频素材添加各种特殊效果，从而模拟各种环境声音，如图5-40所示。

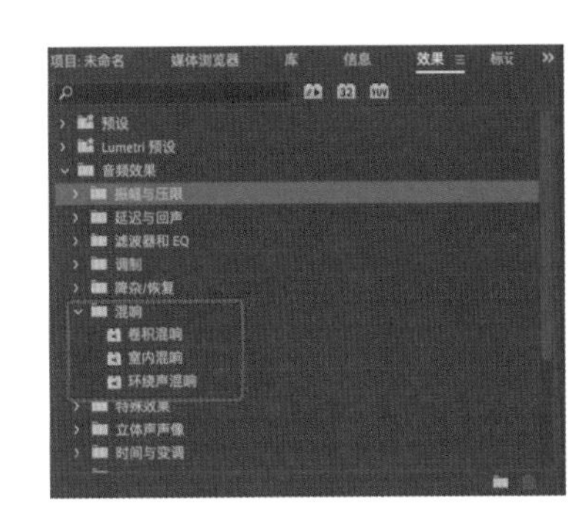

图5-39

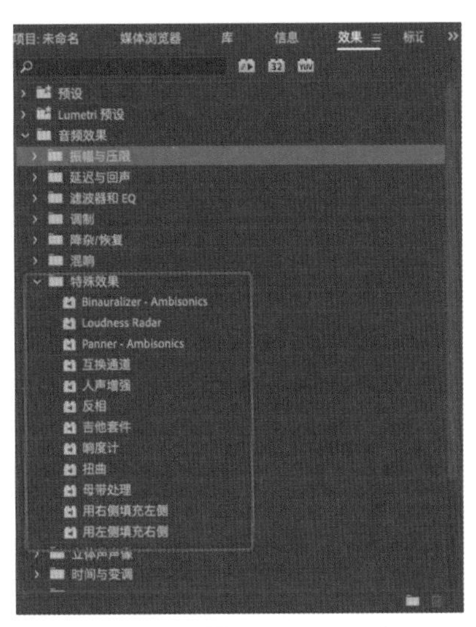

图5-40

效果解析

- Binauralizer-Ambisonics：只能用于5.1声道；其又称为多声道模拟立体声，与全景视频结合，可给观众一种身临其境的体验。
- Loudness Radar：用于制作广播电视节目，其中的一个交付要求与声音的最大音量有关。使用该效果的目标通常都是让响度保持在雷达的绿色区域内。
- Panner-Ambisonics：只能用于5.1声道，如果对视频素材应用“视频效果>沉浸式视频>VR投影”效果，则使用平移、倾斜、滚动等参数对其进行调整后，可对音频素材应用本效果，并将对应参数设置为一样的值。
- 互换通道：交换左、右声道，仅应用于立体声音频。
- 人声增强：高音、低音选项能提高人声的清晰度，音乐选项能减少会干扰人声的频率。
- 反相：反转所有声道的相位。
- 吉他套件：应用一系列可优化和改变吉他音轨声音的处理器。
- 响度计：响度计为广播、播客和流媒体提供基于国际电信联盟的行业标准响度监测，它可提供响度的精确测量值，用于更改音频响度级别。
- 扭曲：模拟汽车扬声器、消音的麦克风或过载的放大器等声音效果。
- 母带处理：可优化特定介质（如电台、视频、CD 或 Web）音频文件。例如，文件在低音重现较差的计算机扬声器上播放，可以在母带处理中增强低频以补偿。
- 用右侧填充左侧：复制右声道中的信息，并将其放置在左声道中，丢弃原始的左声道中的信息，仅应用于立体声音频。
- 用左侧填充右侧：复制左声道中的信息，并且将其放置在右声道中，丢弃原始的右声道中的信息。

“立体声声像”文件夹中的“立体声扩展器”效果可定位并扩展立体声声像，只适用于立体声或 5.1 声道音频，如图5-41所示。

“时间与变调”文件夹中的“音高换挡器”效果可改变音调，它是一个实时效果，可与“母带处理”效果或其他效果结合使用，如图5-42所示。

“余额”效果可为音频创建平衡包络，只能用于立体声音频，如图5-43所示。

“静音”效果可为音频创建静音包络，如图5-44所示。

“音量”效果可为音频创建包络，以便在不出现削波的情况下增大音频音量，如图5-45所示。

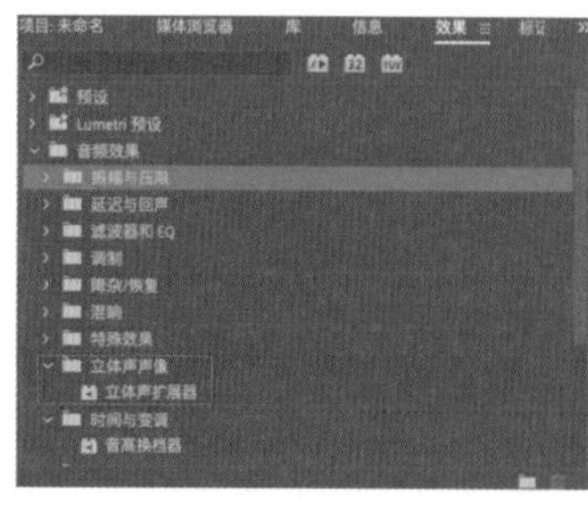

图5-41

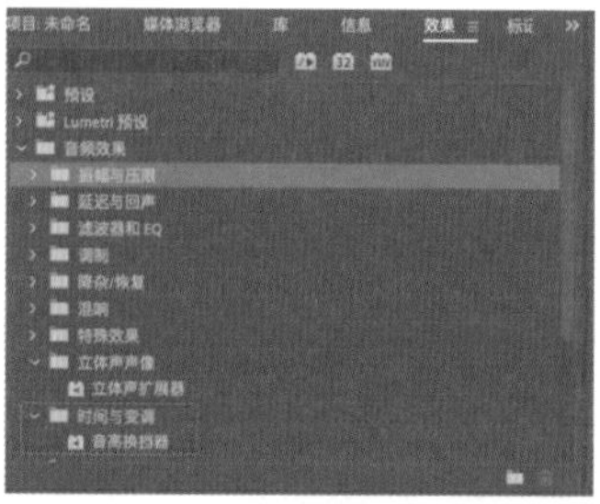

图5-42

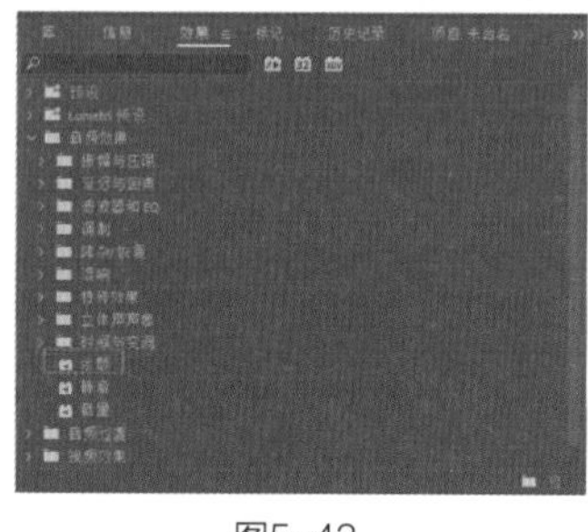

图5-43

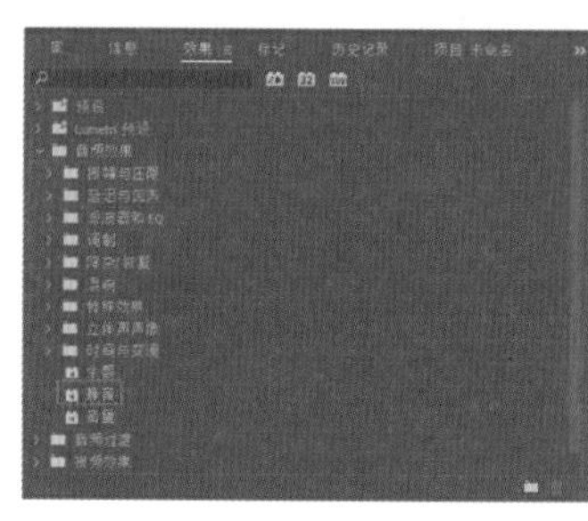

图5-44

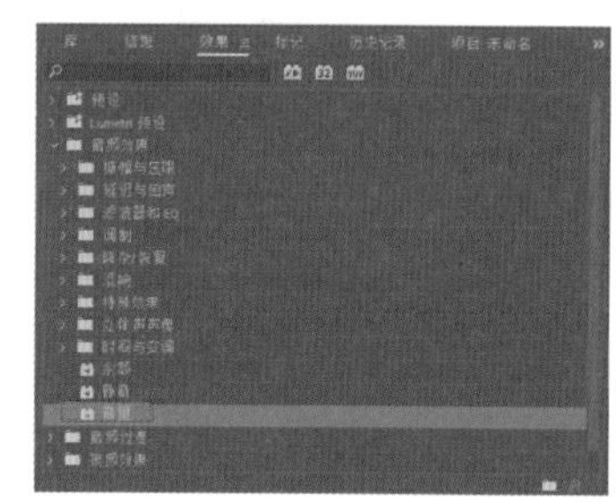

图5-45

5.1.4 音轨混合器

“音轨混合器”面板类似于音频合成控制台，它为每一个音轨都提供了一套控制系统。每个音轨根据“时间轴”面板中对应的音频轨道进行编号。通过该面板可以直观地对多个轨道中的音频执行添加效果或录制声音等操作，如图5-46所示。

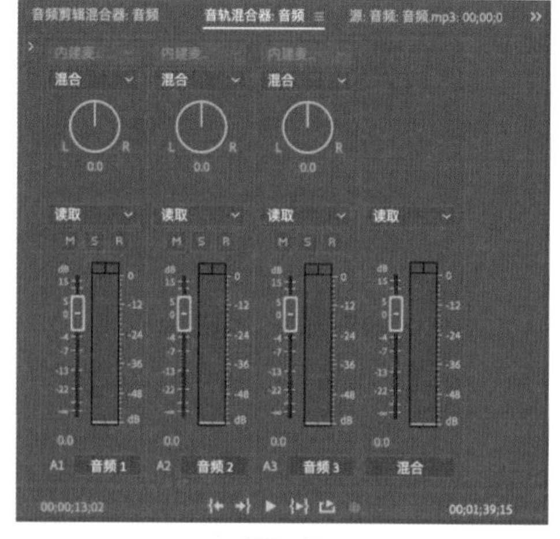

图5-46

重要参数解析

- 轨道名：该区域显示了当前项目中所有音频轨道的名称，我们可以对轨道名称进行编辑，如图5-47所示。
- 自动模式：每个音频轨道都有一个“自动模式”下拉列表，单击右侧的下拉按钮可看到当前轨道的多种自动模式，如图5-48所示。

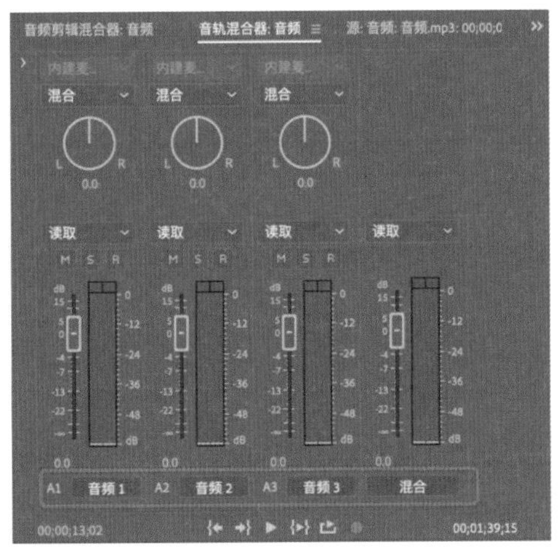

图5-47

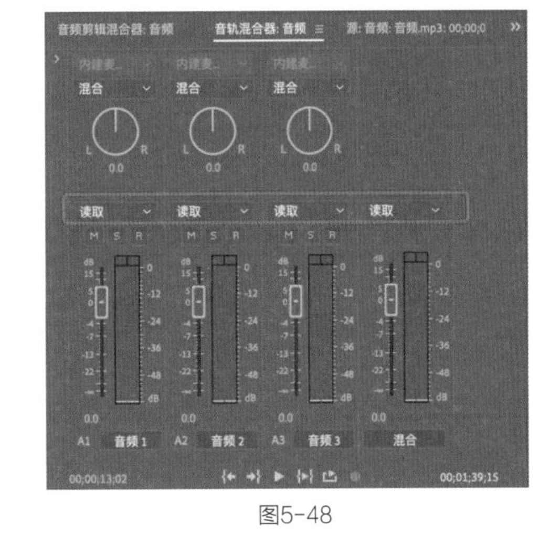

图5-48

- 左/右平衡控件：位于“自动模式”下拉列表下方，用于控制单声道中左右音量的大小，如图5-49所示。
- 音量控件：用于控制单声道中的音量大小，每个轨道下都有一个音量控件，如图5-50所示。

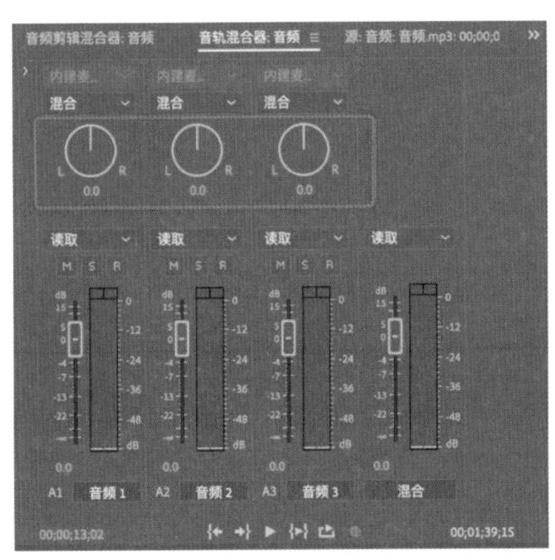

图5-49

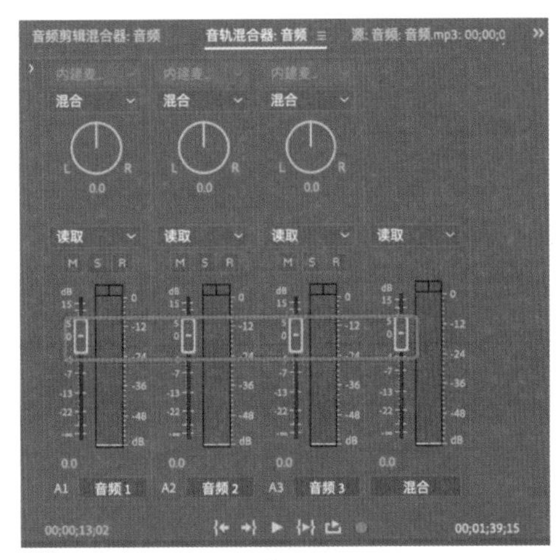

图5-50

- 显示/隐藏效果与发送：主要用于显示、隐藏“效果与发送”面板，如图5-51所示。

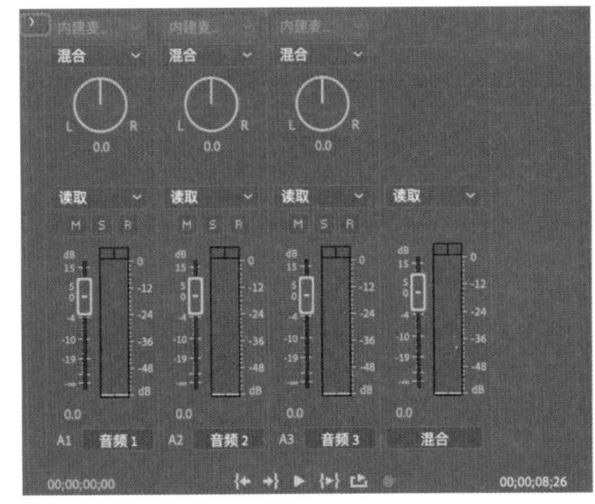

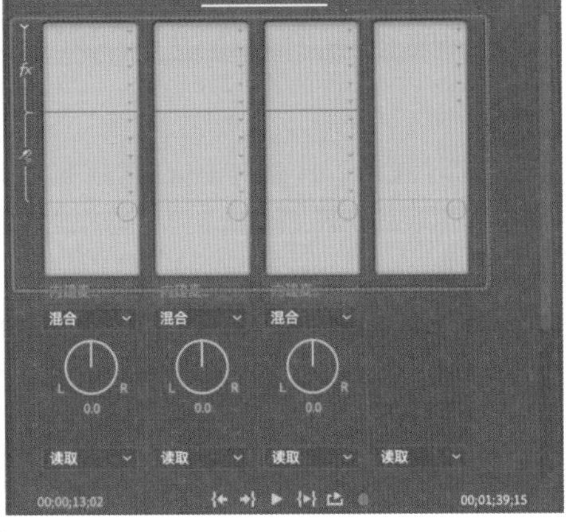

图5-51

5.2 音频效果设计案例

本节主要讲解一些特殊的音频效果的制作方法。对于完整的影片来说，声音具有重要的作用，无论是直接配音还是后续添加的音频效果、伴乐等，声音都是影片不可缺少的部分。

5.2.1 案例：音频降噪

资源位置

- 素材位置　素材文件>第5章>5.2.1案例：音频降噪
- 实例位置　实例文件>第5章>5.2.1案例：音频降噪.prproj
- 视频位置　视频文件>第5章>5.2.1案例：音频降噪.mp4
- 技术掌握　音频降噪技术的应用

微课视频

本案例讲解为音频降噪的操作思路，主要用于对一些有噪声的音频文件进行降噪处理。

设计思路

（1）为音频添加“降噪”效果。

（2）调整降噪细节。

操作步骤

1 将“降噪.mp3”音频素材导入“项目”面板，并将其拖至“时间轴”面板中，如图5-52所示。

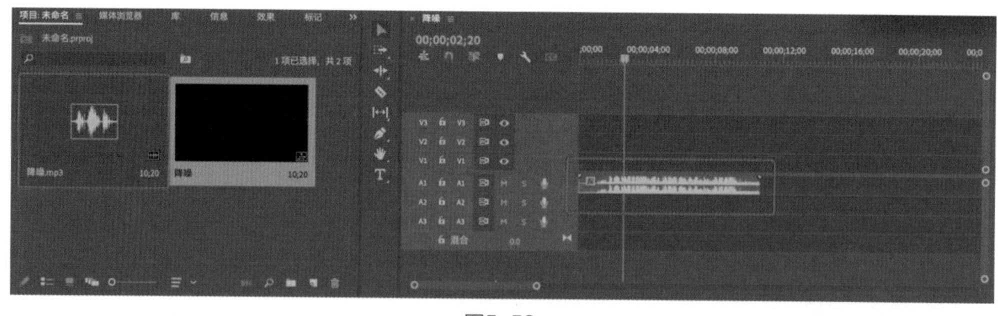

图5-52

2 选中“时间轴”面板中的音频素材，在“效果”面板中搜索“降噪”效果，并将其添加至音频素材上，如图5-53所示。

3 打开“效果控件”面板，在“降噪”选项中单击“自定义设置”右侧的“编辑”按钮，打开自定义设置面板，如图5-54所示。

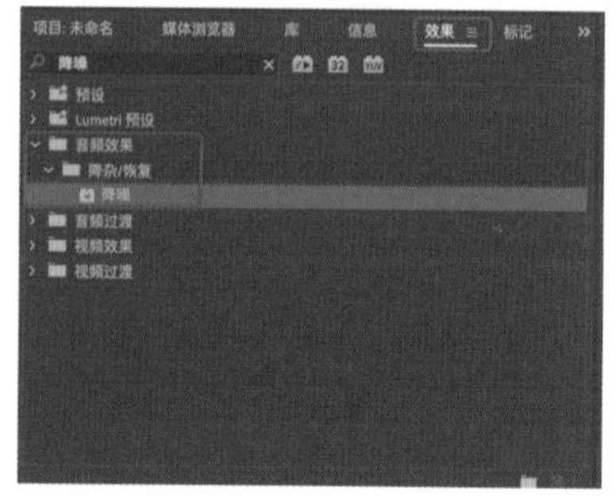

图5-53

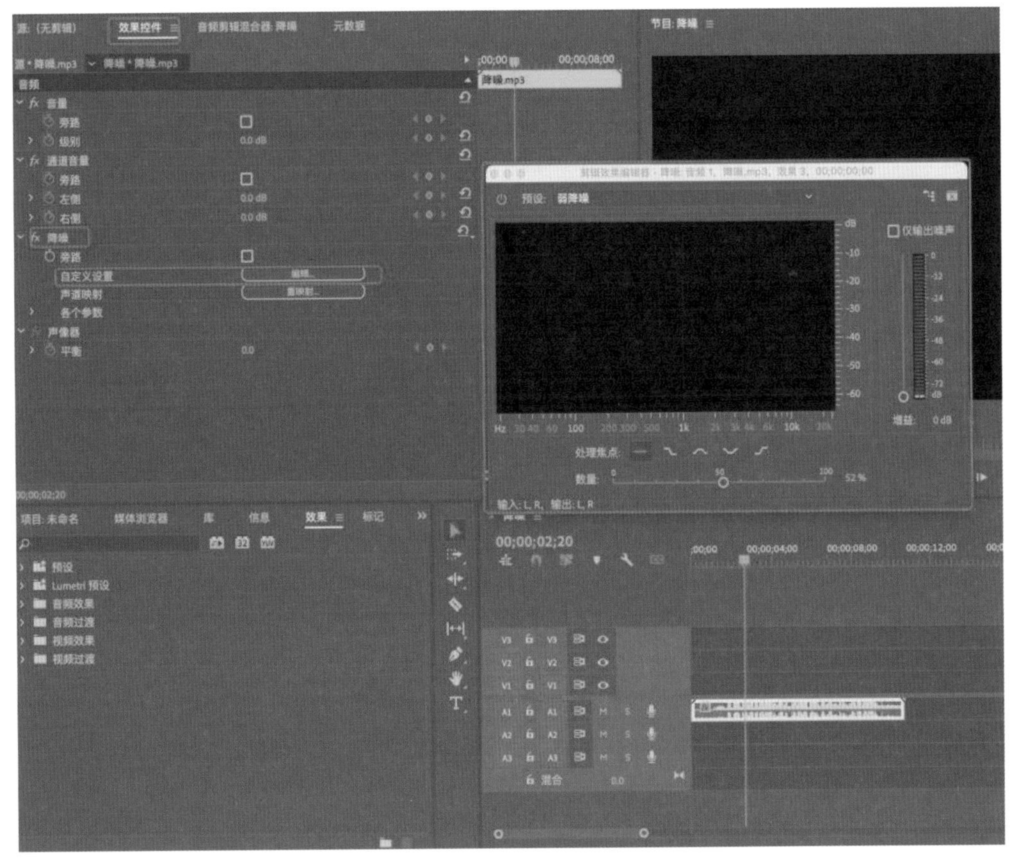

图5-54

4 将“预设”设置为“强降噪”，将“处理焦点”设置为“着重于全部频率”，将“数量”调整为80%，如图5-55所示。

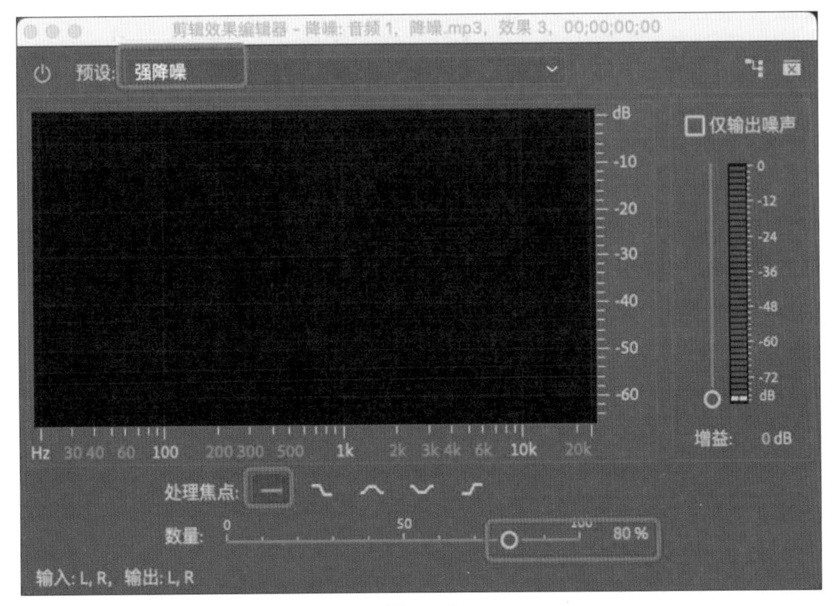

图5-55

5 最终效果如图5-56所示。

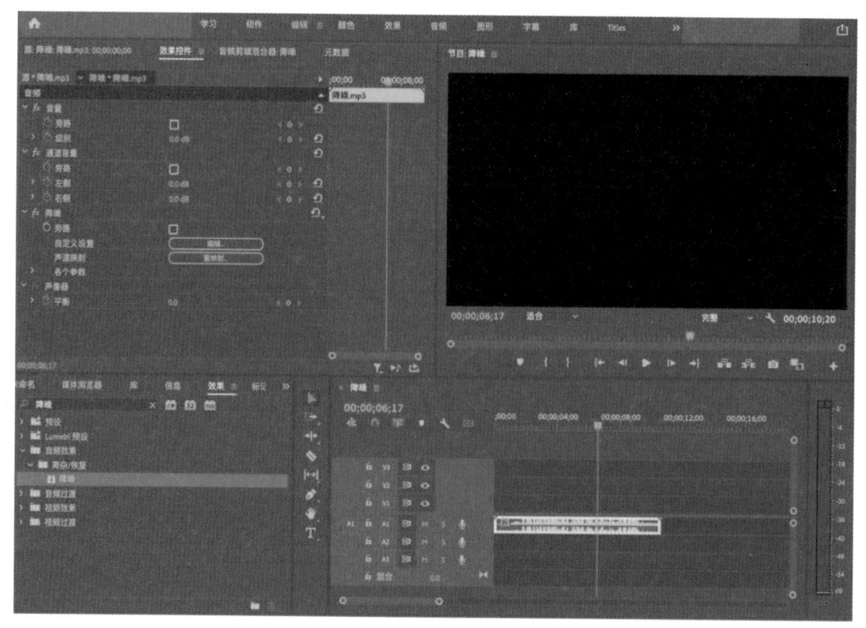

图5-56

5.2.2 案例：通话效果

资源位置

素材位置 素材文件>第5章>5.2.2案例：通话效果

实例位置 实例文件>第5章>5.2.2案例：通话效果.prproj

视频位置 视频文件>第5章>5.2.2案例：通话效果.mp4

技术掌握 通话效果的制作

微课视频

本案例讲解制作通话效果的方法，主要在“基本声音”面板中进行相关设置。

设计思路

（1）使用“基本声音”面板。

（2）调整通话效果的细节。

操作步骤

① 将“通话.mp3”音频素材导入“项目”面板，并将其拖至“时间轴”面板中，如图5-57所示。

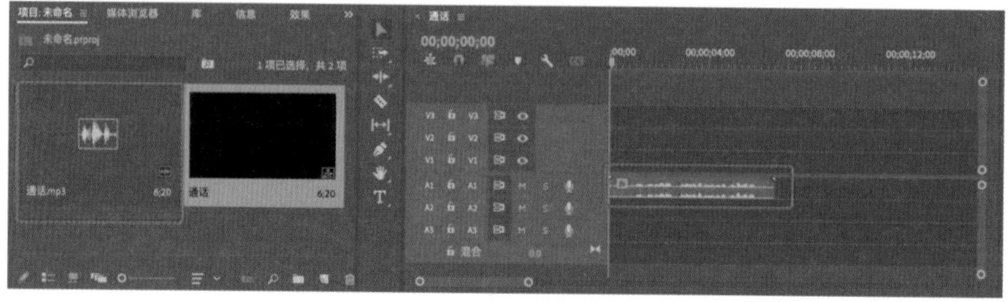

图5-57

② 选中“时间轴”面板中的音频素材，切换为“音频”模式，打开“基本声音”面板，单击“对话”按钮，如图5-58所示。勾选“EQ”选项，将“预设”设置为“电话中”，将“数量”调整为10.0，如图5-59所示。

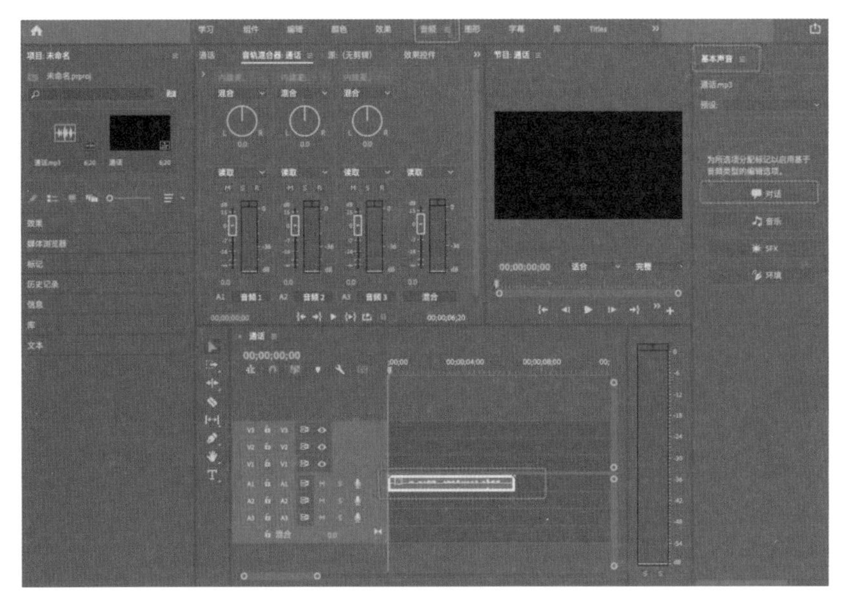

图5-58

图5-59

③ 最终效果如图5-60所示。

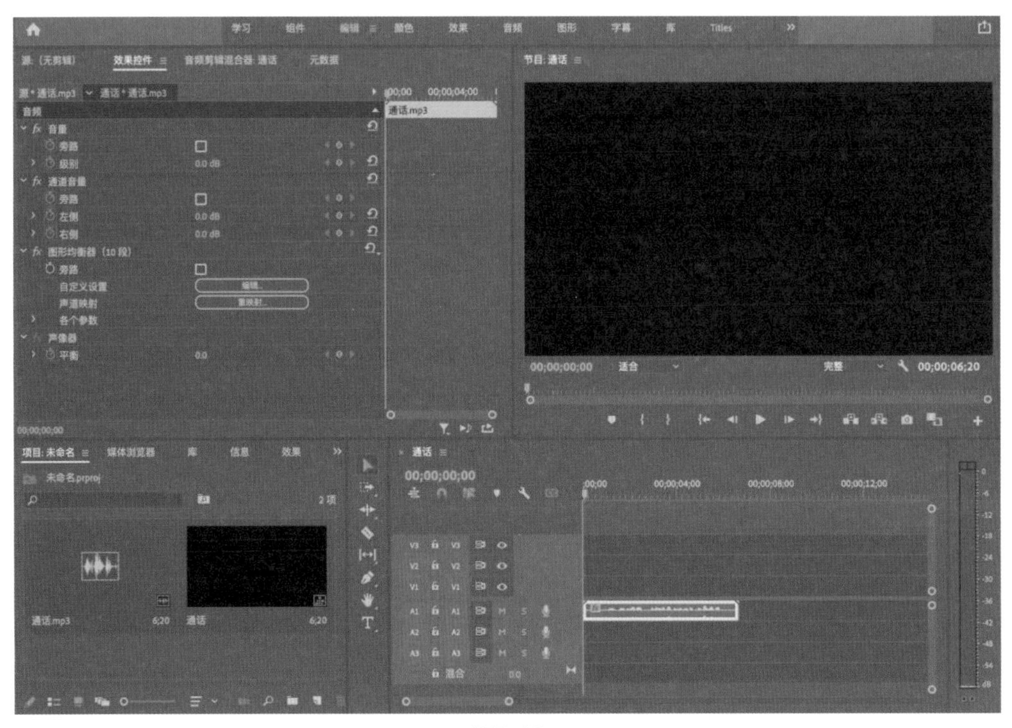

图5-60

5.2.3 案例：外放效果

资源位置

素材位置 素材文件>第5章>5.2.3案例：外放效果

实例位置 实例文件>第5章>5.2.3案例：外放效果.prproj

视频位置 视频文件>第5章>5.2.3案例：外放效果.mp4

技术掌握 外放效果的制作

微课视频

本案例讲解制作外放效果的方法，通过为音频素材添加“高通”效果来模拟外放的效果。

设计思路

（1）为音频素材添加“高通”效果。

（2）调整外放效果的细节。

操作步骤

1 将“外放.mp3”音频素材导入“项目”面板，并将其拖至“时间轴”面板中，如图5-61所示。

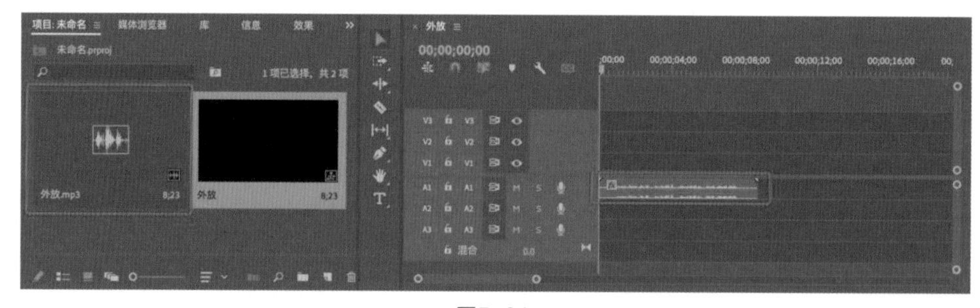

图5-61

2 选中“时间轴”面板中的音频素材，在“效果”面板中搜索“高通”效果，并将其添加到音频素材中，如图5-62所示。

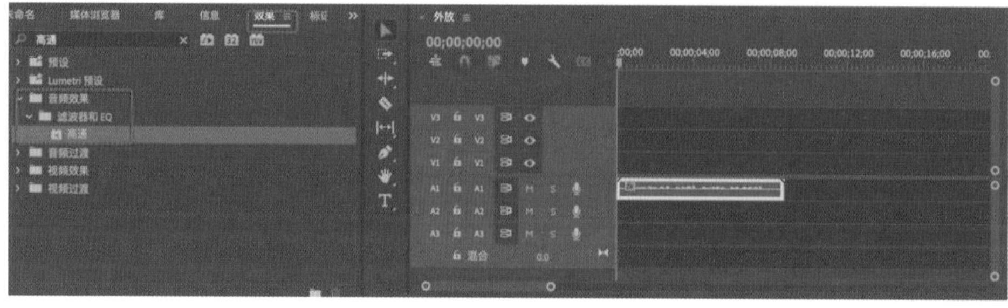

图5-62

3 打开“效果控件”面板，调整“高通”选项中的“切断”为1850.0，如图5-63所示。

4 最终效果如图5-64所示。

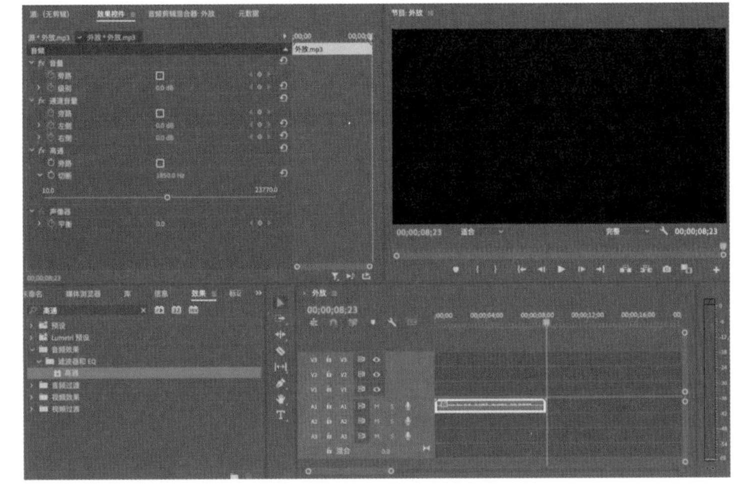

图5-63 图5-64

5.2.4 案例：回声效果

资源位置

素材位置 素材文件>第5章>5.2.4案例：回声效果

实例位置 实例文件>第5章>5.2.4案例：回声效果.prproj

视频位置 视频文件>第5章>5.2.4案例：回声效果.mp4

技术掌握 回声效果的制作

微课视频

本案例讲解制作回声效果的方法。

设计思路

（1）为音频素材添加回声效果。

（2）调整回声效果的细节。

操作步骤

① 将“回声.mp3”音频素材导入“项目”面板，并将其拖至“时间轴”面板中，如图5-65所示。

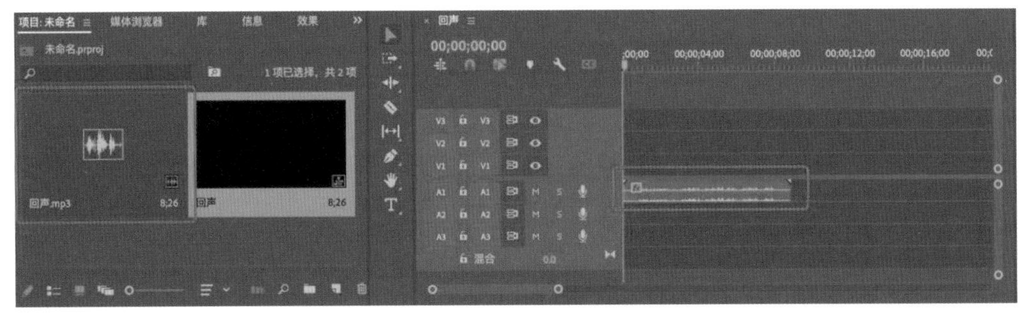

图5-65

② 选中“时间轴”面板中的音频素材，打开“效果”面板，将“音频效果>延迟与回声>模拟延迟”效果添加到音频素材上，如图5-66所示。

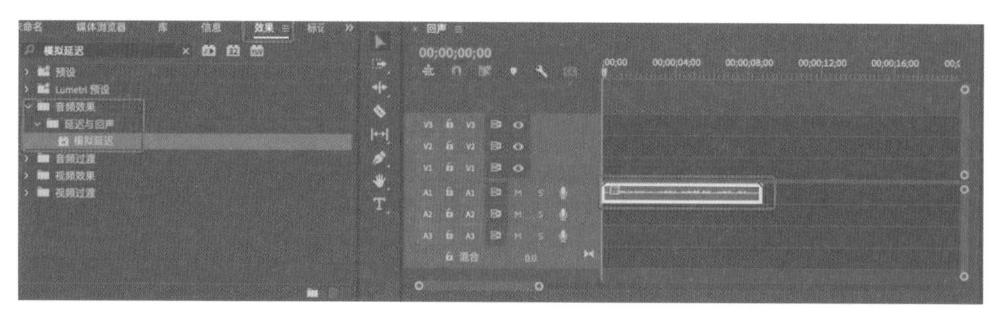

图5-66

③ 打开“效果控制”面板，单击“模拟延迟”选项中“自定义设置”右侧的“编辑”按钮，在打开的自定义设置面板的“预设”下拉列表中选择“循环延迟”，如图5-67所示。

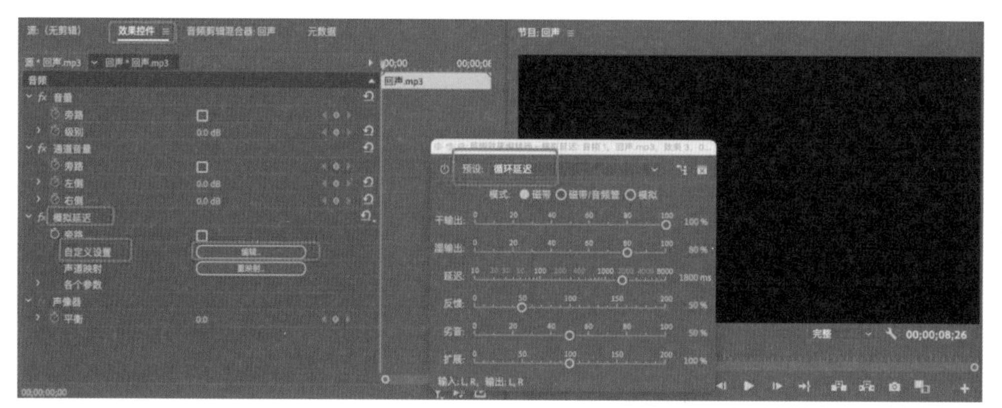

图5-67

④ 最终效果如图5-68所示。

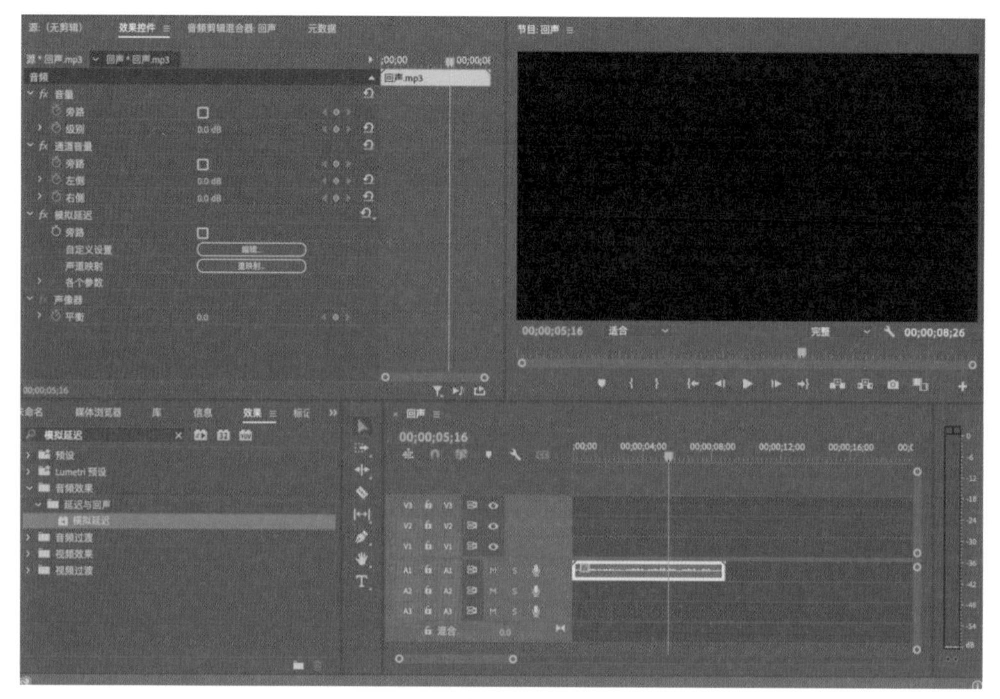

图5-68

5.3 本章小结

视频是一种声画结合的艺术。创作中除了对视频画面进行处理外，对声音的处理也是必不可少的。在影视作品中可以通过对写实声音的增强或减弱、增加或减少等表达一定的主观情感，充分发挥声音的表现力。本章主要讲解了音频的编辑、音频过渡，以及音频效果的添加等，让读者对音频的剪辑有了全面的了解。

5.4 实战训练：大厅音频效果

资源位置

微课视频

素材位置 素材文件>第5章>5.4实战训练：大厅音频效果

实例位置 实例文件>第5章>5.4实战训练：大厅音频效果.prproj

视频位置 视频文件>第5章>5.4实战训练：大厅音频效果.mp4

技术掌握 “基本声音”面板的使用

本实训的目的是制作大厅音频效果。通过对“基本声音”面板中的相关参数进行设置，可以完成大厅音频效果的制作。

设计思路

使用“基本声音”面板中的“对话”功能制作大厅音频效果。

操作步骤

① 将“大厅.mp3”音频素材导入“项目”面板，并将其拖至“时间轴”面板中，如图5-69所示。

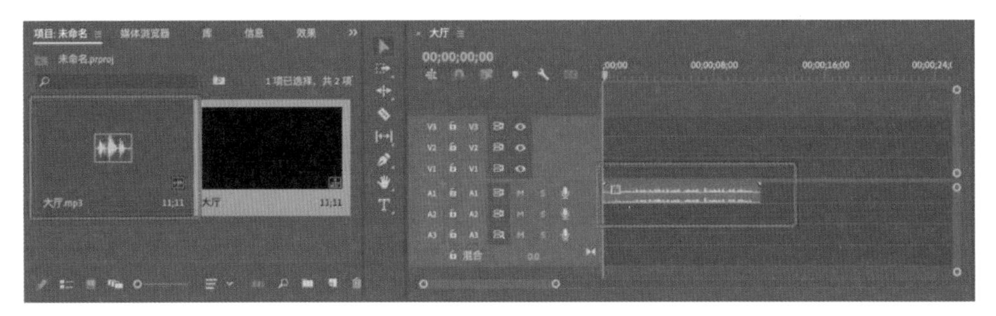

图5-69

② 选中“时间轴”面板中的音频素材，切换至“音频”模式，如图5-70所示。

③ 在“基本声音”面板中单击“对话”按钮，勾选“混响”选项，将“预设”设置为“大厅”，如图5-71所示。

④ 最终效果如图5-72所示。

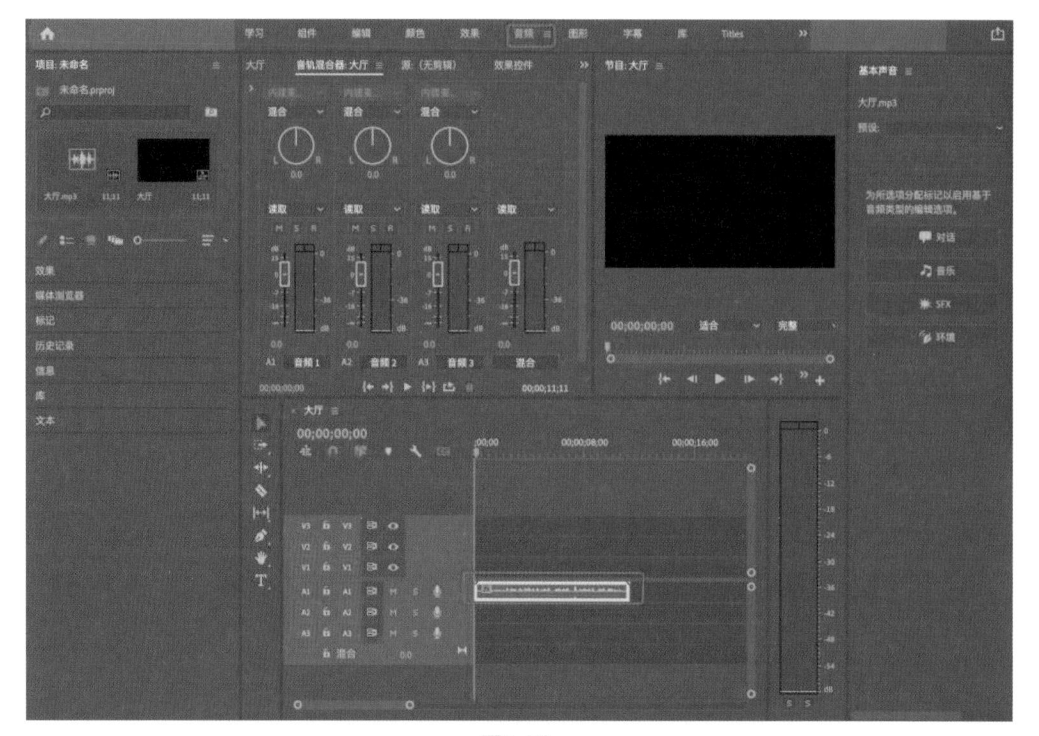

图5-70

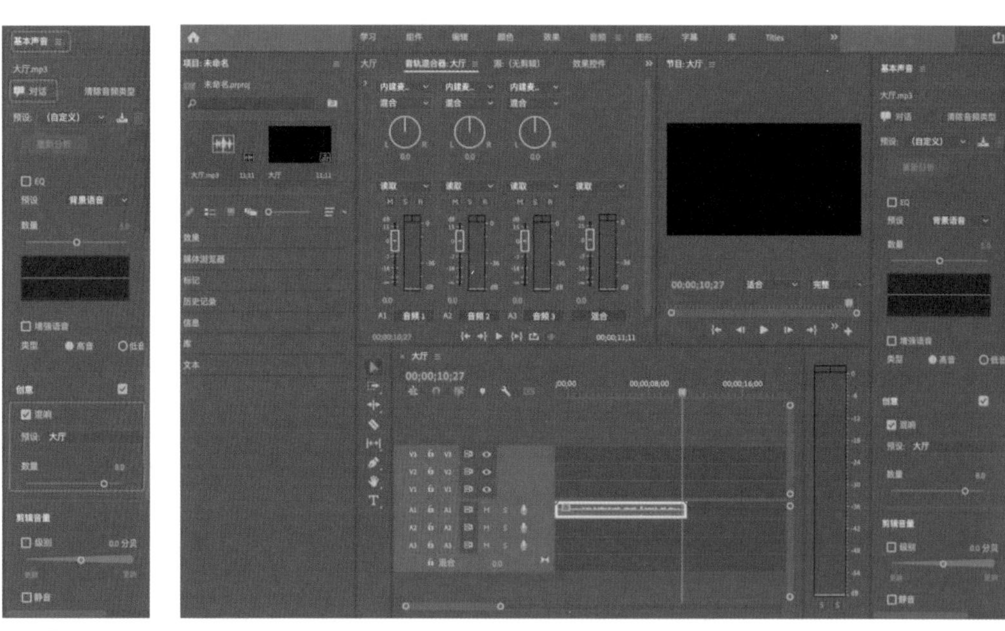

图5-71

图5-72

第6章 调色效果设计实战

本章主要讲解色彩的基础知识及风格化调色的操作步骤。从客观上说，调色的目的是更好地表达视频内容，烘托气氛，甚至是决定影片剧情的走向，或者改变影片的最终风格。调色时需注意的是，要做到不夸张、不炫技，以视频主题为准。

6.1 色彩的基础理论

本节主要讲解基础的色彩理论知识以及“颜色”模式下的基础调色设置，让读者对调色有基本的认识。

6.1.1 色彩的基础知识

色彩具有3种基本属性，分别是：色相（H）、饱和度（S）、亮度（L）。

色相：色相是色彩的基本属性，其主要是指色彩的相貌特征，如红、黄、蓝、绿等；也有许多色彩的相貌特征不明显，只能区别其色感倾向，如黄绿、蓝绿、紫灰等。但无论是什么色彩，它们都有不同于其他色彩的相貌特征，如图6-1所示。

图6-1

饱和度：饱和度是指色彩的纯度。饱和度越高，色彩越浓，饱和度越低则色彩越淡，如图6-2所示。

亮度：亮度是指色彩的亮暗程度。亮度越低，色彩越暗；亮度越高，色彩越亮，越趋近于白色，如图6-3所示。

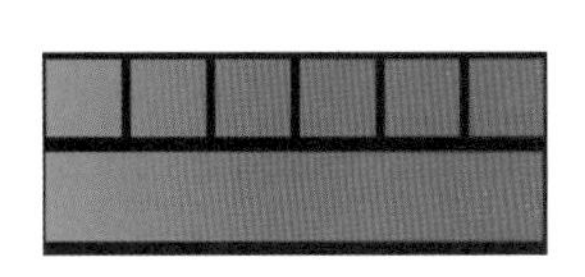

图6-2

图6-3

6.1.2 认识示波器

在调色过程中，由于人眼长时间看一个画面就会适应当前的色彩环境，不利于准确调色，所以在调色时还需要借助一些色彩显示工具来辅助分析色彩的各种属性。

1. 分量图

分量图主要用来观察画面中的红、绿、蓝3种色彩，通过RGB加色原理解决素材画面的偏色问题。如图6-4所示，可以看到画面偏黄。在RGB分量图中，红色和绿色的形状相对高一点，结合RGB加色原理（红+绿=黄），就可以分析出画面偏黄的原因。

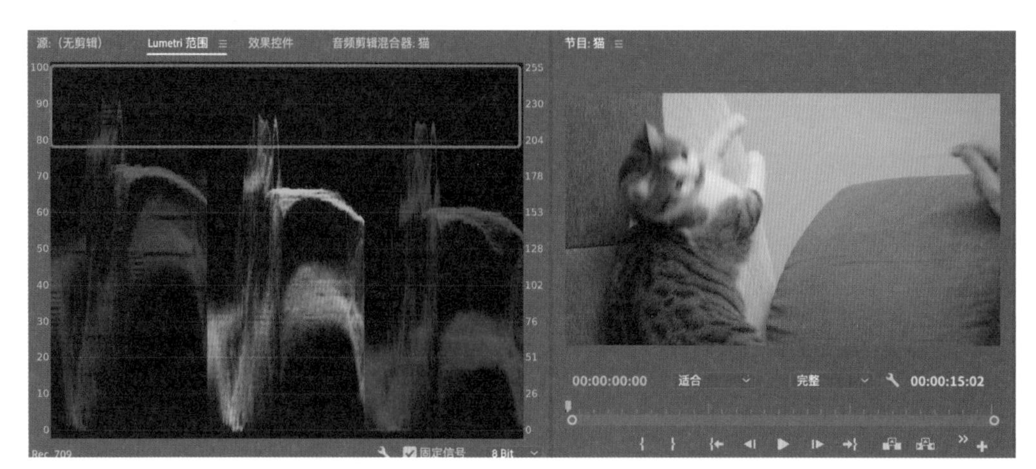

图6-4

如图6-5所示，分量图左侧的0~100代表亮度值，从上到下分别是高光区、中间调、阴影区。从图6-5中可以看到红色和绿色偏高的部分主要集中在高光区，因此可以只调整高光区的黄色部分，向它的补色方向调整，让红、绿、蓝3个通道中的色彩达到平衡状态。

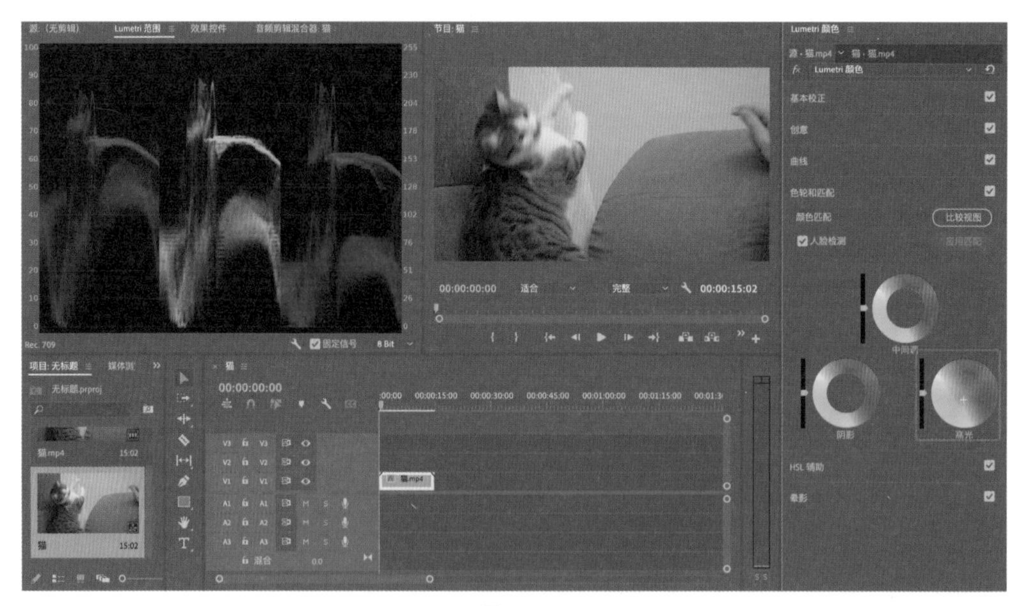

图6-5

2. 波形图

波形图可以看作分量图的合体，通过它可以实时预览画面的色彩和亮度信息。波形图的纵坐标从下到上表示0~100的亮度值，横坐标代表水平方向上对应像素点的色彩信息。在调色时，波形的阴影区处于刻度10附近，高光区处于刻度90附近，此时画面曝光正常（特殊情况除外），如图6-6所示。

图6-6

如果高光区溢出，画面就会曝光过度，如图6-7所示。

图6-7

如果阴影区溢出，画面就会曝光不足，丢失暗部细节，如图6-8所示。

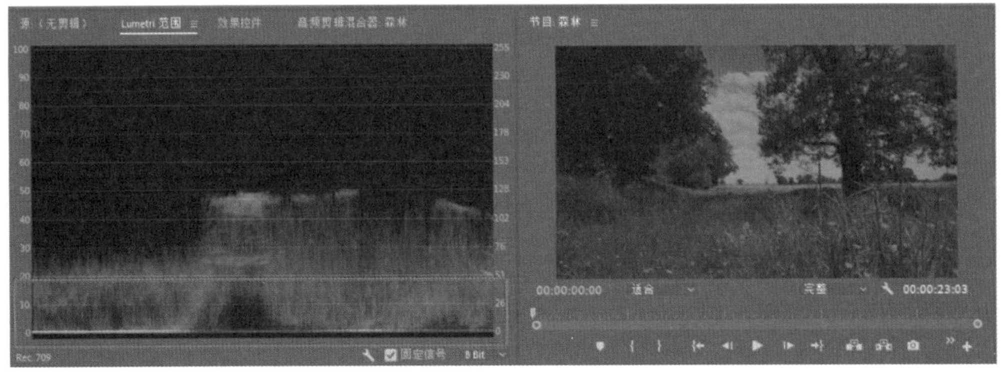

图6-8

3. 矢量示波器

矢量示波器表示的是色彩的倾斜方向和饱和度（我们也可以将它看成一个色环，由中心位置向外扩散），白色倾斜的方向就是画面趋向的色相，白色距离中心点越远说明该方向的画面饱和度越高。除此之外，还可以通过矢量示波器观察画面的色彩搭配，如图6-9所示。

矢量示波器中的六边形代表饱和度的安全线，如果白色部分超过六边形就会出现饱和度过高的情况，如图6-10所示。

图6-9

图6-10

Y（黄色）和R（红色）中间的这条线叫作“肤色线”。当我们用蒙版只选择人物皮肤时，白色部分会与“肤色线”重合，表示人物肤色正常，不偏色，如图6-11所示。

图6-11

6.1.3 Lumetri颜色

"Lumetri颜色"是Premiere中常用的调色工具，其中包括基本校正、创意、曲线、色轮和匹配、HSL辅助等多种工具。在"Lumetri颜色"面板中就可以完成基本的调色工作。

提示

单击"Lumetri范围"面板下方的"扳手"图标可以切换示波器的类型，如图6-12所示。

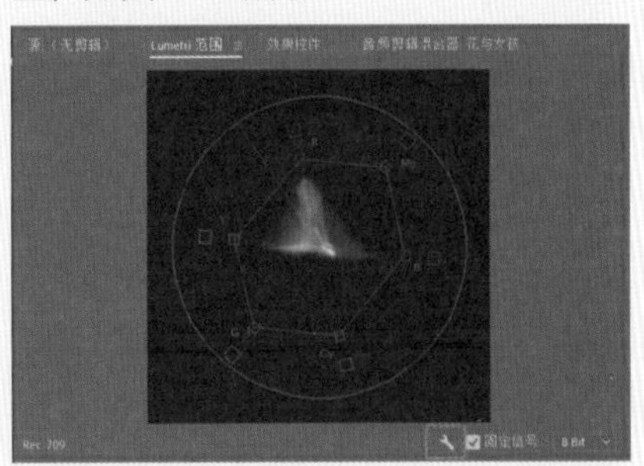

图6-12

1. 基本校正

将调色素材导入并拖至"时间轴"面板中，然后将工作区切换到"颜色"模式，打开"Lumetri范围"面板，如图6-13所示。

图6-13

"基本校正"选项主要包含调整白平衡与色调的工具。

白平衡选择器：白平衡选择器是实现自动白平衡的一种工具，在使用时只需要用"吸管工具"吸取画面中的中间色，一般选择白色，系统就会自动校正画面的偏色。需要注意的是，如果拍摄过程中没有用标准的色卡进行校正，那么后期的校正过程中会出现不同程度的色彩偏差，如图6-14所示。

"色温"和"色彩"这两个参数的工作原理就是"互补色"原理。若整体画面存在偏色问题，则可以利用"想要减少画面中的某种颜色，就要增加它的互补色"这一概念进行调整。为了实现某种风格也可以让画面偏向某一种颜色。例如，将画面调整为偏暖色调，只需要将"色温"向黄色方向调整即可，如图6-15所示。

曝光：从调光角度来讲，曝光是对画面中所有元素的亮度进行整体调整，即将亮度进行整体的提高或降低。例如，将"曝光"调整为2.0，画面整体亮度提高，从分量图中可以看到，红、绿、蓝3个通道中的色彩整体向高光区集中，如图6-16所示。

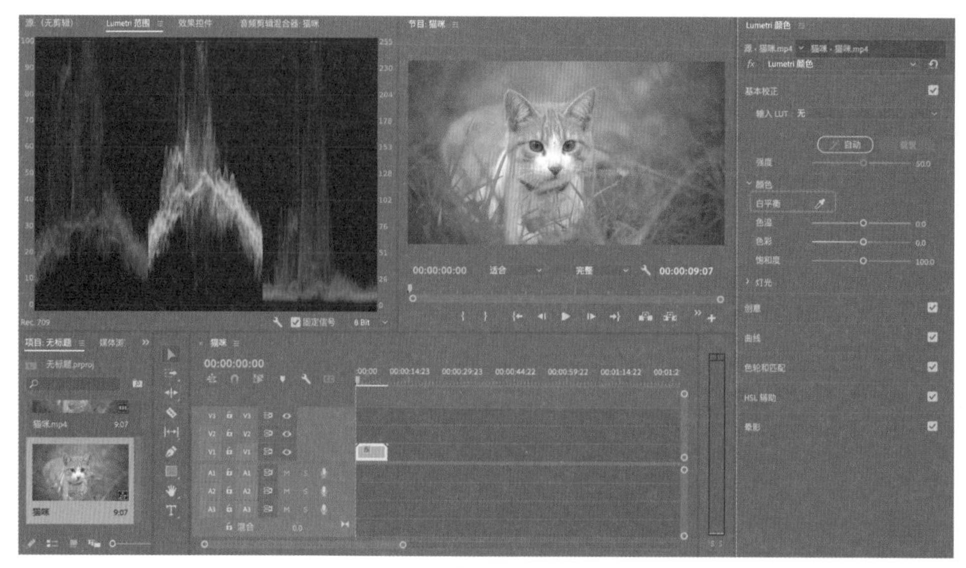

图6-14

图6-15

图6-16

对比度：对比度一般是指画面的层次感、细节与清晰度。对比度越大，画面层次感越强，画面细节越突出，画面越清晰。例如，将“对比度”调整为100.0，画面的清晰度增加，从分量图中可以看到，红、绿、蓝3个通道中的色彩均向上下两端扩展，如图6-17所示。

高光和白色：“高光”和“白色”参数用于调整画面亮部的色彩信息。例如，将“高光”调整为100.0，画面的高光区域变亮，从分量图中可以看到，红、绿、蓝3个通道中的亮部向高光区集中，阴影区的信息保留，如图6-18所示。

图6-17

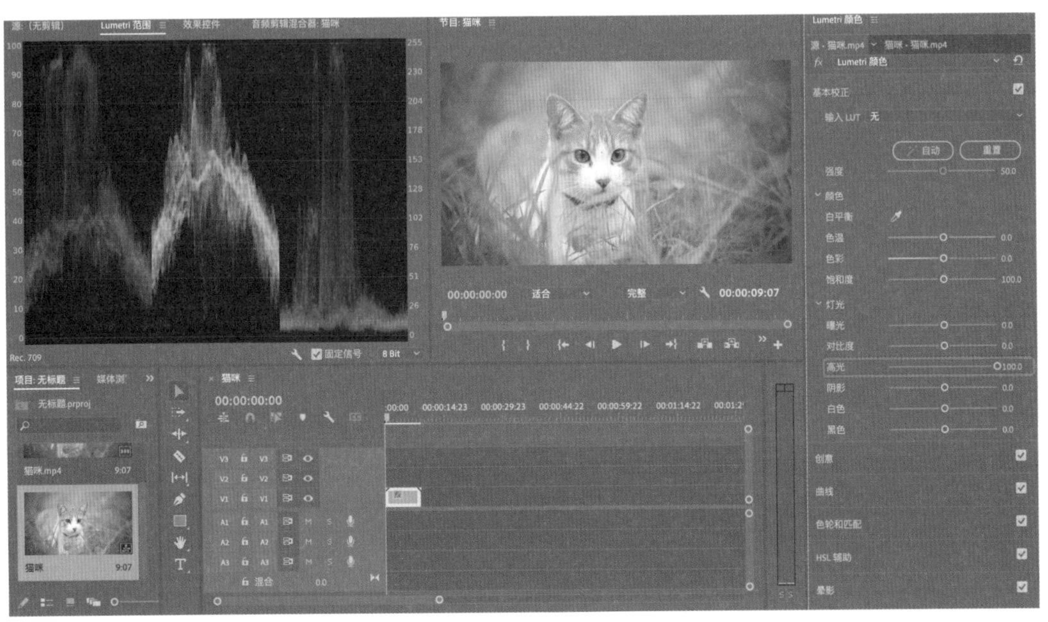

图6-18

将“白色”调整为100.0，画面的高光区域变亮，从分量图中可以看到，红、绿、蓝3个通道中的亮部和暗部向高光区集中，如图6-19所示。

阴影和黑色：“阴影”和“黑色”参数用于调整画面暗部的色彩信息。例如，将“阴影”调整为-100.0，画面的大部分区域变暗，从分量图中可以看到，红、绿、蓝3个通道中的暗部和少量亮部向阴影区集中，如图6-20所示。

图6-19

图6-20

将“黑色”调整为-100.0，画面的阴影区变暗，从分量图中可以看到，红、绿、蓝3个通道中的暗部向阴影区集中，如图6-21所示。

图6-21

2. RGB曲线

“RGB曲线”分为RGB模式、红色模式、绿色模式、蓝色模式。

RGB模式：调整画面整体的亮度，x轴大致可以分为阴影区、中间调、高光区3个部分，y轴代表色彩的亮度值，如图6-22所示。

若想增加画面的对比度，就是使“亮部更亮，暗部更暗”，则可在白色线上单击3次，添加3个标记点，再将高光区的曲线向上提，将阴影区的曲线向下拉，如图6-23所示。

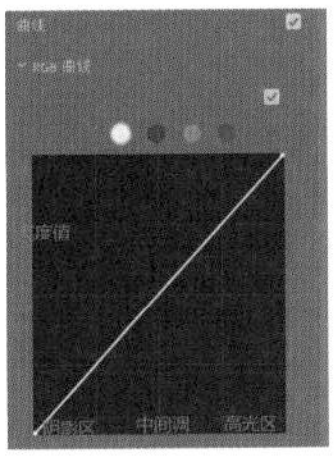

图6-22

图6-23

红色模式：调整画面中红色的亮度，x轴大致可以分为阴影区、中间调、高光区3个部分，y轴代表红色的亮度值，如图6-24所示。绿色模式和蓝色模式同理。

若想增加画面高光区的红色信息，则可在阴影区和中间调区域内添加4个标记点（不受高光区的影响），然后将高光区的曲线向上提，如图6-25所示。

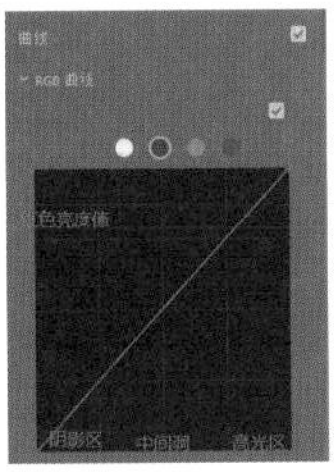

图6-24

图6-25

3. 色轮和匹配

“色轮和匹配”选项包含阴影、中间调、高光3个色轮，色轮分为色环和滑块两个部分，色环控制画面的色相，滑块控制画面色彩的明暗，如图6-26所示。

在分量图中将画面的高光区、阴影区分别调至刻度90和刻度10附近，增加画面的对比度，然后将画面高光区的色调调整为偏暖的色调，将阴影区的色调调整为偏冷的色调，让人物与背景形成冷暖对比，如图6-27所示。

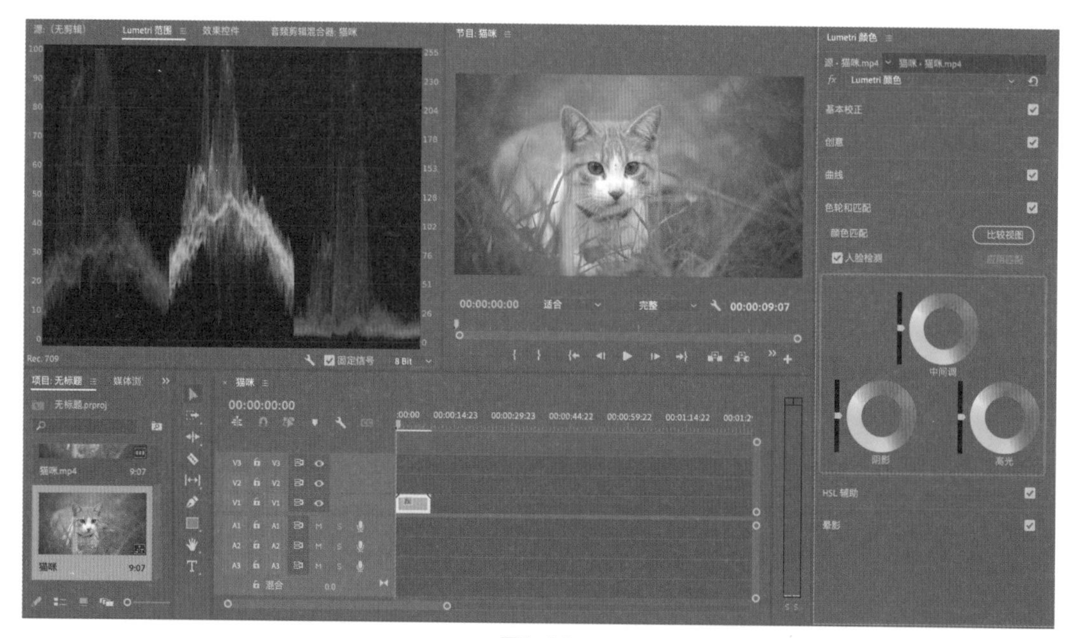

图6-26

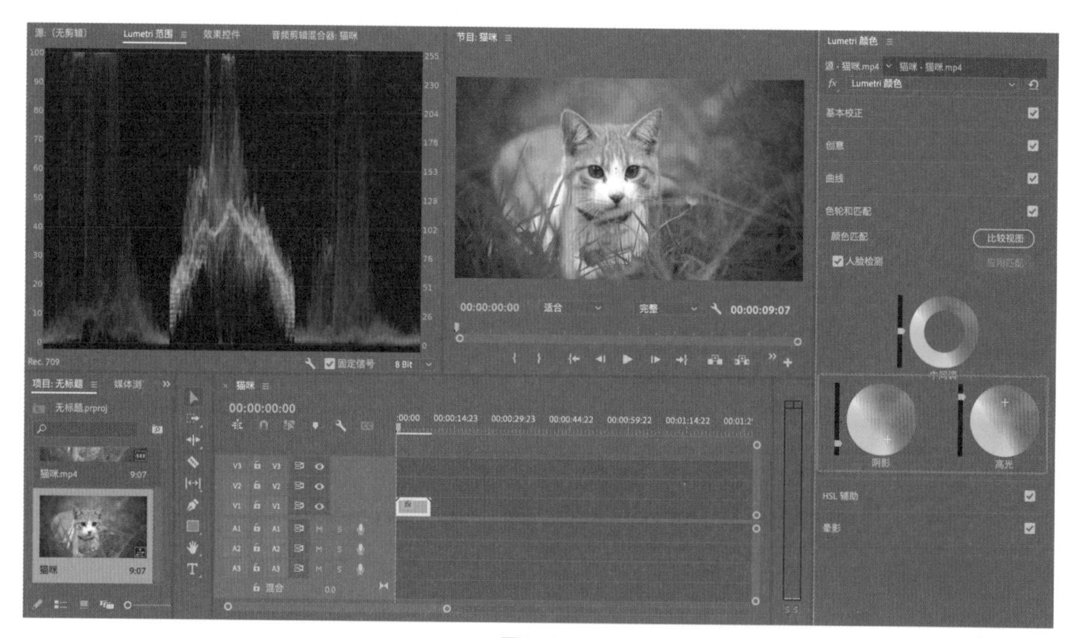

图6-27

4. HSL辅助

HSL辅助是指根据色彩的3种基本属性建立颜色选区，以单独调整画面中某一部分的色彩而不影响画面中的其他色彩，如图6-28所示。

从画面中可以看出黄花与背景之间差别最大的属性是色相，用“吸管工具”吸取黄花上的颜色，勾选“彩色/灰色”选项可查看吸取情况，再通过“增加选区”按钮和“减少选区”按钮增加或减少选区，直至单独选出黄花，如图6-29所示。

选区确定好之后，结合实际情况对其进行色彩调整，如图6-30所示。

图6-28

图6-29

图6-30

6.2 调色效果设计案例

本节主要讲解视频画面的风格化调色，使用“色彩搭配”“选区调整”等方法和调色技巧完成调色。

6.2.1 案例：小清新调色

资源位置

素材位置 素材文件>第6章>6.2.1案例：小清新调色

实例位置 实例文件>第6章>6.2.1案例：小清新调色.prproj

视频位置 视频文件>第6章>6.2.1案例：小清新调色.mp4

技术掌握 选区调整技术的应用

微课视频

本案例讲解小清新风格的调色思路，画面整体偏亮，色彩搭配比较清新、自然，色调偏蓝绿，画面中暗部较少，对比度小，完成后的效果如图6-31所示。

图6-31

设计思路

（1）通过对白平衡与亮度的调整，提亮整体画面。

（2）使用“HSL辅助”工具选取画面中的暗部并进行调整。

操作步骤

① 将“狗.mp4”素材导入“项目”面板，并将其拖至“时间轴”面板中，如图6-32所示。

② 调整画面的白平衡和亮度，将“色温”调整为-10.0，“对比度”调整为30.0，“高光”调整为35.0，“阴影”调整为40.0，如图6-33所示。

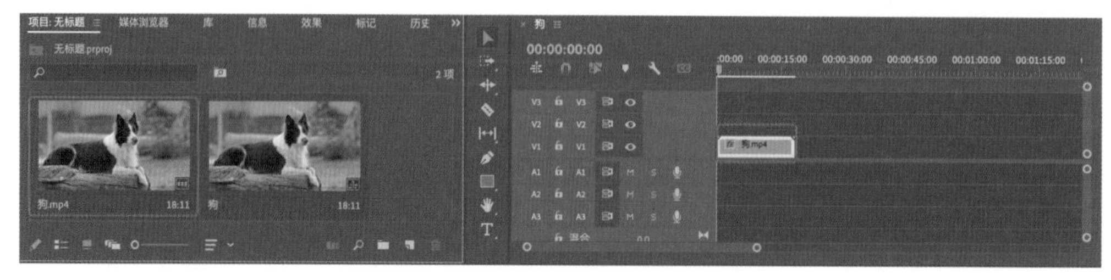

图6-32

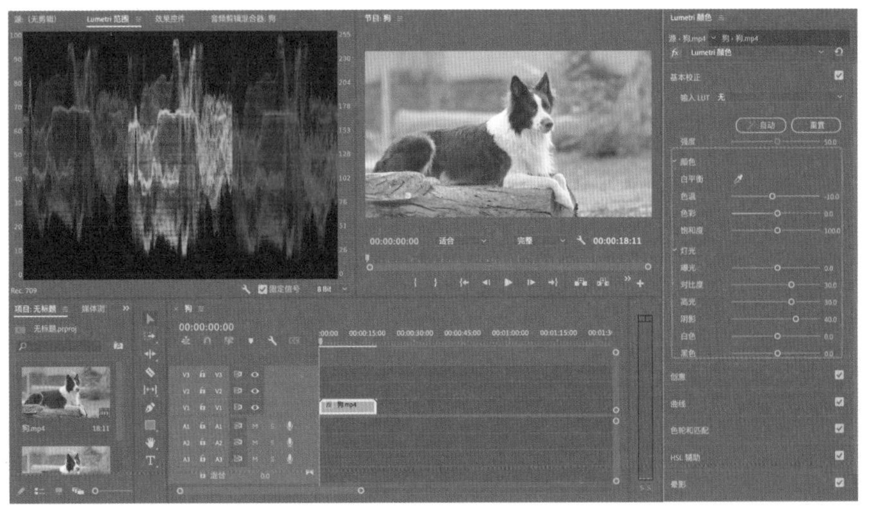

图6-33

③ 勾选“HSL辅助”选项，使用“吸管工具”吸取背景、前景中的颜色，勾选“彩色/灰色”选项，选取背景色调，如图6-34所示。

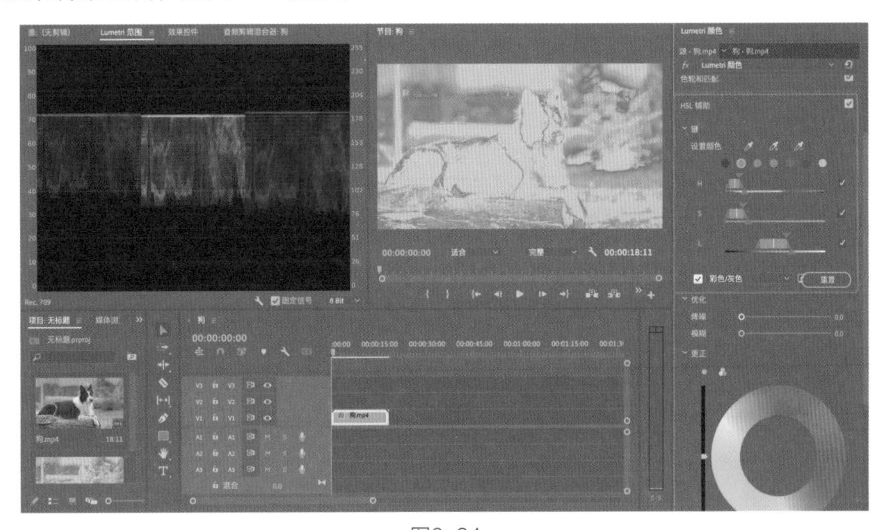

图6-34

④ 分别调整H、S、L滑块，细化选区，如图6-35所示。

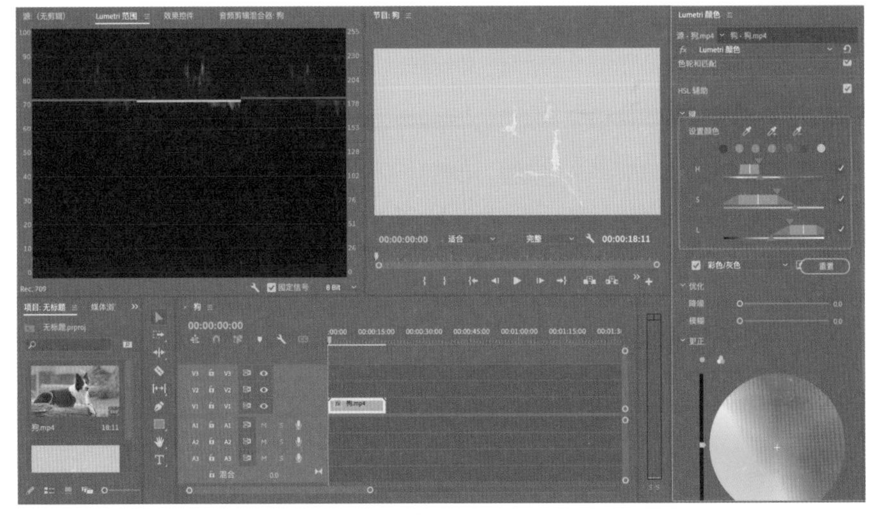

图6-35

⑤ 将“模糊”调整为6.0，然后将色轮向青色的方向调整，最后取消“彩色/灰色”选项，增强选区的柔和感，如图6-36所示。

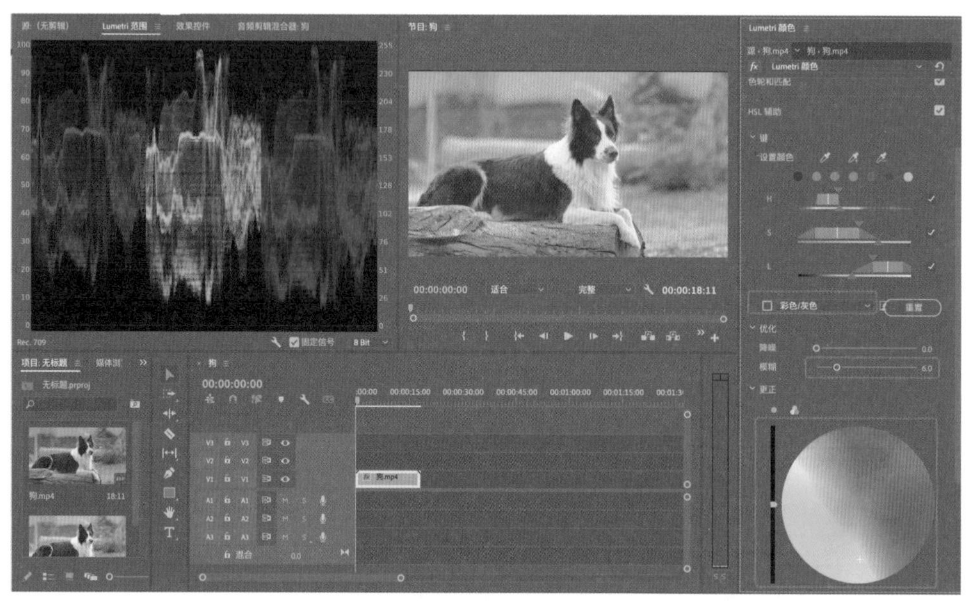

图6-36

⑥ 调整前后的对比效果如图6-37所示。

图6-37

6.2.2 案例：老电影风格化调色

资源位置

素材位置 素材文件>第6章>6.2.2案例：老电影风格化调色

实例位置 实例文件>第6章>6.2.2案例：老电影风格化调色.prproj

视频位置 视频文件>第6章>6.2.2案例：老电影风格化调色.mp4

技术掌握 调色技术的应用

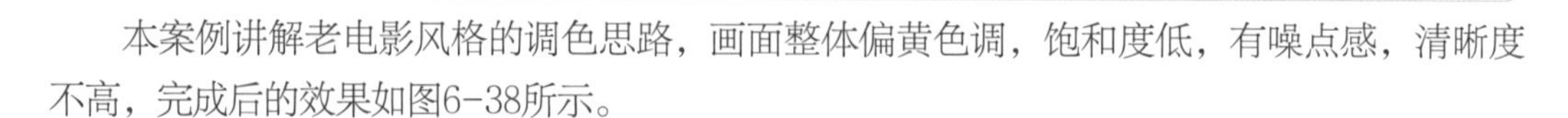

本案例讲解老电影风格的调色思路，画面整体偏黄色调，饱和度低，有噪点感，清晰度不高，完成后的效果如图6-38所示。

设计思路

（1）为视频素材添加“杂色”效果，增强视频画面的噪点感。

（2）调整画面的色彩倾向、饱和度等，制作出老电影的效果。

图6-38

操作步骤

① 将“阳光.mp4”素材导入“项目”面板，并将其拖至“时间轴”面板中，如图6-39所示。

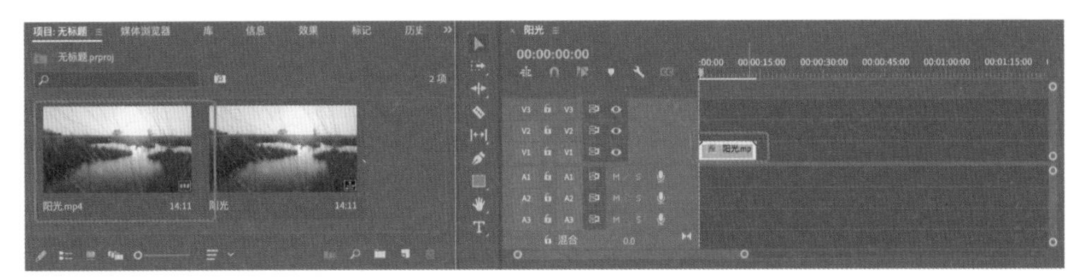

图6-39

② 在“效果”面板中搜索“杂色”效果，将其添加到视频素材上，打开“效果控件”面板，将“杂色数量”调整为15.0%，取消“使用颜色杂色”选项，如图6-40所示。

图6-40

③ 将工作区切换到“颜色”模式，在“创意”选项中将“淡化胶片”调整为80.0，“锐化”调整为-60.0，“饱和度”调整为80.0，如图6-41所示。

④ 在“晕影”选项中将“数量”调整为-1.0，“圆度”调整为60.0，“羽化”调整为25.0，如图6-42所示。

⑤ 调整色彩倾向，在“RGB曲线”中依次在红色通道中调高红色，在绿色通道中调高绿色，在蓝色通道中降低蓝色，如图6-43所示。

图6-41

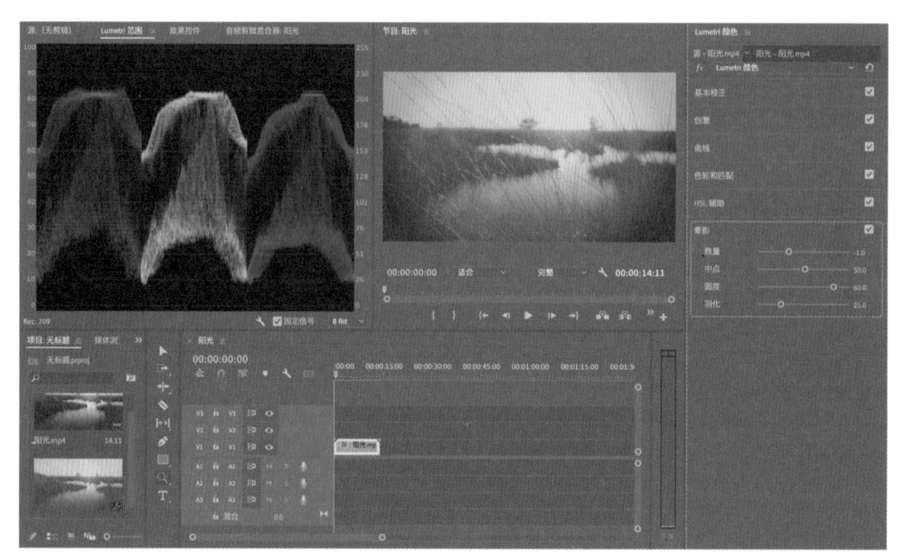

图6-42

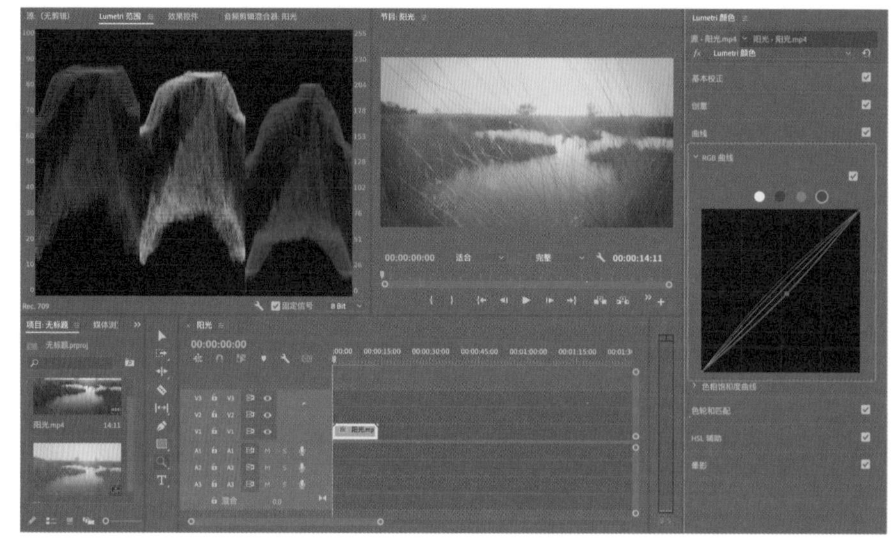

图6-43

⑥ 最终效果如图6-44所示。

图6-44

6.2.3 案例：保留单色

资源位置

素材位置 素材文件>第6章>6.2.3案例：保留单色

实例位置 实例文件>第6章>6.2.3案例：保留单色.prproj

视频位置 视频文件>第6章>6.2.3案例：保留单色.mp4

技术掌握 选区调整技术的应用

本案例讲解保留单色的调色思路，主要是保留视频画面中某一区域的色彩，以营造特殊氛围，电影《辛德勒的名单》中就运用了这样的调色方法。本案例完成后的效果如图6-45所示。

图6-45

设计思路

（1）为素材添加“保留颜色”效果。

（2）使用“吸管工具”并调整相关参数得到最终效果。

操作步骤

① 将“花朵.mp4”素材导入“项目”面板，并将其拖至“时间轴”面板中，如图6-46所示。

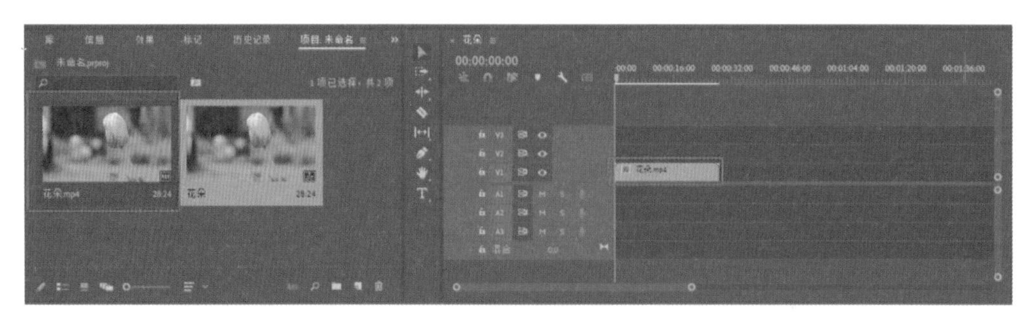

图6-46

② 打开“效果”面板，将“视频效果>颜色校正>保留颜色”效果添加至素材上，选中素材，打开“效果控件”面板，如图6-47所示。

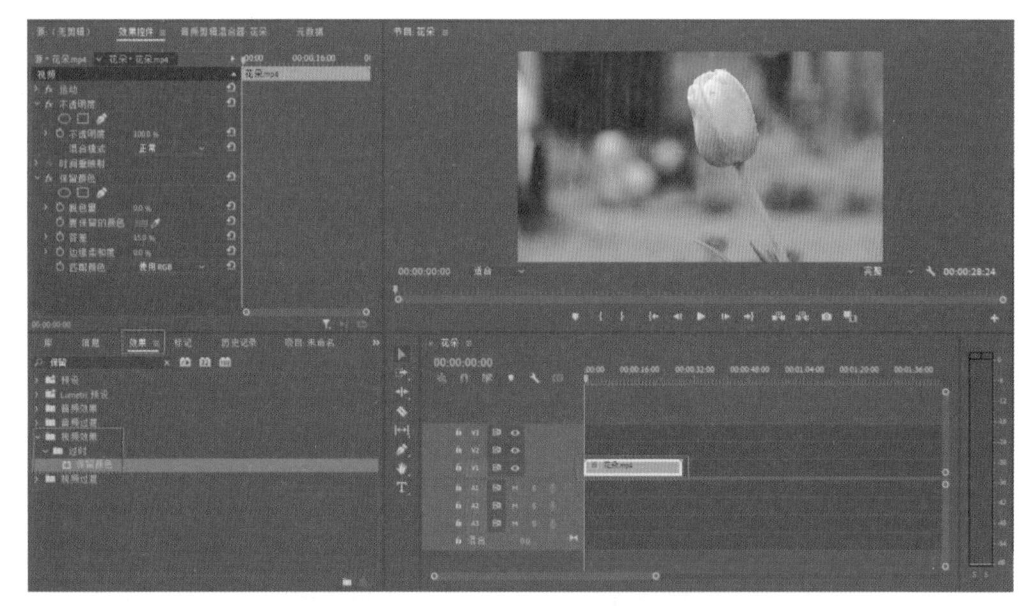

图6-47

③ 选择“吸管工具”，吸取画面中花朵的颜色，将“脱色量”调整为100.0%，“边缘柔和度”调整为36.0%，如图6-48所示。

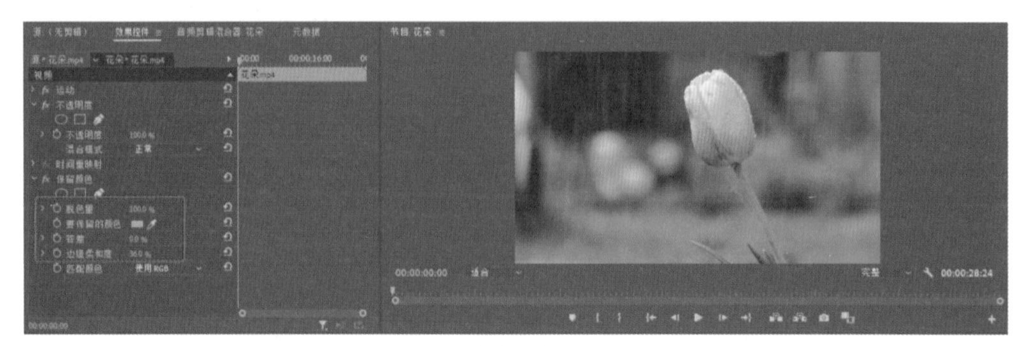

图6-48

④ 最终效果如图6-49所示。

图6-49

6.2.4 案例：一键调色

资源位置

素材位置 素材文件>第6章>6.2.4案例：一键调色

实例位置 实例文件>第6章>6.2.4案例：一键调色.prproj

视频位置 视频文件>第6章>6.2.4案例：一键调色.mp4

技术掌握 颜色匹配技术的应用

本案例讲解一键调色的方法，将某个素材中的颜色应用到另一个素材中即可。本案例完成前后的效果如图6-50所示。

图6-50

设计思路

使用“应用匹配”工具实现一键调色。

操作步骤

① 将“猫.mp4”素材和“小麦.mp4”素材导入“项目”面板，并将它们拖至“时间轴”面板中，如图6-51所示。

图6-51

②将时间指示器移至“时间轴”面板的素材上，单击“Lumetri颜色”面板中“色轮和匹配”选项中的“比较视图”按钮，如图6-52所示。

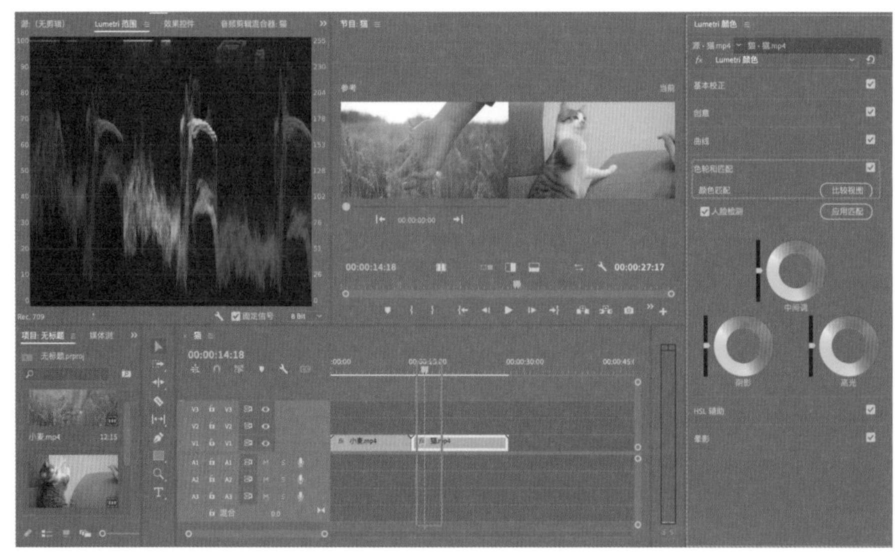

图6-52

③“节目”监视器面板会分为“参考”和“当前”两个部分，在“参考”画面中选定一帧作为参考，单击“应用匹配”按钮，“当前”画面会自动匹配“参考”画面中的色彩，如图6-53所示。

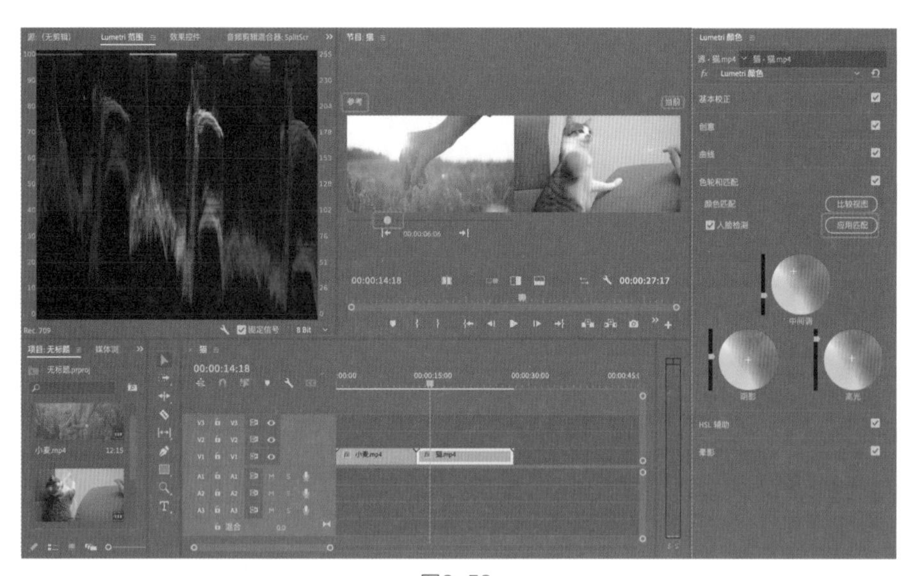

图6-53

④完成前后的对比效果如图6-54所示。

图6-54

6.3 本章小结

本章带领读者了解了视频基本调色的操作，认识并掌握了基本的色彩理论知识及示波器、基本调色界面操作，然后以真实的调色案例，使读者对视频调色有一个基本的整体性认识，为读者能够更完美地制作精彩的视频画面打下基础，有助于读者快速理解并掌握视频效果设计的操作。

6.4 实战训练：使用色相和饱和度曲线调色

资源位置

素材位置 素材文件>第6章>6.4实战训练：使用色相和饱和度曲线调色

实例位置 实例文件>第6章>6.4实战训练：使用色相和饱和度曲线调色.prproj

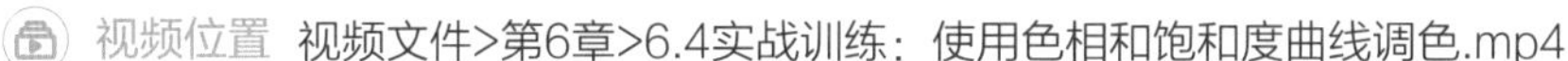

视频位置 视频文件>第6章>6.4实战训练：使用色相和饱和度曲线调色.mp4

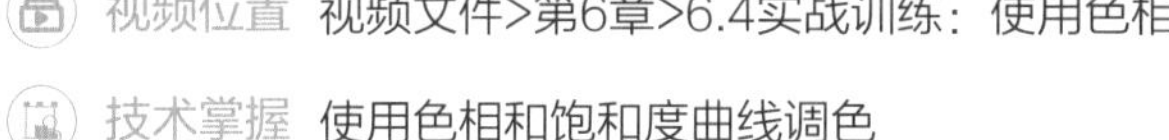

技术掌握 使用色相和饱和度曲线调色

微课视频

本实训的目的是改变画面中花瓣颜色。通过调整色相和饱和度曲线，可以完成对部分颜色的更改。完成后的效果如图6-55所示。

图6-55

设计思路

使用“色相和饱和度曲线”功能调整花瓣颜色。

操作步骤

1 将“调色.mp4”素材导入“项目”面板，并将其拖至“时间轴”面板中，如图6-56所示。

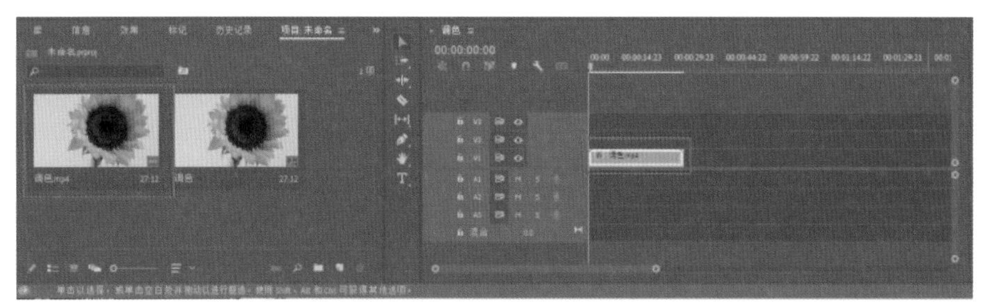

图6-56

② 在“Lumetri颜色”面板中选择“曲线”下“色相和饱和度曲线”中“色相与色相”中的“吸管工具”，吸取画面中花瓣的颜色，如图6-57所示。

图6-57

③ 将中间的标记点向橘色方向拖曳，然后微调两端标记点的水平位置，使画面中的花瓣颜色变为橙色，如图6-58所示。最终效果如图6-59所示。

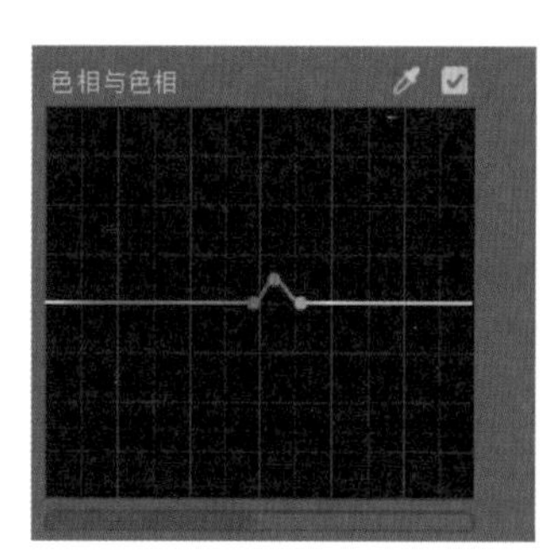

图6-58

图6-59

第7章 短视频剪辑全流程

本章主要讲解短视频剪辑全流程，包括从拍摄好素材之后到制作出成片的一些整理与剪辑操作等，最后完成综合案例的制作。

7.1 短视频剪辑与制作

视频素材拍摄完成之后，就会进入素材剪辑阶段，很多初学者在看到混乱的视频素材之后总是感到无从下手。本节讲解短视频剪辑与制作的思路和流程，并对素材的整理、粗剪、精剪等方面的知识进行讲解，最后通过一个综合案例对短视频剪辑全流程进行梳理。

7.1.1 整理素材

1. 标签分类

将视频素材导入“项目”面板，单击“列表视图”按钮，切换到列表模式，如图7-1所示。

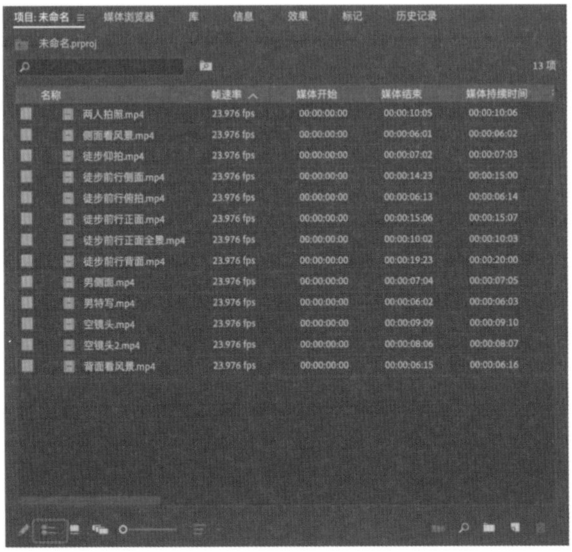

图7-1

执行“编辑>首选项>标签”命令，打开“首选项”对话框，如图7-2所示。

在“标签”选项卡中可以根据需要自定义标记方式，例如，将标签分别改为“行走镜头”“单人镜头”“欣赏风景镜头”“空镜头”“拍摄镜头”等，为了不影响“标签默认值”选项，尽量选择与其不重复的颜色进行标记，设置完成后单击“确定”按钮，关闭对话框，如图7-3所示。

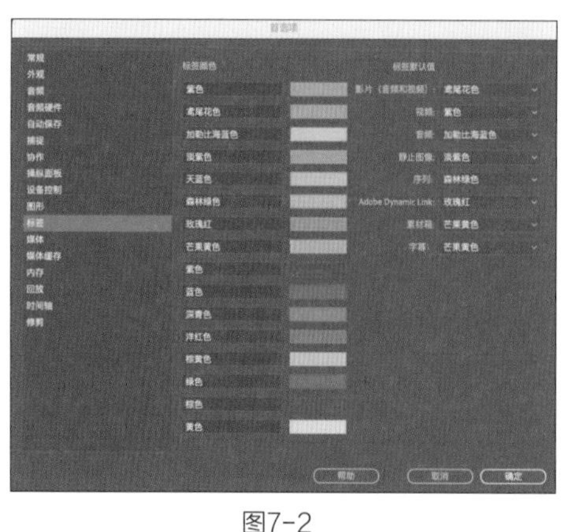

图7-2

图7-3

对素材进行分类。选中“两人拍照.mp4”素材，单击鼠标右键，在弹出的快捷菜单中选择“标签>拍摄镜头”命令，“两人拍照.mp4”素材左侧的色块变成与“拍摄镜头”标签一样的颜色，如图7-4所示。

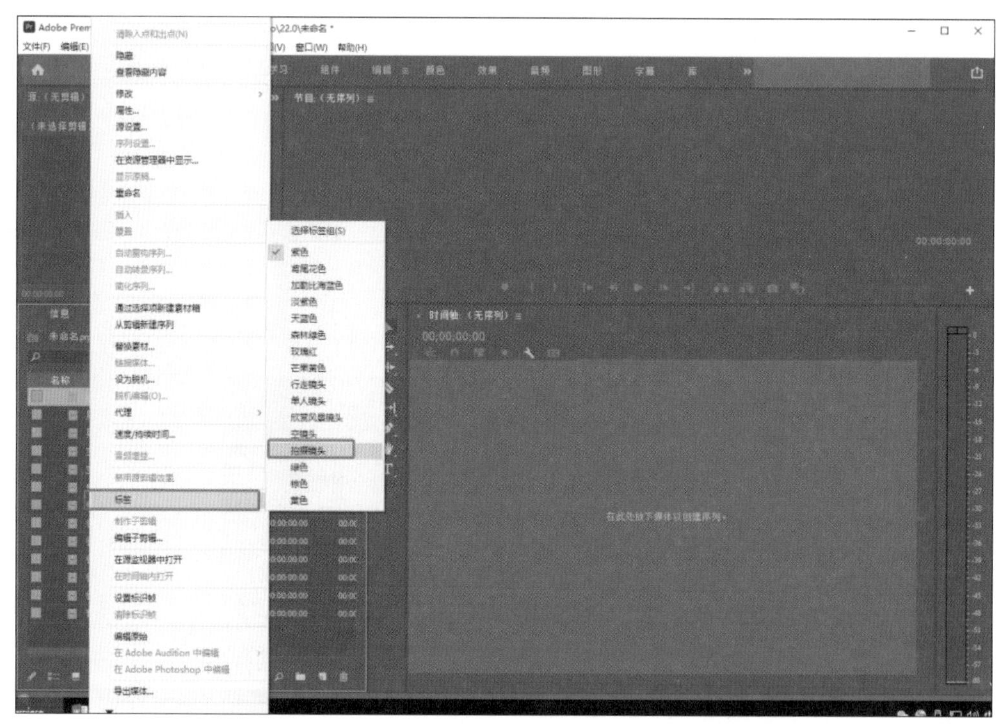

图7-4

按上述方法对剩余素材进行分类，分类后的效果如图7-5所示。

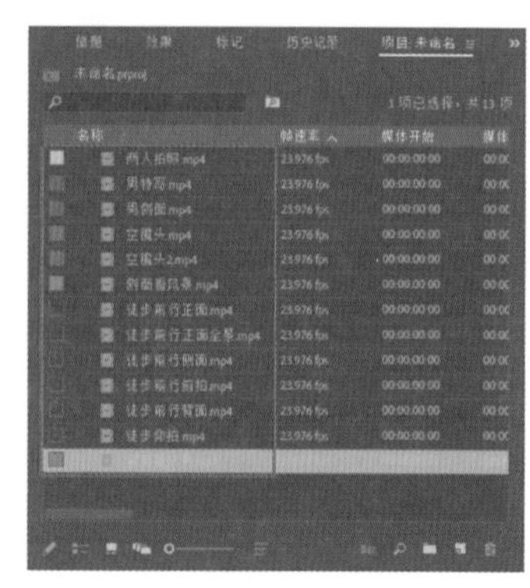

图7-5

将所有素材按照标签分类之后，就可以根据分类标签准确找到自己需要的素材。在“项目”面板的空白处单击鼠标右键，在弹出的快捷菜单中选择“查找”命令，弹出“查找”对话框，如图7-6所示。

如果需要查找“单人镜头”和“行走镜头”素材，则只需将“运算符”选项设置为“单人镜头”和“行走镜头”，将“匹配”选项设置为“任意”，单击“查找”按钮，就可自动选择这两个素材，如图7-7所示。

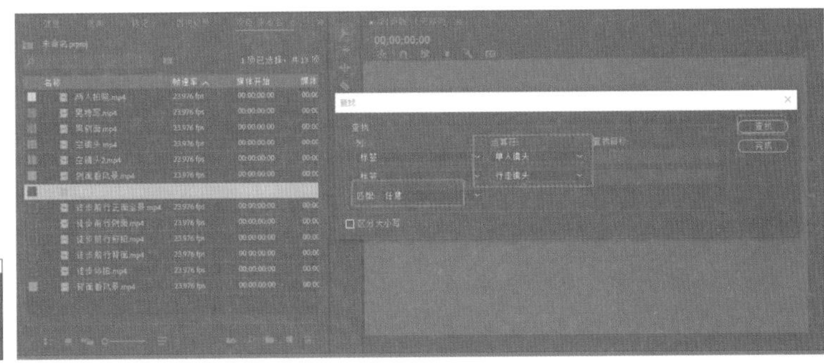

图7-6

图7-7

2. 标记范围划分

在剪辑视频的过程中通常需要对素材进行段落划分，这时就需要用到范围标记功能。将一段音乐素材导入“项目”面板，双击音乐素材，激活“源”监视器面板，如图7-8所示。

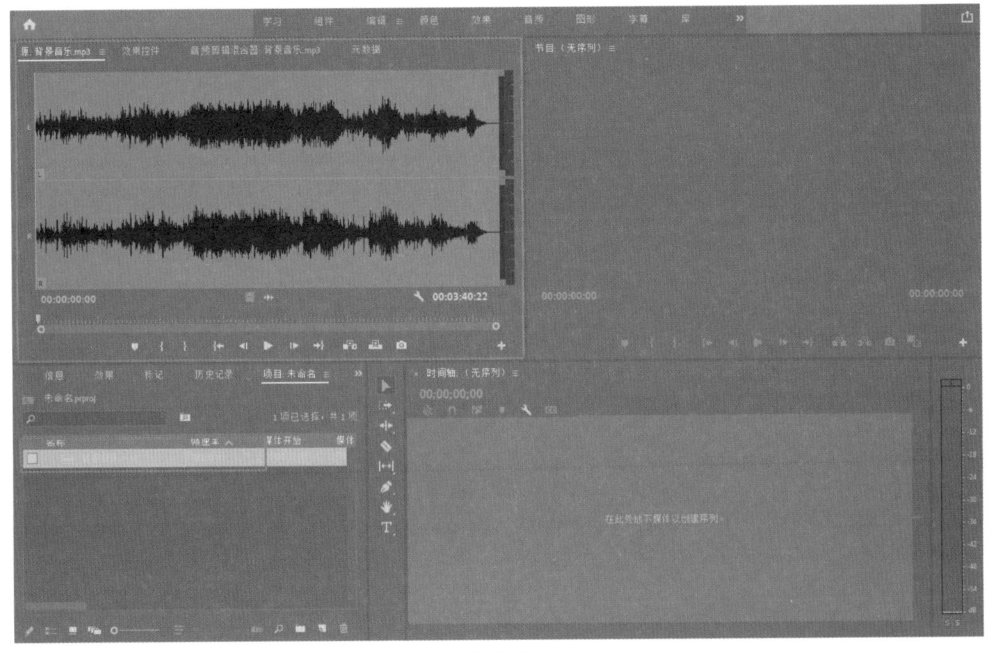

图7-8

在“源”监视器面板中可以给素材添加标记，单击“添加标记”按钮，或者按M键，可以添加标记点，如图7-9所示。

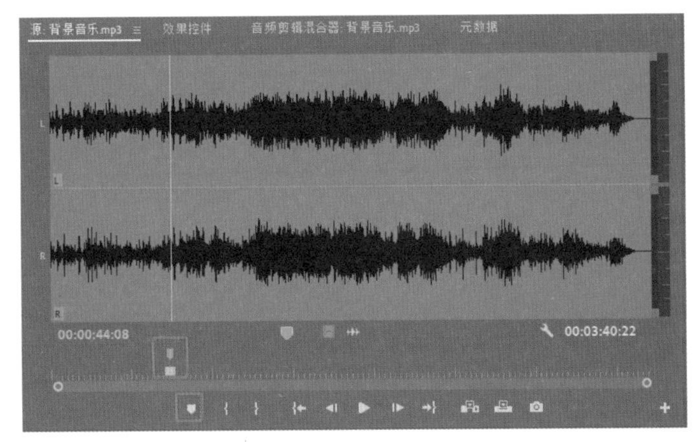

图7-9

双击标记点或连续按两次M键，弹出“标记”对话框，如图7-10所示。

在“名称”文本框中输入“开始”，将“持续时间”设置为合适的数值，如图7-11所示。

图7-10

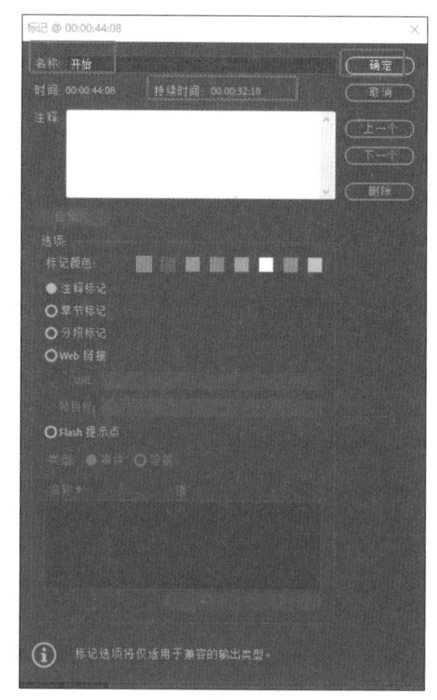

图7-11

在“源”监视器面板中调整标记范围，使其与音乐同步，如图7-12所示。

按上述方法使用不同的颜色标记出音乐的高潮与结尾范围，如图7-13所示。

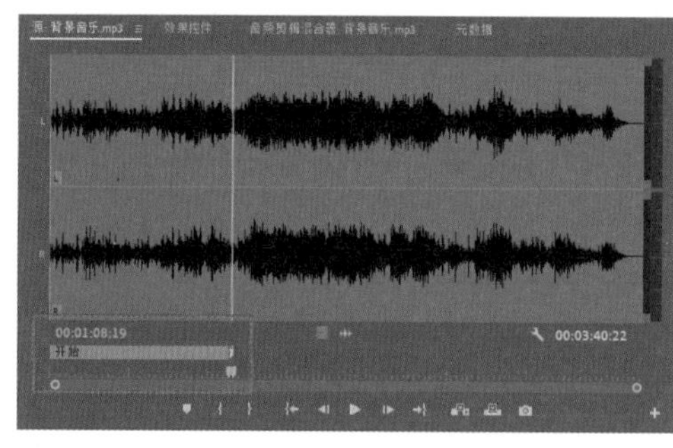

图7-12

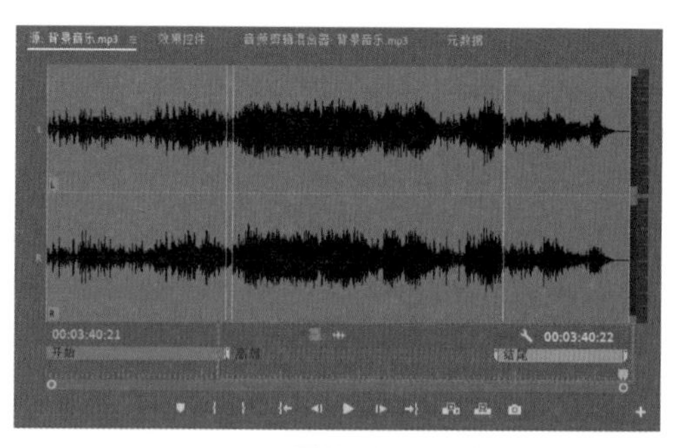

图7-13

标记完成后，把音乐素材拖至“时间轴”面板中，就可以开始剪辑工作了，如图7-14所示。

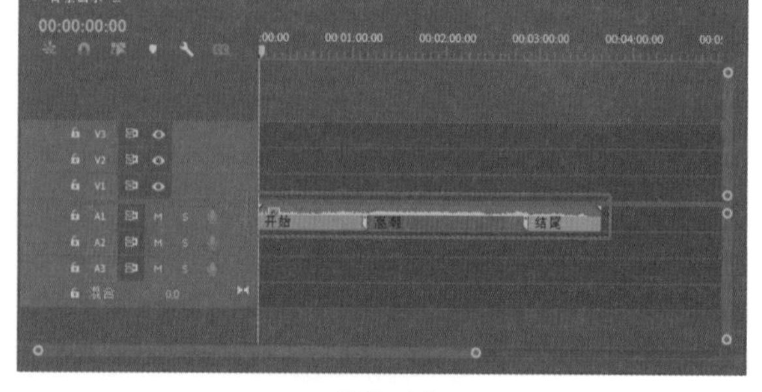

图7-14

7.1.2 粗剪与精剪

1. 粗剪

粗剪是指根据音乐节奏挑选合适的视频素材，将视频素材中完成度高的镜头按照剪辑思路进行排列组合，并剔除无效的素材，尽量保证画面中的内容与音频素材相匹配，如图7-15所示。

2. 精剪

精剪是在粗剪的基础上，对每一个镜头做进一步的细化，包括剪辑点的选择、镜头长度的调整、音乐节奏点的把握和衔接效果的添加。精剪并不是一次就可以完成的，需要进行多次修改，直到效果符合预期为止，如图7-16所示。

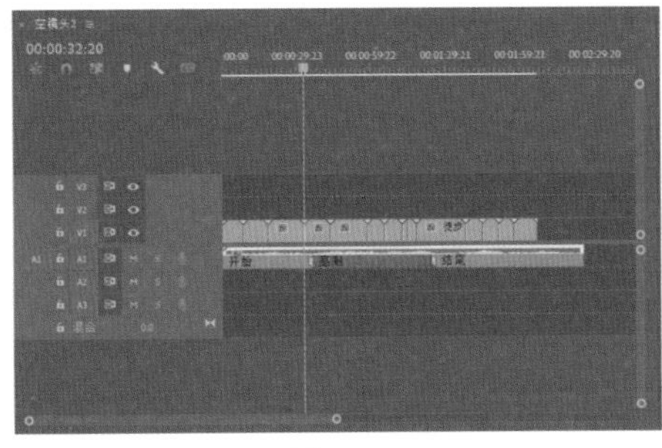

图7-15

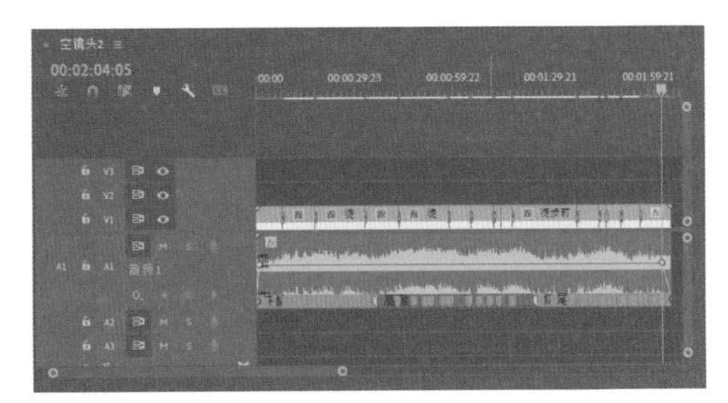

图7-16

7.1.3 案例：短视频剪辑实战

资源位置

素材位置 素材文件>第7章>7.1.3案例：短视频剪辑实战

实例位置 实例文件>第7章>7.1.3案例：短视频剪辑实战.prproj

视频位置 视频文件>第7章>7.1.3案例：短视频剪辑实战.mp4

技术掌握 短视频剪辑技术的应用

微课视频

本案例以音乐节奏作为剪辑的依据，剪辑时注意节奏的把握、转场的添加和动作的衔接等，完成后的效果如图7-17所示。

图7-17

设计思路

（1）注意页面切换时长，一般为0.2～0.5秒。

（2）素材的快速管理。

（3）注意视频的衔接。

操作步骤

① 将音频素材与视频素材导入“项目”面板，将其中任意一段视频素材拖至“时间轴”面板中，然后选取合适的背景音乐素材并将其拖至V1轨道上，如图7-18所示。

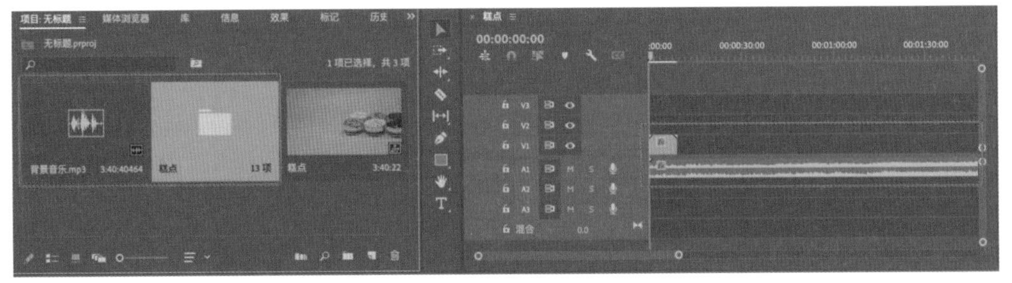

图7-18

② 将背景音乐分为开始、高潮和结尾3个部分，并标记范围，如图7-19所示。

③ 根据开始部分的音乐节奏及时间顺序，选择能交代环境、事件类型的镜头并将其排列在“时间轴”面板的V1轨道上，如图7-20所示。

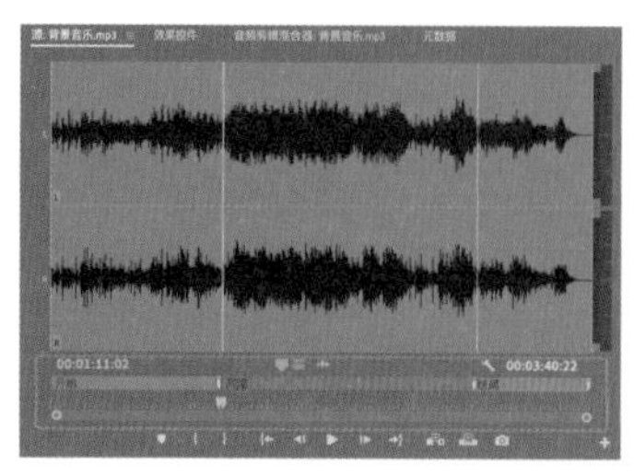

图7-19

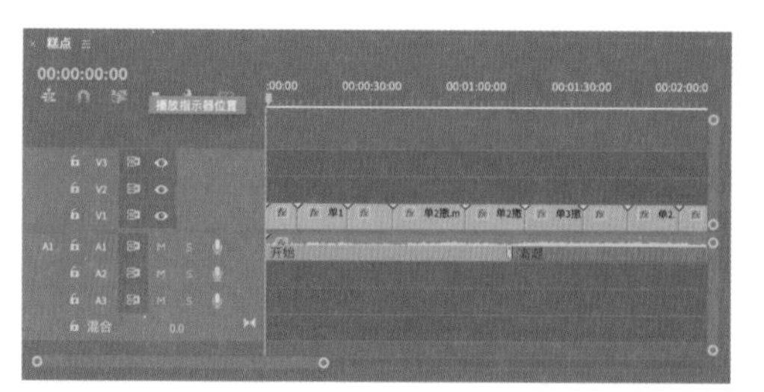

图7-20

④ 根据高潮部分的音乐节奏及时间顺序，选择事件发生的镜头并将其排列在“时间轴”面板的V1轨道上，如图7-21所示。

⑤ 根据结尾部分的音乐节奏及时间顺序，选择能交代环境类型或有结束感的镜头并将其排列在“时间轴”面板的V1轨道上，如图7-22所示。

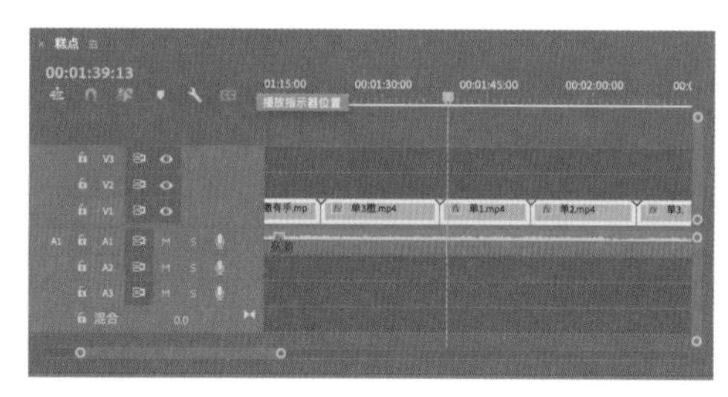

图7-21

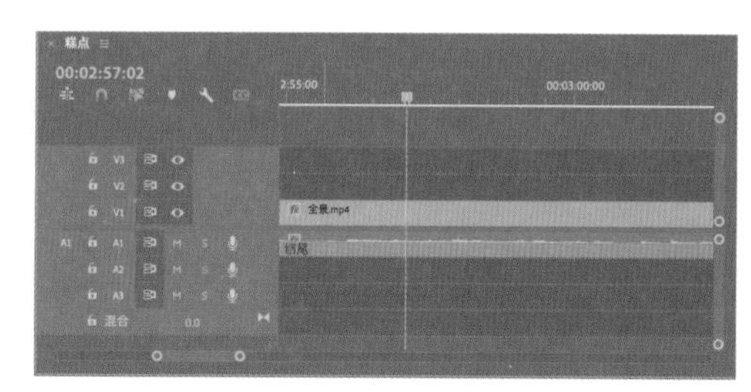

图7-22

⑥ 根据音乐节奏和时间顺序调整素材的位置，并删除多余或无效的镜头，如图7-23所示。

⑦ 按M键，根据音乐节奏添加标记点，如图7-24所示。

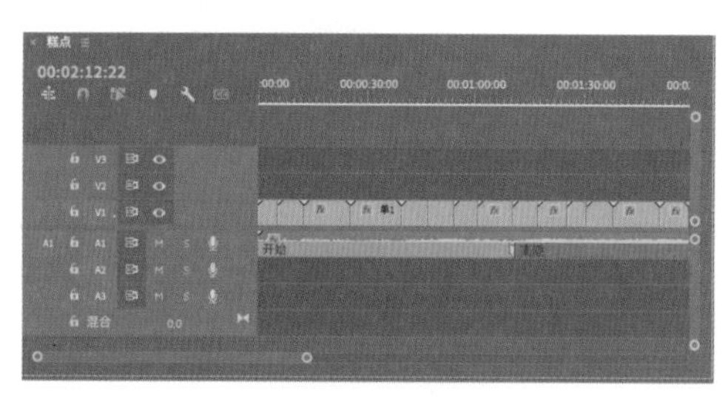

图7-23

图7-24

⑧ 利用“时间重映射”功能并根据音乐节奏加快或放慢视频速度，将切换位置与标记点对齐，并将多余的音频素材删除，如图7-25所示。

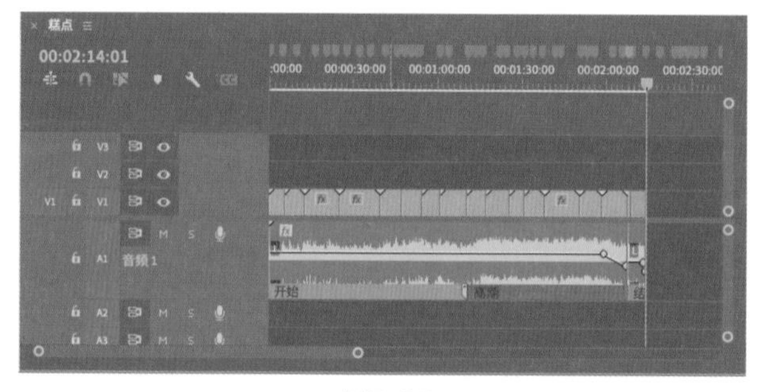

图7-25

⑨ 在两段镜头之间添加“视频过渡>溶解>交叉溶解”转场效果，如图7-26所示。

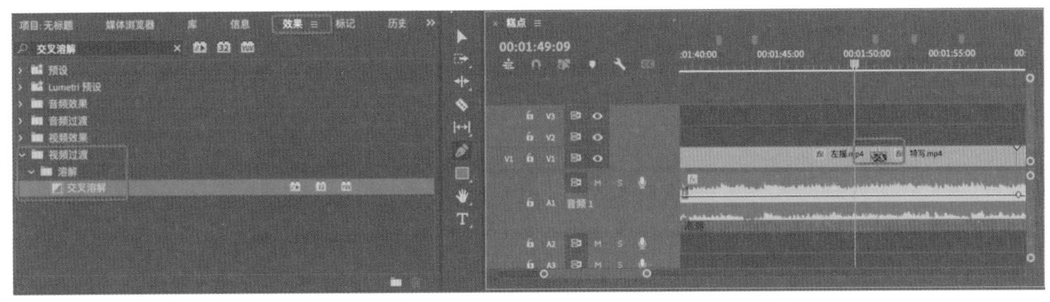

图7-26

⑩ 在视频开头与结束位置分别添加淡入与淡出效果。选中素材，打开“效果控件”面板，调整“不透明度”为100.0%，如图7-27所示。

图7-27

⑪ 为音频素材添加淡入淡出效果，如图7-28所示。

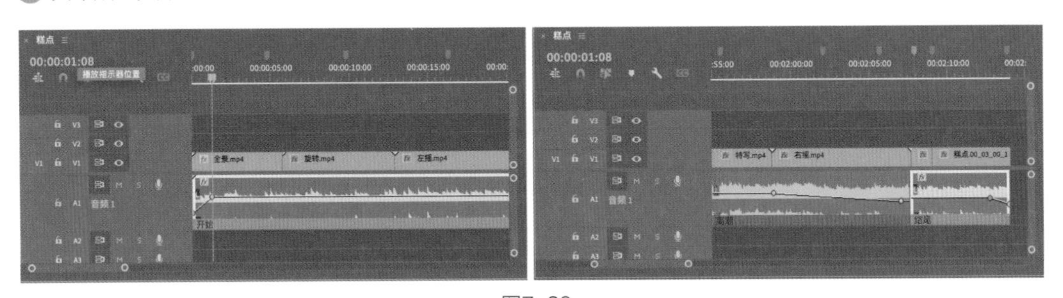

图7-28

⑫ 预览视频，确认无误后对视频进行调色处理，此处不再赘述，最后导出视频，如图7-29所示。

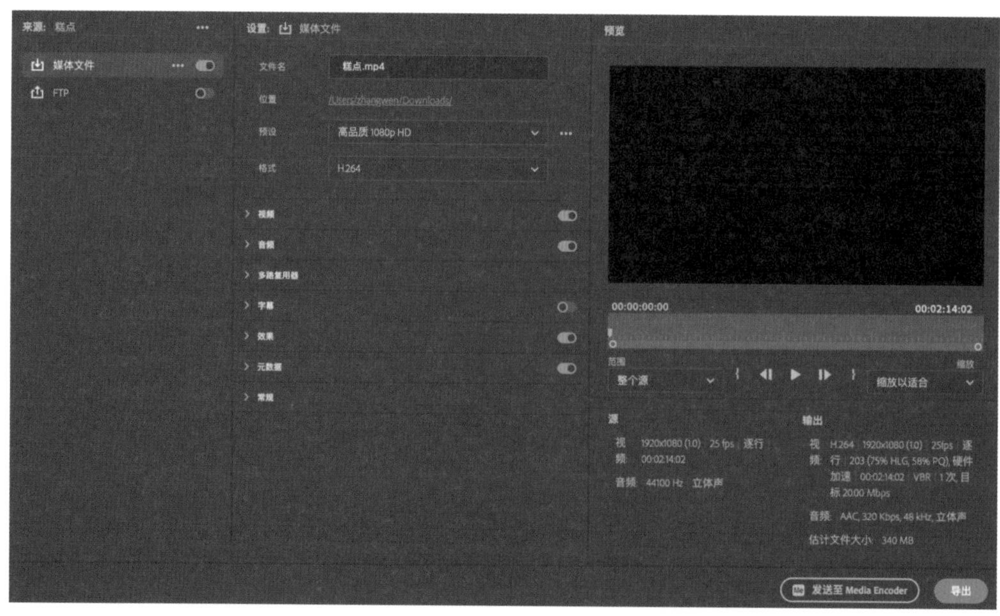

图7-29

7.2 综合案例：快闪视频的制作

素材位置 素材文件>第7章>7.2综合案例：快闪视频的制作

实例位置 实例文件>第7章>7.2综合案例：快闪视频的制作.prproj

视频位置 视频文件>第7章>7.2综合案例：快闪视频的制作.mp4

技术掌握 快闪视频制作技术的应用

微课视频

本案例讲解制作快闪视频的方法。快闪是“快闪影片”或“快闪行动”的简称，是一种没有组织的、短暂的自发性行为艺术，也是比较流行的一种“嬉皮”行为，可视为一种短暂的行为艺术。简单地说就是许多人用网络或其他方式，在指定的地点与时间，出人意料地同时做一系列指定的动作或其他行为，然后迅速离开。本案例完成后的效果如图7-30所示。

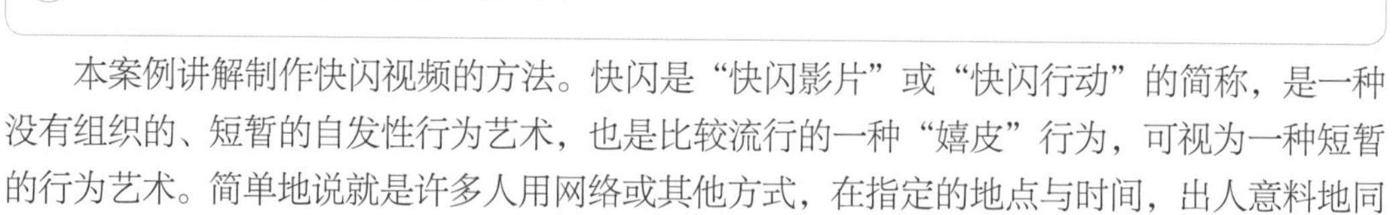

风景

图7-30

设计思路

（1）注意页面切换时长，一般为0.2~0.5秒。

（2）素材的快速管理。

（3）使用颜色遮罩功能完成案例。

7.2.1 导入素材

❶ 新建3个素材文件夹，方便对素材进行管理，将它们分别命名为“快闪序列”“快闪素材”“快闪文字”，如图7-31所示。

❷ 新建序列，在弹出的“新建序列”对话框中选择“ARRI>1080p>ARRI 1080p 25”预设，单击“确定”按钮，如图7-32所示。

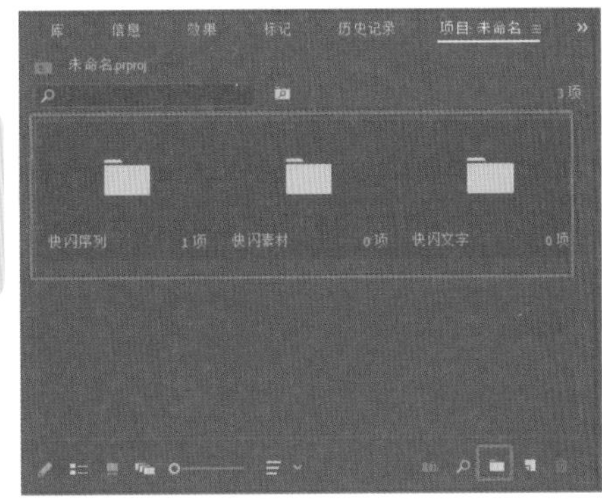

图7-31

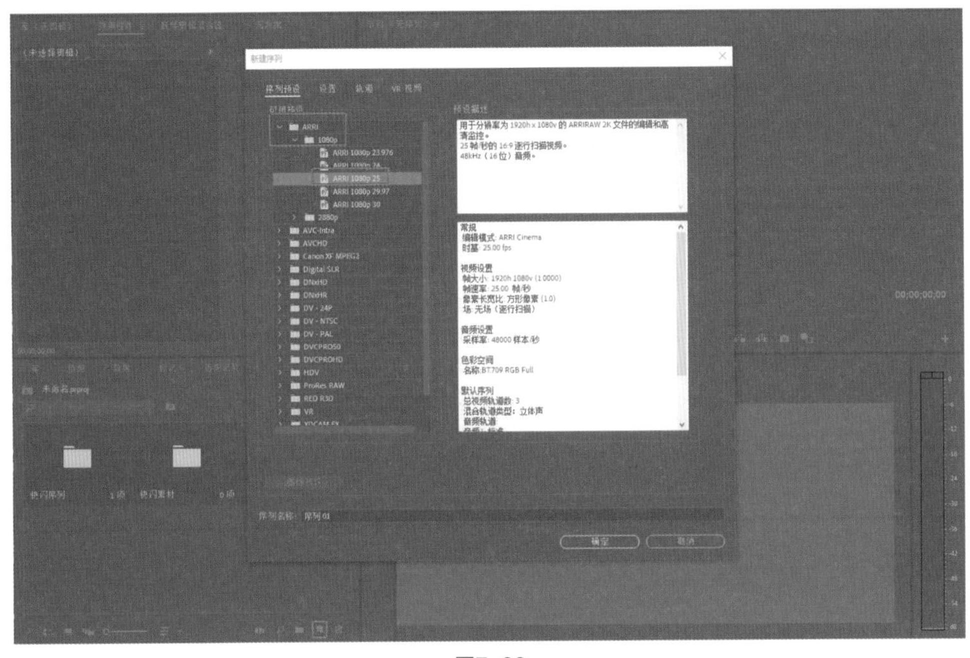

图7-32

❸ 把“序列01”素材放入“快闪序列”文件夹，如图7-33所示。

❹ 将图片素材“1.PNG”“4.PNG”“5.JPG”“6.JPG”“7.JPG”和音频素材“音乐.mp3”放入“快闪素材”文件夹中，如图7-34所示。

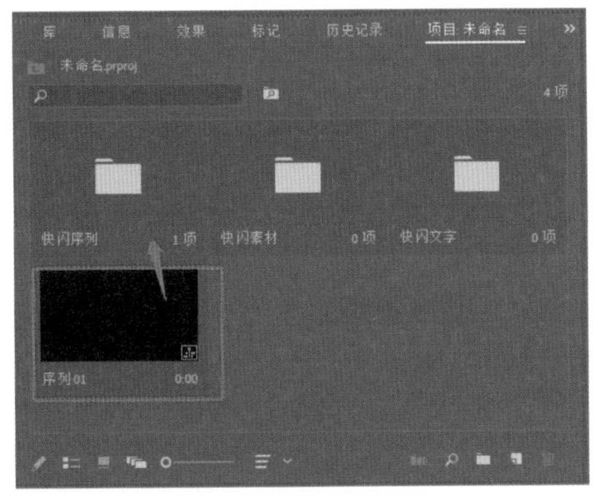

图7-33

图7-34

⑤ 将“音乐.mp3”素材拖至“时间轴”面板中，如图7-35所示。

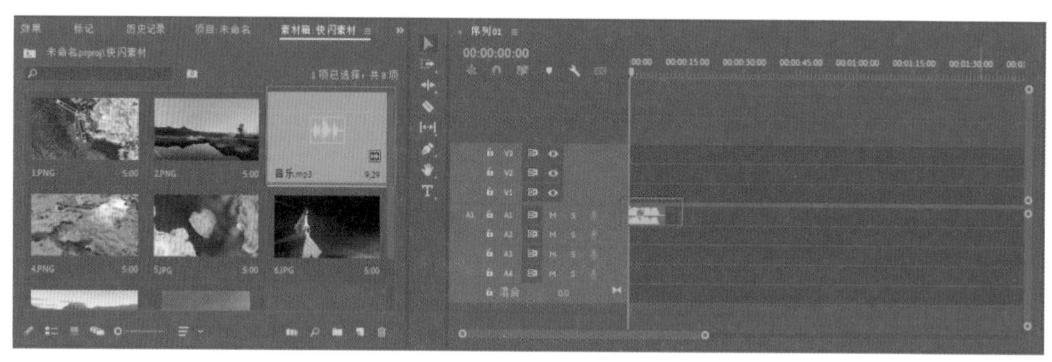

图7-35

⑥ 将“1.PNG”图片素材拖至“时间轴”面板中，发现图片没有全屏显示，在素材上单击鼠标右键，在弹出的快捷菜单中选择“缩放为帧大小”命令，如图7-36所示。

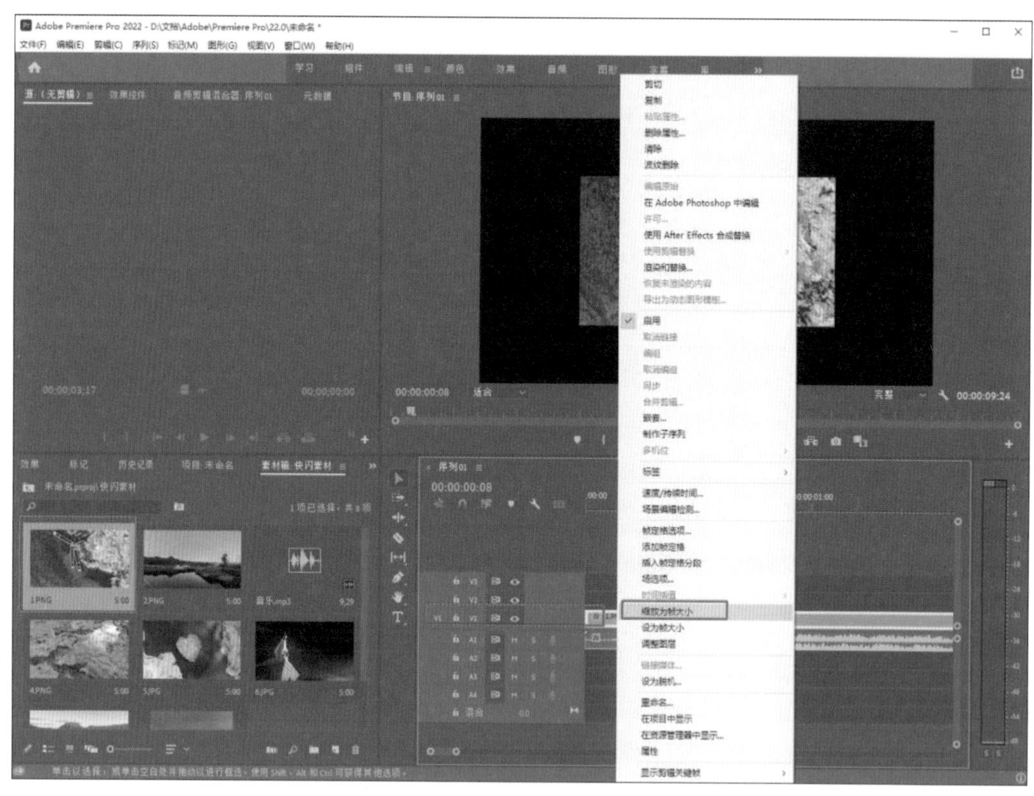

图7-36

⑦ 为“1.PNG”图片素材制作缩放动画。选中“1.PNG”图片素材，打开“效果控件”面板，将时间指示器移至第8帧处，单击“缩放”左侧的“切换动画”按钮，如图7-37所示。

⑧ 将时间指示器往后移动1帧，将“缩放”更改为110.0，如图7-38所示。

⑨ 将时间指示器移至第18帧处，将“缩放”更改为110.0，如图7-39所示。

⑩ 将时间指示器移至第19帧处，将“缩放”更改为120.0，如图7-40所示。

⑪ 将时间指示器移至第1秒处，删除时间指示器右侧的图片素材，如图7-41所示。

图7-37

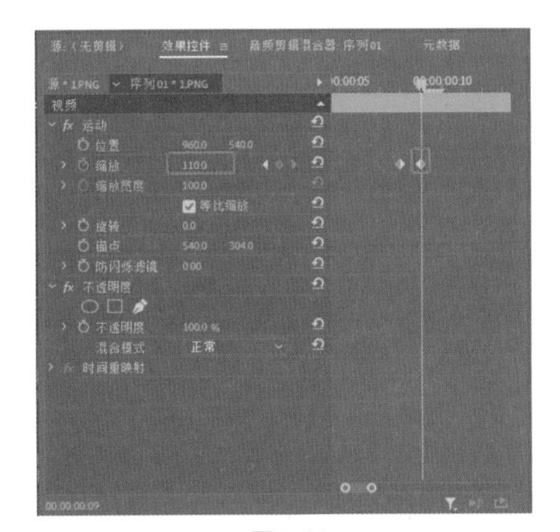

图7-38

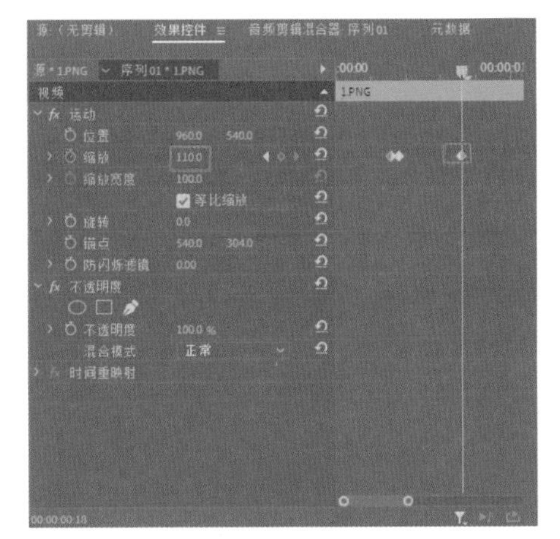

图7-39

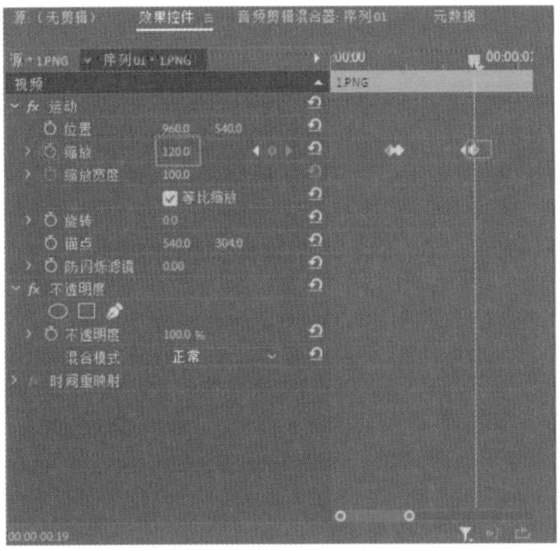

图7-40

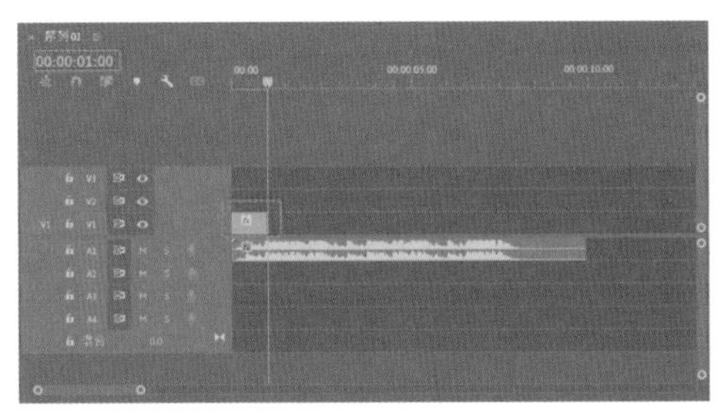

图7-41

7.2.2 制作字幕素材

① 选择“快闪文字”文件夹，执行“文件>新建>旧版标题”命令，在弹出的“新建字幕”对话框中将“名称”更改为“千万”，单击“确定”按钮，如图7-42所示。

图7-42

② 在“字幕”面板中输入文字“千万”，关闭“显示背景视频”功能，将“字体系列”设置为“黑体”，“字体大小”设置为300.0，“颜色”设置为黑色，单击“水平居中”按钮和“垂直居中”按钮，如图7-43所示。

图7-43

3 将“千万”字幕素材拖至“时间轴”面板的V2轨道上，如图7-44所示。

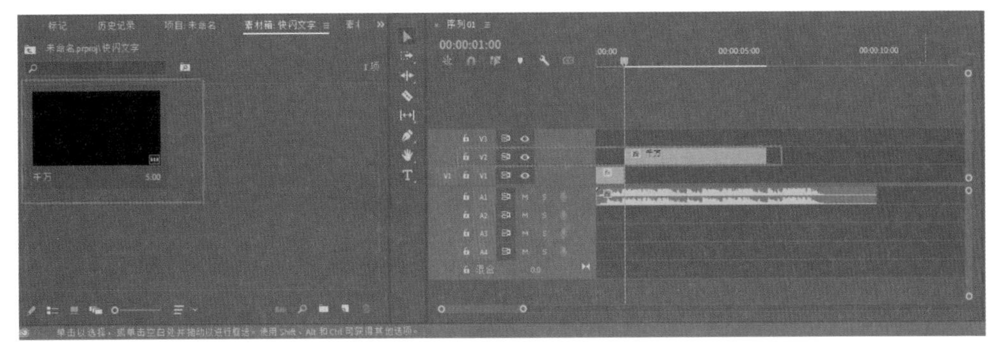

图7-44

4 单击“新建项”按钮，在弹出的下拉列表中选择“颜色遮罩”选项，如图7-45所示。

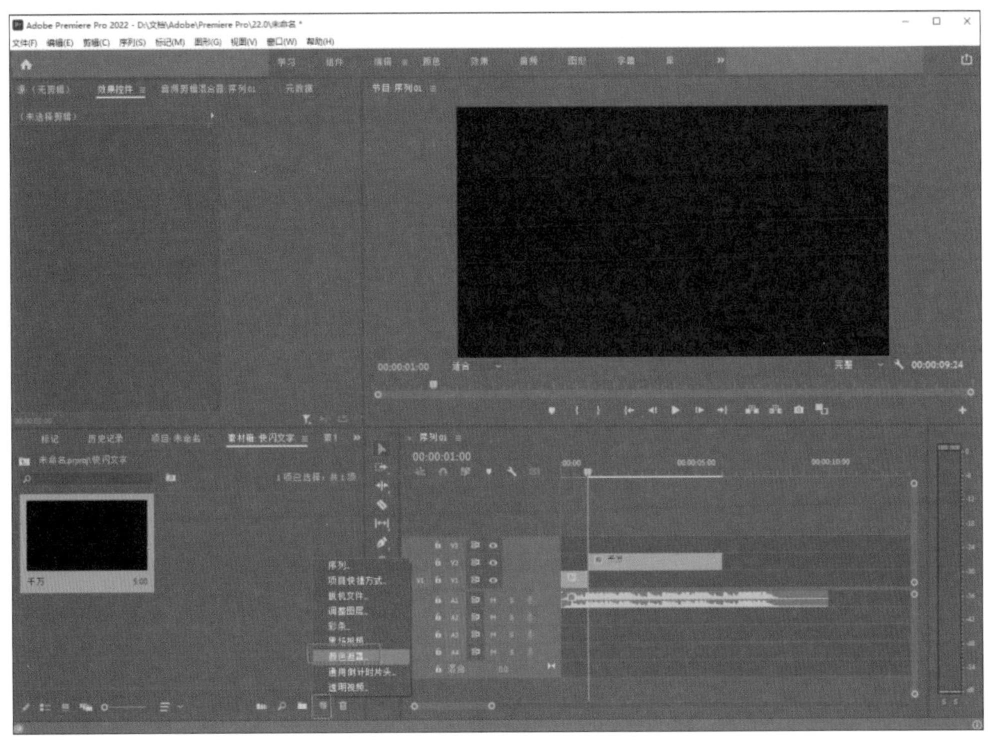

图7-45

5 在弹出的“新建颜色遮罩”对话框中直接单击“确定”按钮，如图7-46所示。

6 在弹出的“拾色器”对话框中选择黄色，单击“确定”按钮，如图7-47所示。

7 在弹出的“选择名称”对话框中将“选择新遮罩的名称”设置为“底板”，单击“确定”按钮，如图7-48所示。

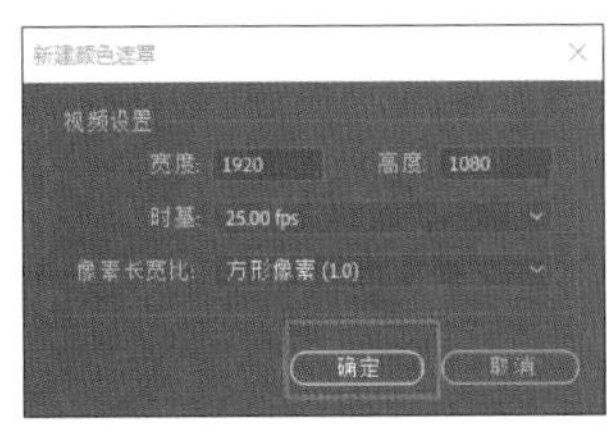

图7-46

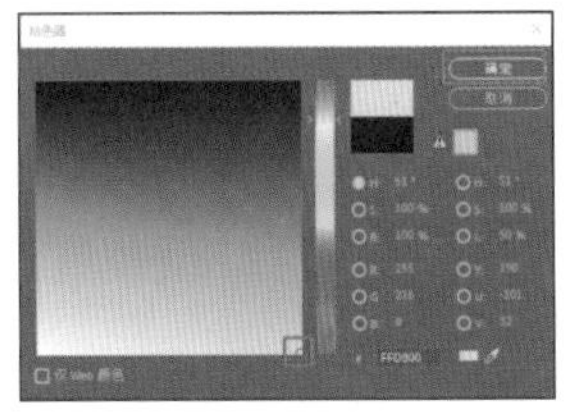

图7-47

图7-48

8 将“底板”颜色遮罩拖至“时间轴”面板的V1轨道上，如图7-49所示。

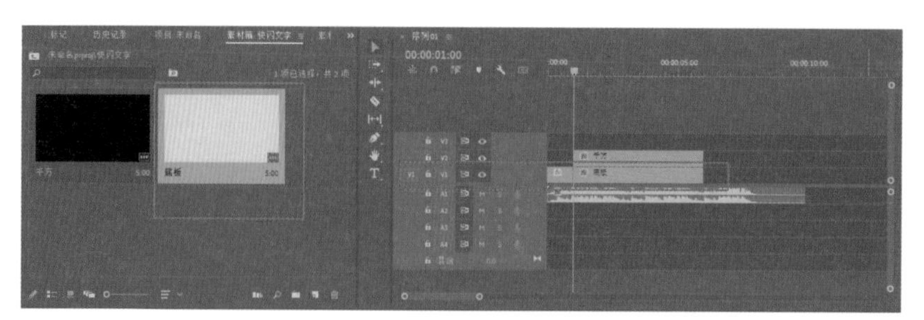

图7-49

7.2.3 制作文字快闪动画

1. 添加“千万”字幕素材

① 选择“千万”字幕素材，将时间指示器移至第1秒的位置，打开“效果控件”面板，单击“缩放”左侧的“切换动画”按钮，将“缩放”更改为800.0，如图7-50所示。

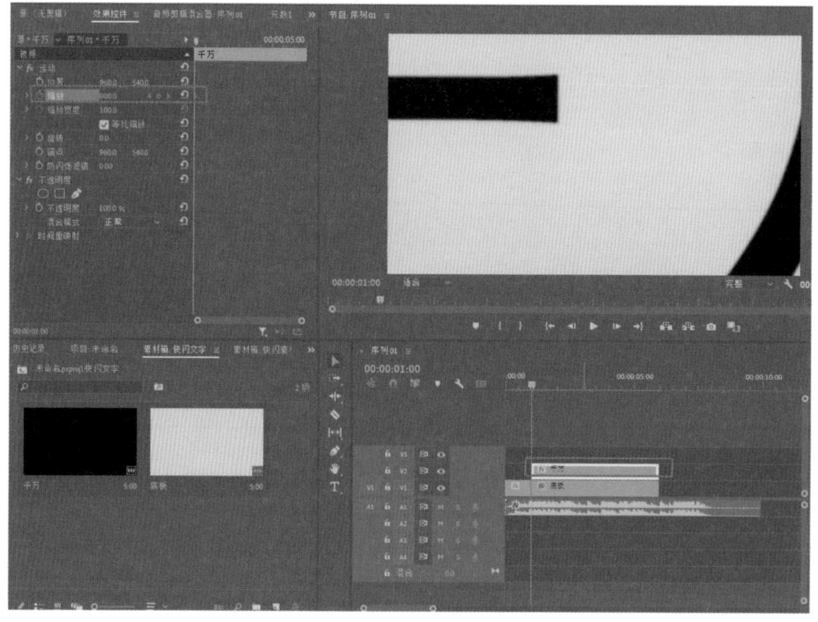

图7-50

② 将时间指示器向后移动1帧，将“缩放”更改为150.0，如图7-51所示。

③ 将时间指示器向后移动4帧，将“缩放”更改为100.0，如图7-52所示。

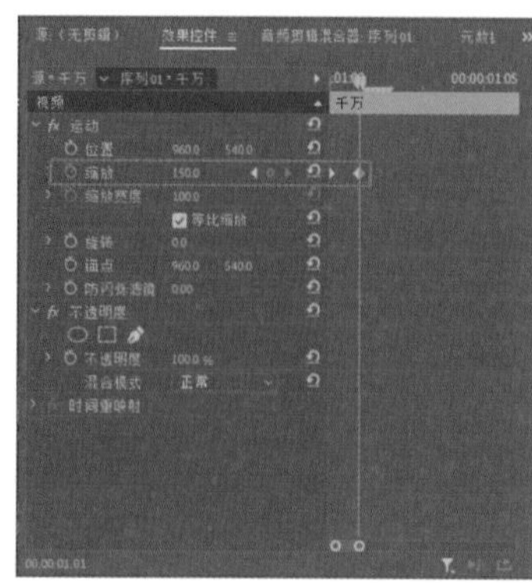

图7-51

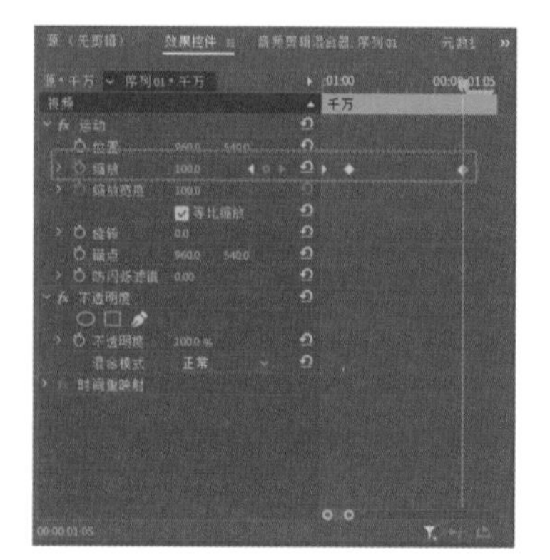

图7-52

❹ 将时间指示器移至第1秒第5帧的位置，删除时间指示器右侧的“千万”素材和“底板”素材，如图7-53所示。

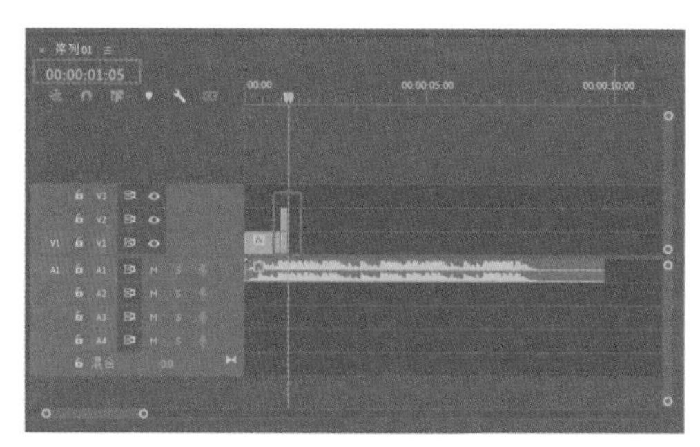

图7-53

2. 添加“别眨眼”字幕素材

❶ 双击“项目”面板中“快闪文字”文件夹中的“千万”字幕素材，在弹出的“字幕”面板中单击“基于当前字幕新建字幕”按钮，如图7-54所示。

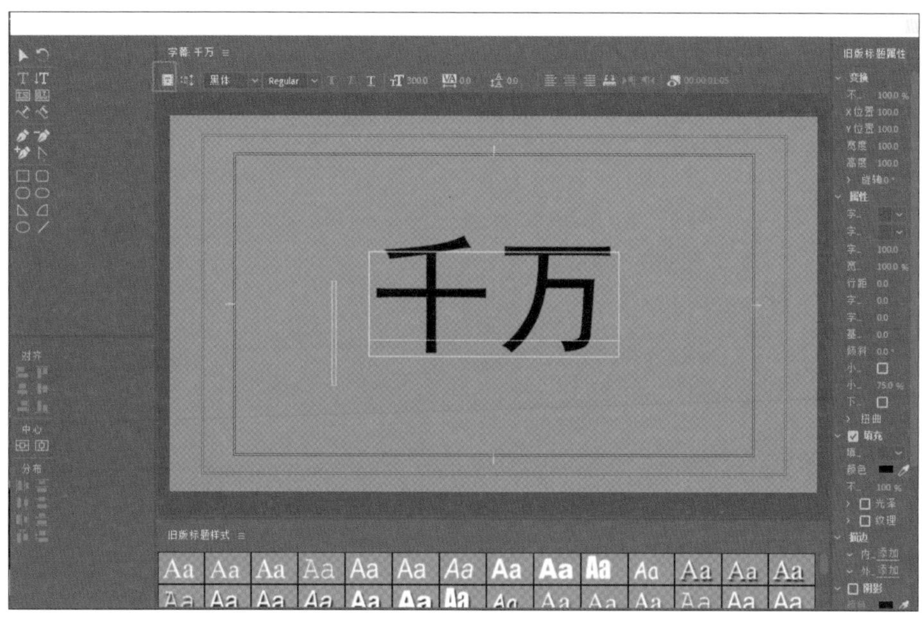

图7-54

❷ 在弹出的“新建字幕”对话框中将“名称”设置为“别眨眼”，单击“确定”按钮，如图7-55所示。

❸ 将文字“千万”改为“别眨眼”，如图7-56所示。

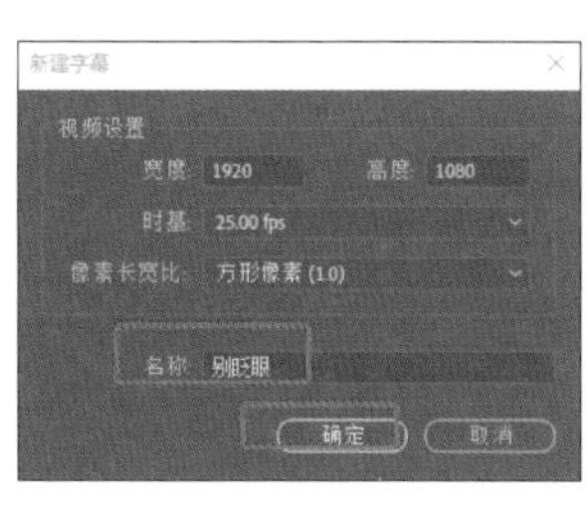

图7-55

图7-56

④ 将“字体大小”设置为200.0，“颜色”设置为白色，单击“水平居中”按钮和“垂直居中”按钮，将“字偶间距”设置为10.0，如图7-57所示。

图7-57

⑤ 在“字幕”面板中单击“基于当前字幕新建字幕”按钮，弹出“新建字幕”对话框，将“名称”设置为“别眨眼1”，单击“确定”按钮，如图7-58所示。

⑥ 将“字偶间距”设置为6.0，如图7-59所示。

⑦ 在“字幕”面板中单击“基于当前字幕新建字幕”按钮，弹出“新建字幕”对话框，将“名称”设置为“别眨眼2”，单击“确定”按钮，如图7-60所示。

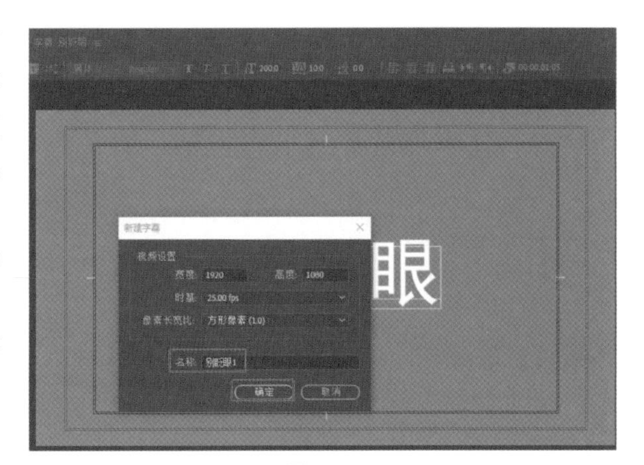

图7-58

图7-59

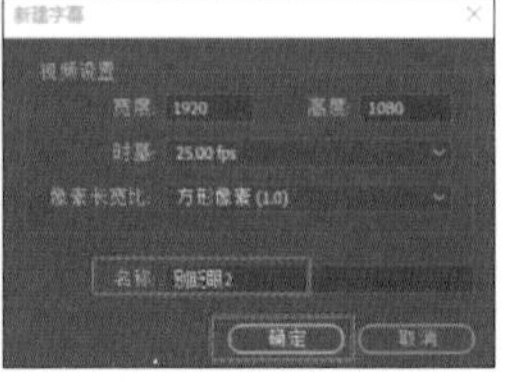

图7-60

⑧ 将“字偶间距”设置为0.0，如图7-61所示。

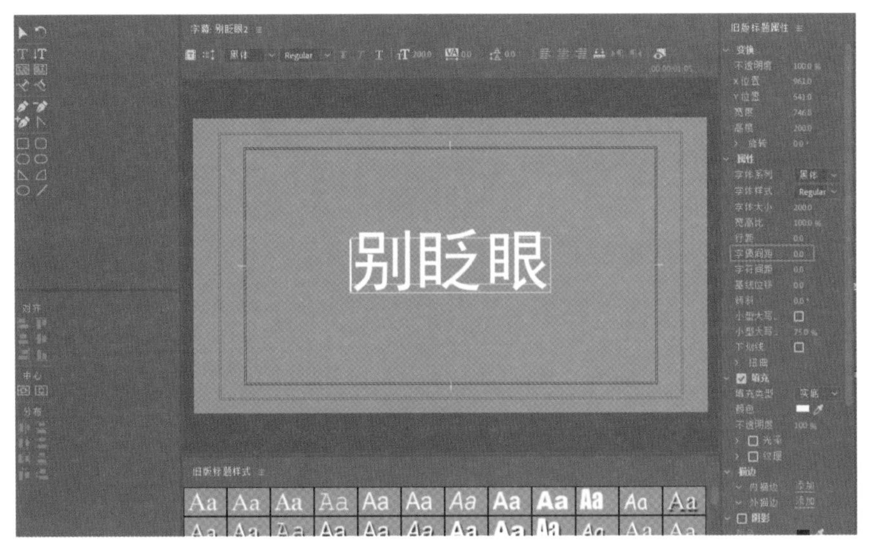

图7-61

⑨ 新建一个黑色的颜色遮罩，并将其命名为“黑色”，如图7-62所示。

⑩ 将“黑色”素材拖至“时间轴”面板的V1轨道上，将3个别眨眼字幕素材拖至V2轨道上，如图7-63所示。

⑪ 使V2轨道上的3个别眨眼素材各占1帧画面，使V1轨道上的“黑色”素材占3帧画面，如图7-64所示。

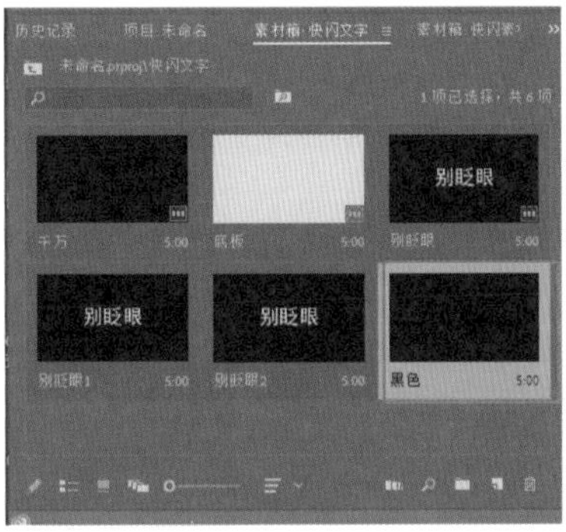

⑫ 新建一个白色的颜色遮罩，并将其命名为“白色”，再将其拖至“时间轴”面板的V1轨道上，占4帧画面，如图7-65所示。

图7-62

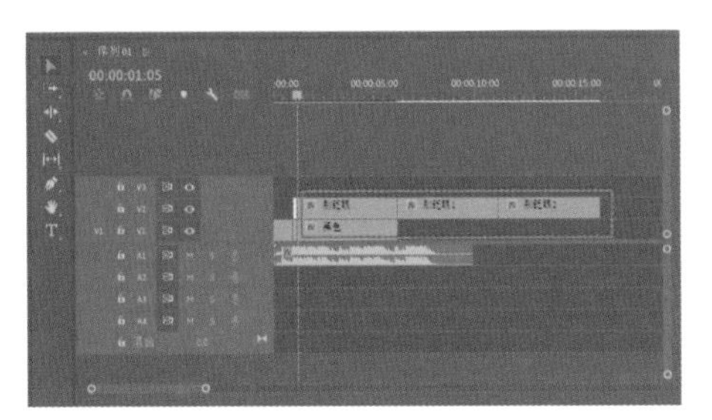

图7-63

图7-64

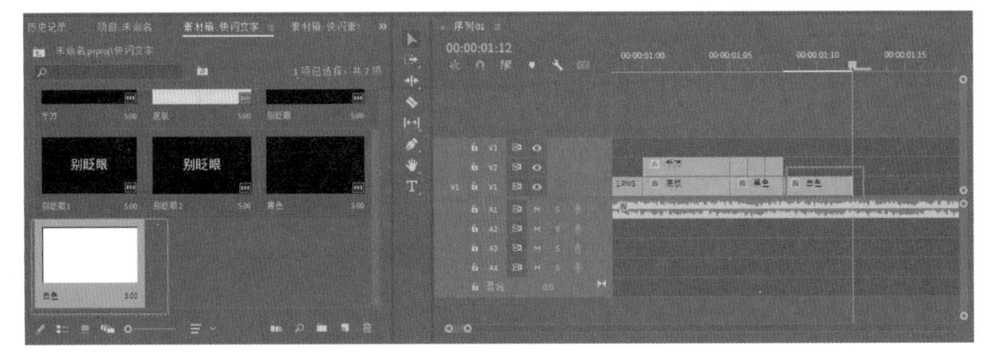

图7-65

⑬ 双击“项目”面板中“快闪文字”文件夹中的“别眨眼2”字幕素材，在弹出的“字幕”面板中单击“基于当前字幕新建字幕”按钮，在弹出的“新建字幕”对话框中将“名称”设置为“别眨眼3”，单击“确定”按钮，如图7-66所示。

⑭ 将“颜色”设置为黑色，如图7-67所示。

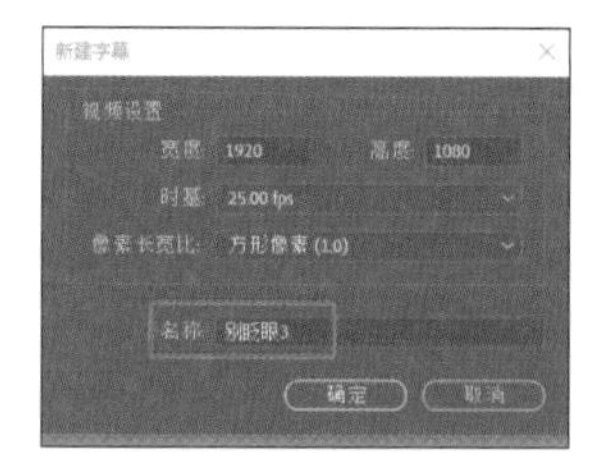

图7-66

图7-67

⑮ 将“别眨眼3”字幕素材拖至V2轨道上，占9帧画面，如图7-68所示。

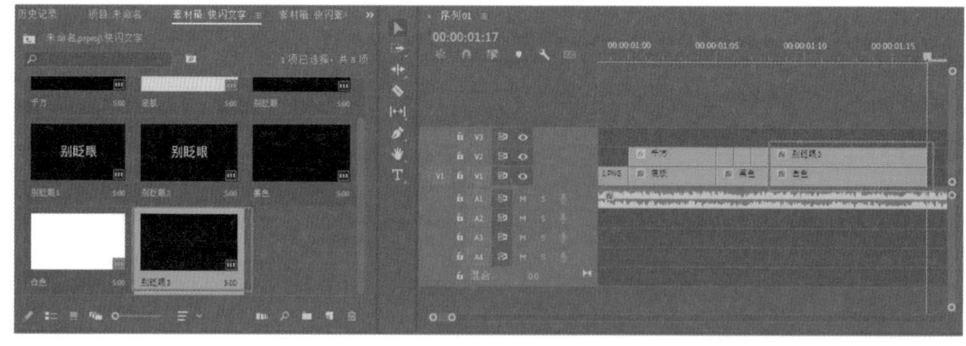

图7-68

⑯ 复制“底板”素材并粘贴在“白色”素材后，占6帧画面，如图7-69所示。

3. 制作“告诉你”模糊动画

① 双击“项目”面板中“快闪文字”文件夹中的“别眨眼3”字幕素材，在弹出的“字幕”面板中单击“基于当前字幕新建字幕”按钮，在弹出的“新建字幕”对

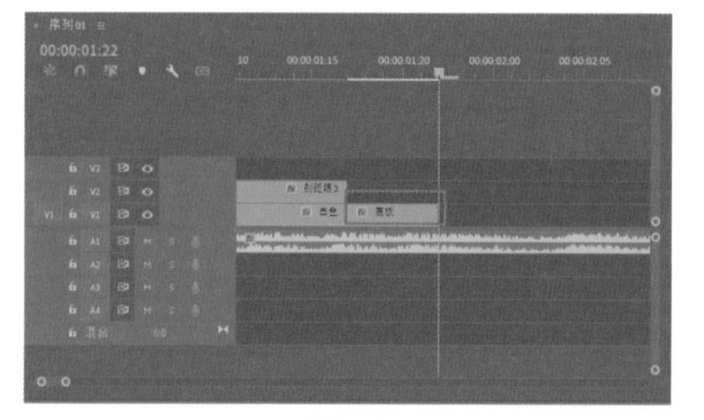

图7-69

话框中将“名称”设置为“告诉你”，单击“确定”按钮，如图7-70所示。

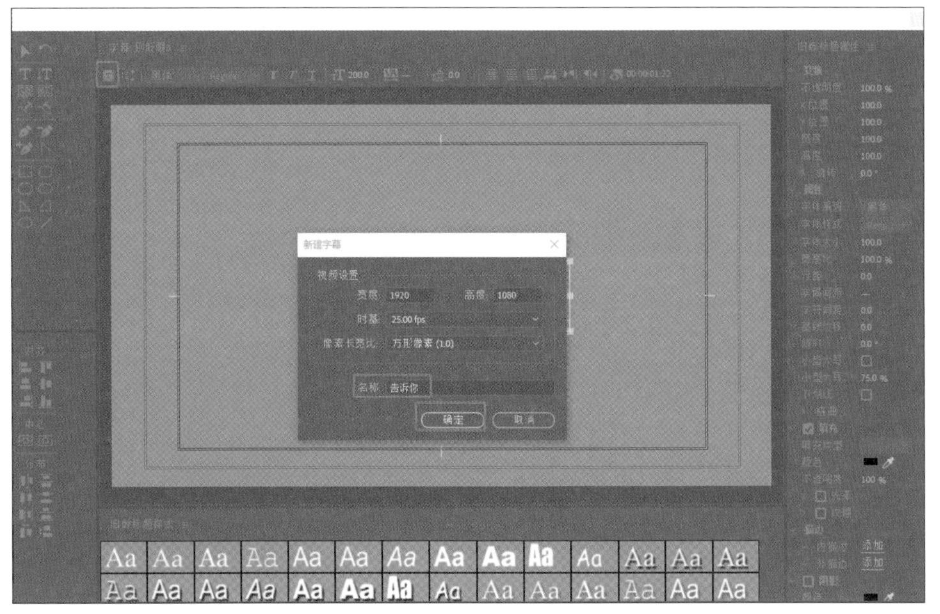

图7-70

❷ 将文字“别眨眼”更改为“告诉你”，效果如图7-71所示。

❸ 将“颜色”更改为白色，如图7-72所示。

图7-71

图7-72

④ 将“告诉你”字幕素材拖至V2轨道上，如图7-73所示。

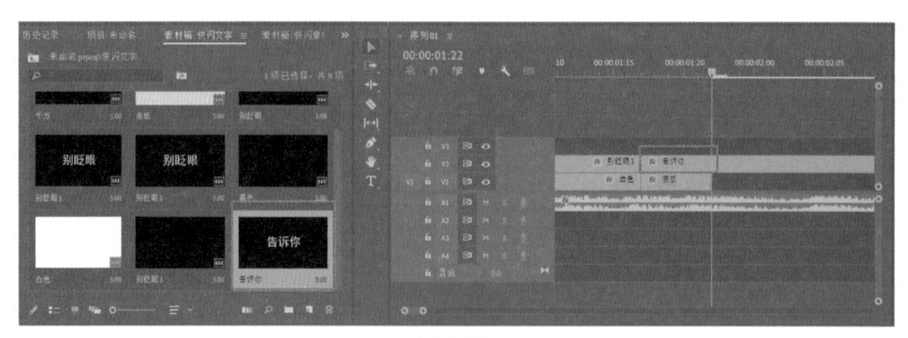

图7-73

⑤ 将时间指示器移动至“告诉你”字幕素材的开始位置，打开“效果控件”面板，单击“缩放”左侧的“切换动画”按钮，将“缩放”更改为500.0，如图7-74所示。

⑥ 将时间指示器后移2帧，将“缩放”更改为150.0，如图7-75所示。

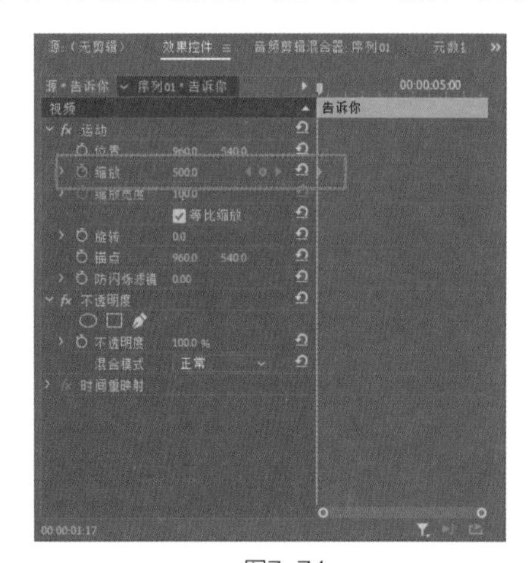

图7-74

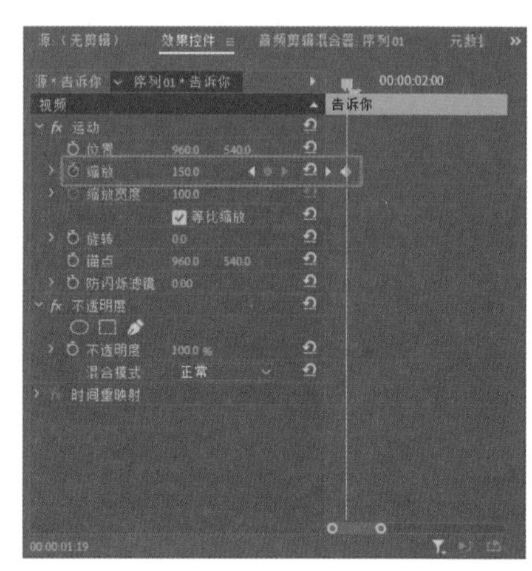

图7-75

⑦ 将时间指示器后移10帧，将时间指示器右侧的素材删除，并将“底板”素材改为与文字素材长度一样，如图7-76所示。

⑧ 将时间指示器前移2帧，将“缩放”更改为100.0，如图7-77所示。

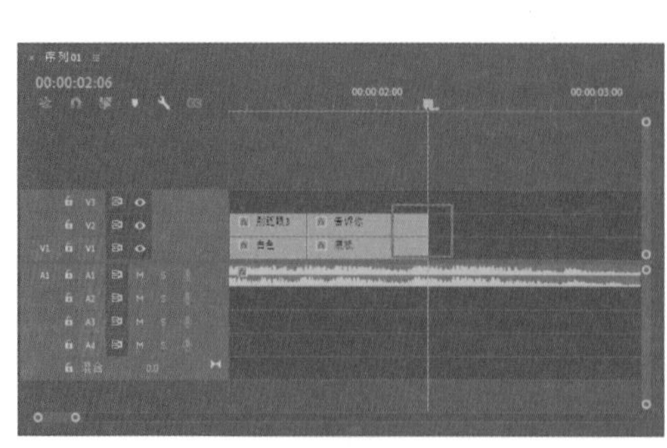

图7-76

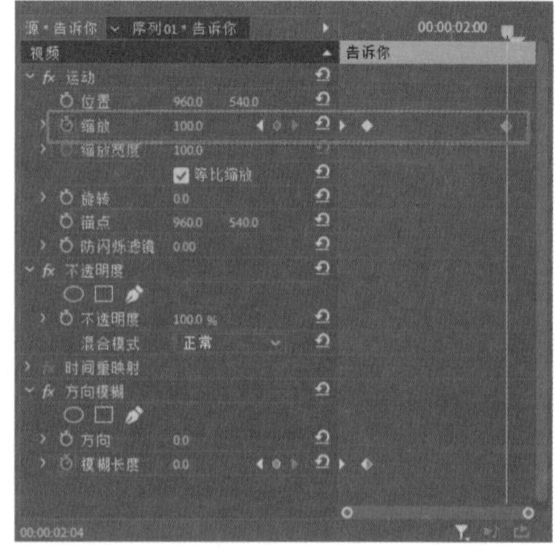

图7-77

⑨ 将时间指示器移至“告诉你”素材的开始位置，打开“效果”面板，将“视频效果>模糊与锐化>方向模糊”效果添加至“告诉你”素材上，如图7-78所示。

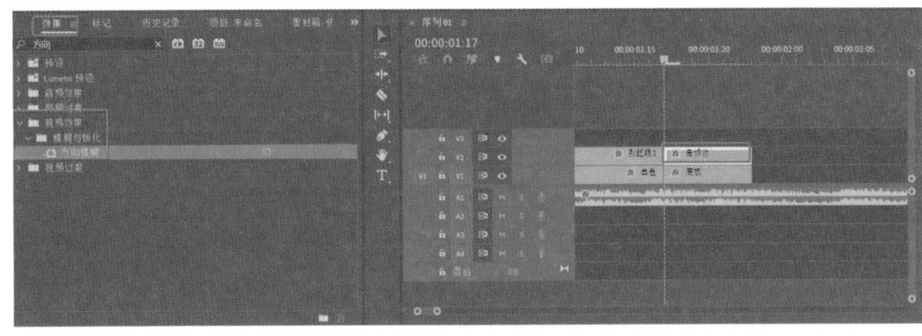

图7-78

⑩ 打开“效果控件”面板，单击“方向模糊”选项中“模糊长度”左侧的“切换动画”按钮，将“模糊长度”更改为25.0，如图7-79所示。

⑪ 将时间指示器后移2帧，将“模糊长度”更改为0.0，如图7-80所示。

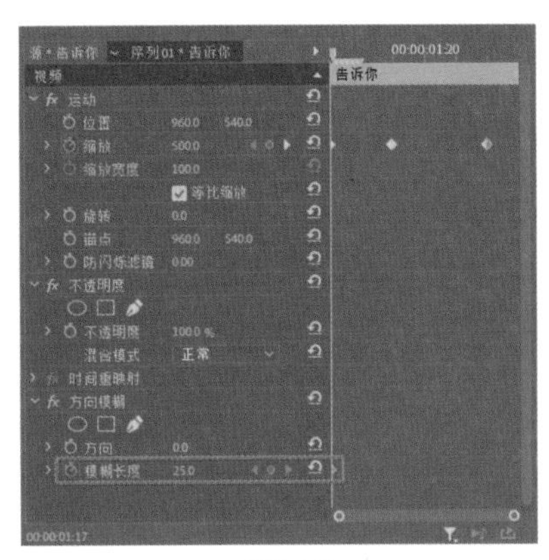

图7-79

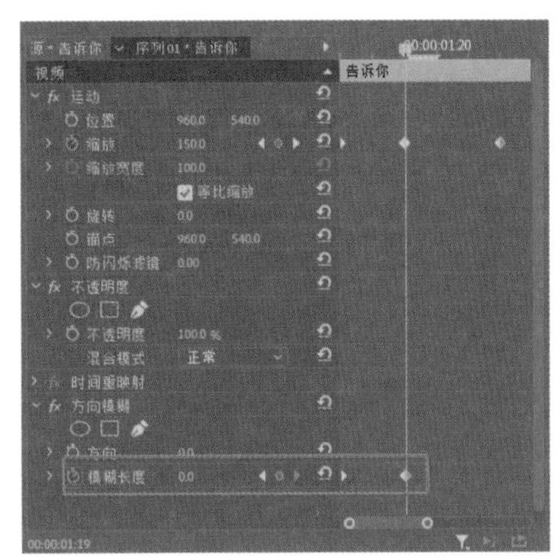

图7-80

4. 添加“三个关键词”字幕素材

① 双击“项目”面板中“快闪文字”文件夹中的“别眨眼”字幕素材，在弹出的“字幕”面板中单击“基于当前字幕新建字幕”按钮，在弹出的“新建字幕”对话框中将“名称”更改为“三个关键词”，单击“确定”按钮，如图7-81所示。

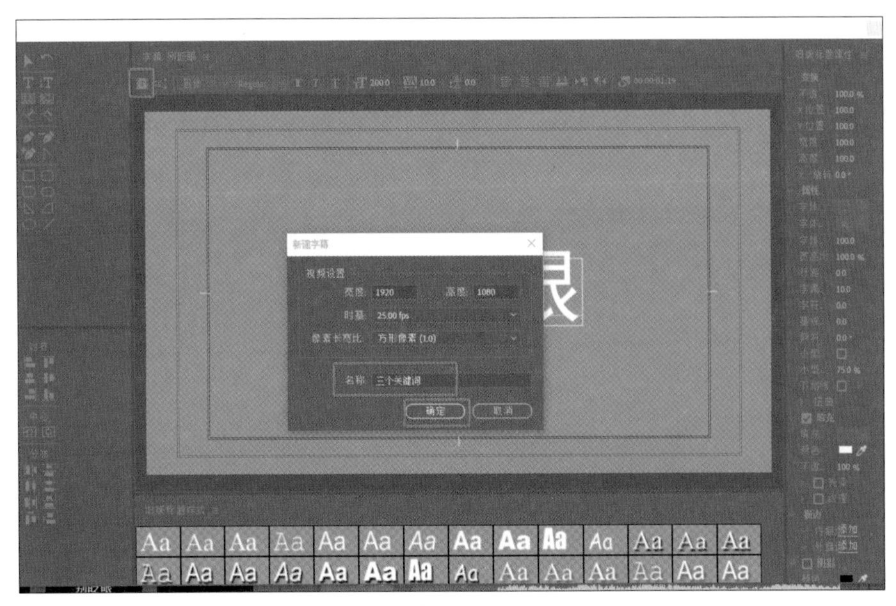

图7-81

❷ 将文字"别眨眼"更改为"三个关键词"，效果如图7-82所示。

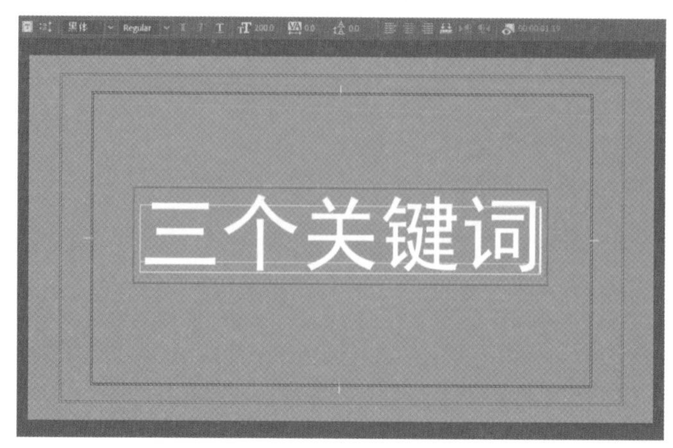

图7-82

❸ 将"颜色"更改为黑色，如图7-83所示。

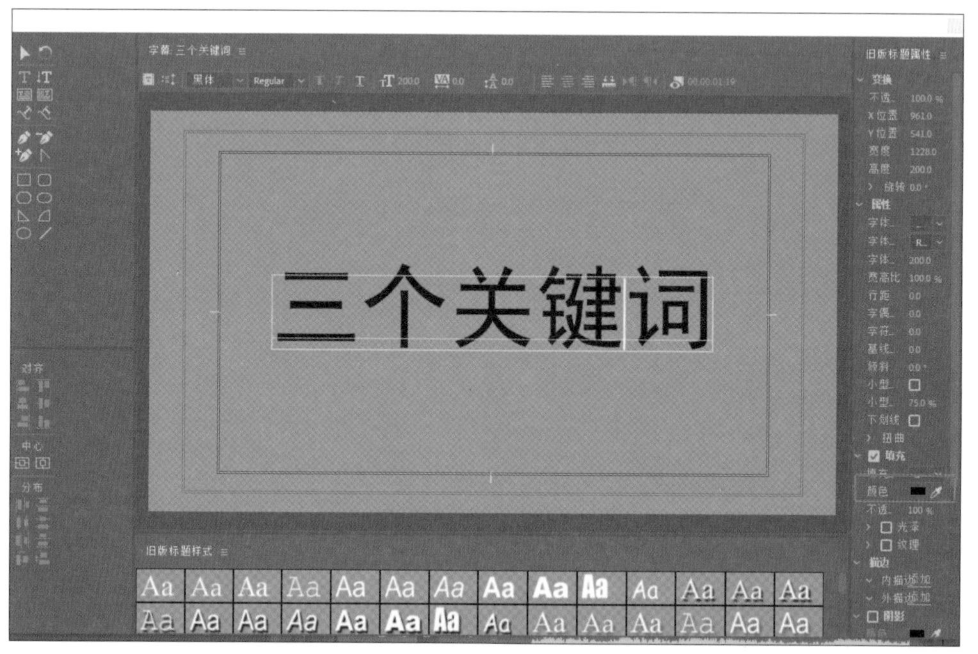

图7-83

❹ 将"三个关键词"字幕素材拖至V2轨道上，占8帧画面，如图7-84所示。

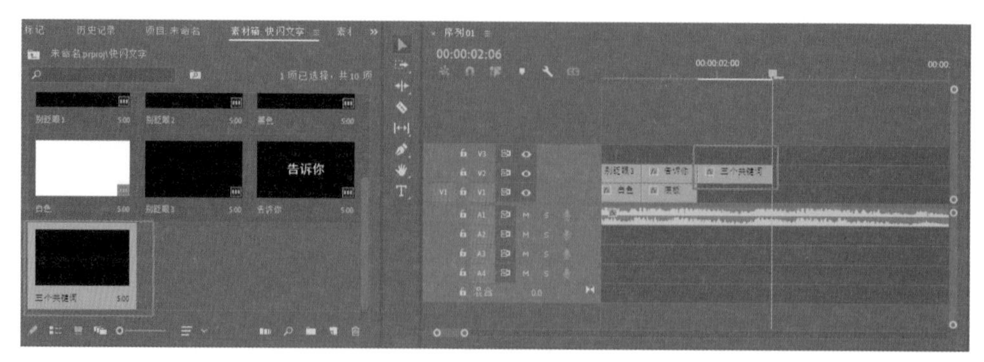

图7-84

❺ 复制"白色"素材并粘贴在"底板"素材之后，占8帧画面，如图7-85所示。

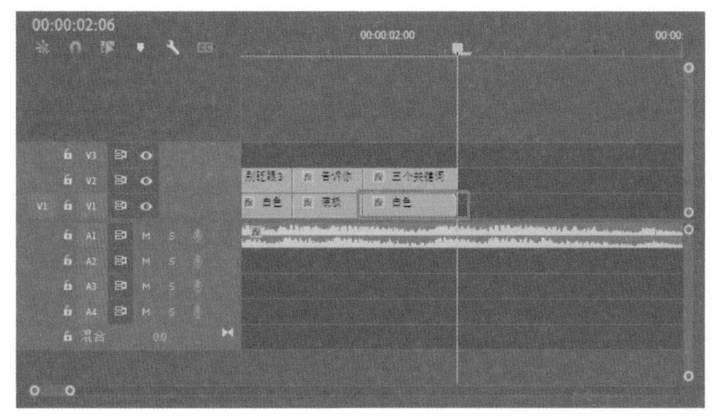

图7-85

5. 制作“旅行”缩放动画

① 将素材“2.PNG”拖至“时间轴”面板的V1轨道上，并调整其大小，如图7-86所示。

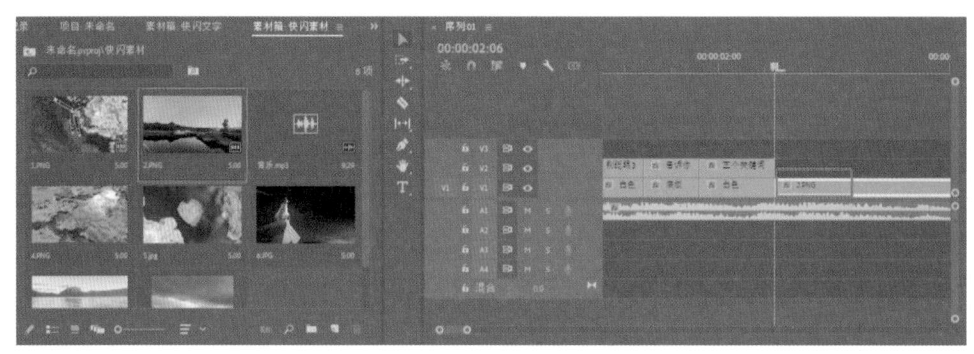

图7-86

② 双击“快闪文字”文件夹中的“别眨眼”字幕素材，在弹出的“字幕”面板中单击“基于当前字幕新建字幕”按钮，在弹出的“新建字幕”对话框中将“名称”更改为“旅行”，单击“确定”按钮，如图7-87所示。

③ 将文字“别眨眼”更改为“旅行”，效果如图7-88所示。

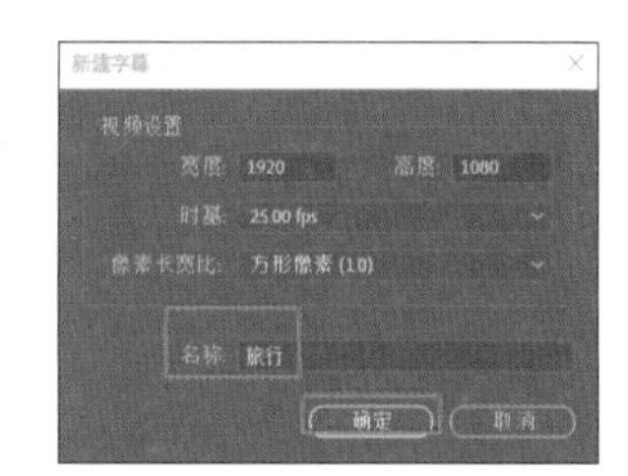

图7-87

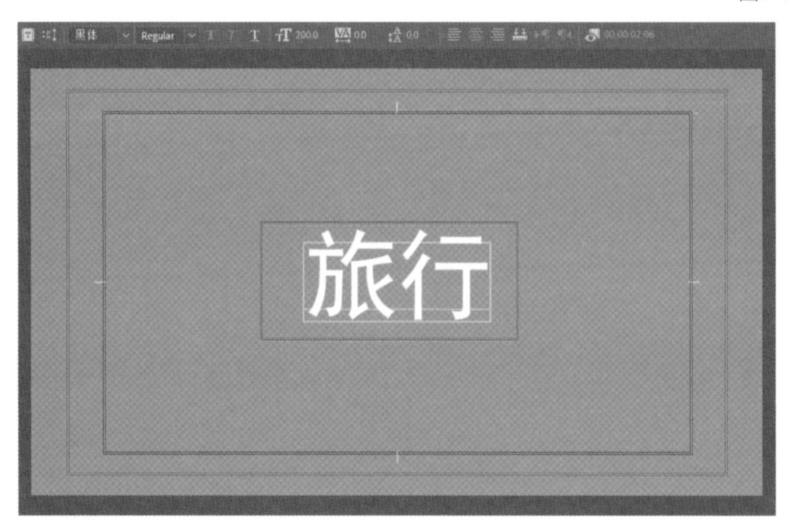

图7-88

④ 将“填充”下的“颜色”更改为蓝色，将“阴影”下的“颜色”更改为黑色，如图7-89所示。

⑤ 将“旅行”字幕素材拖至V2轨道上，选择“2.PNG”素材和“旅行”字幕素材，单击鼠标右键，在弹出的快捷菜单中选择“嵌套”命令，在弹出的“嵌套序列名称”对话框中单击“确定”按钮，如图7-90所示。将嵌套素材放置在“快闪序列”文件夹中。

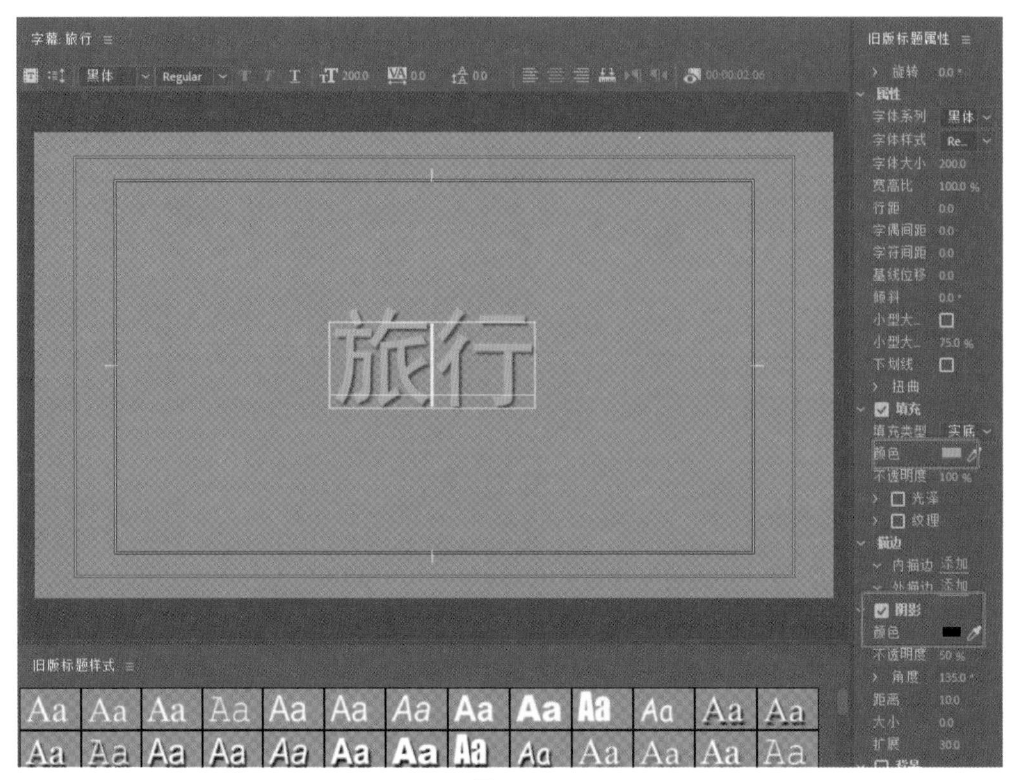

图7-89

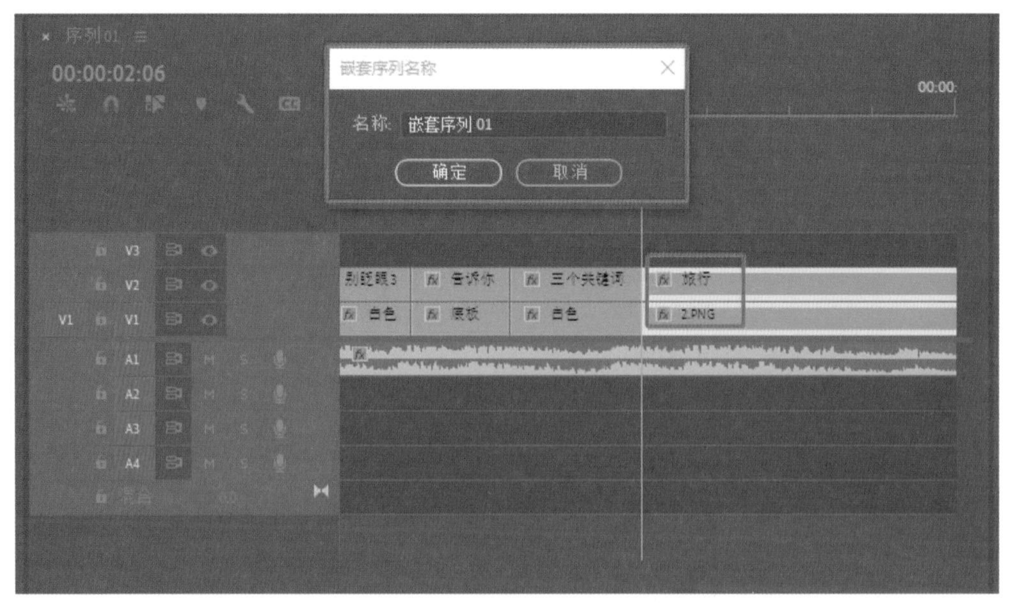

图7-90

⑥ 将时间指示器移至“旅行”字幕素材的第1帧，打开“效果控件”面板，用制作“别眨眼”文字动画的方法为其制作缩放动画，结束时间为第3秒6帧，如图7-91所示。

图7-91

6. 制作“风景”缩放动画

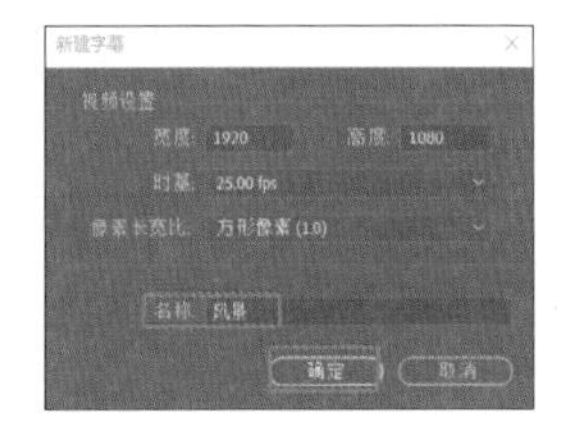

图7-92

❶ 双击“快闪文字”文件夹中的“旅行”字幕素材，在弹出的“字幕”面板中单击“基于当前字幕新建字幕”按钮，在弹出的“新建字幕”对话框中将“名称”更改为“风景”，单击“确定”按钮，如图7-92所示。

❷ 将文字“旅行”更改为“风景”，效果如图7-93所示。

❸ 将“字偶间距”更改为20.0，如图7-94所示。

图7-93

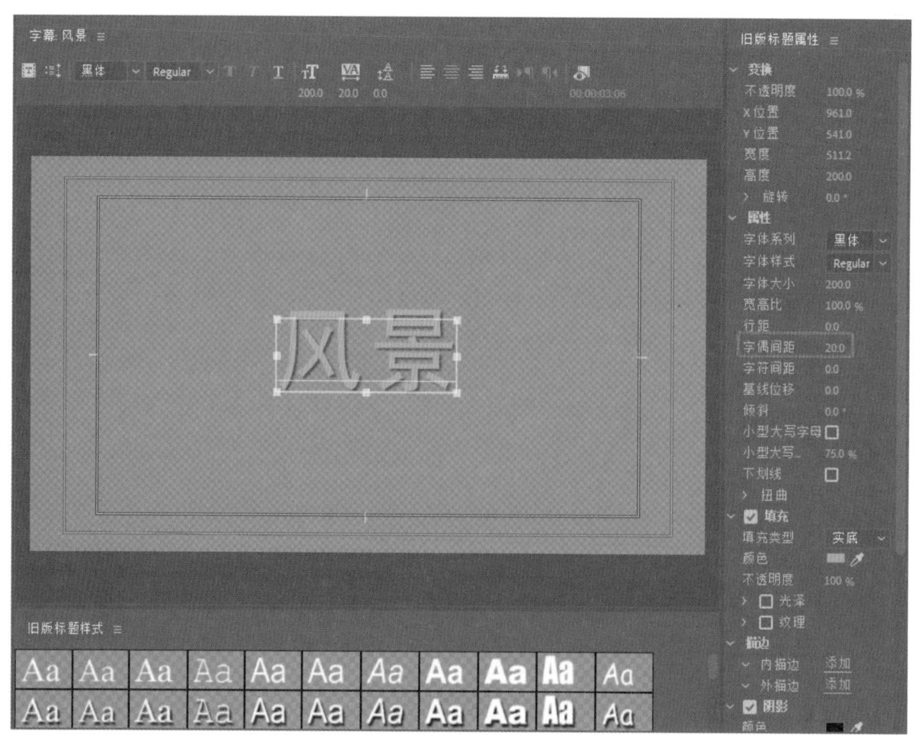

图7-94

④ 将“风景”字幕素材拖至V3轨道上，将“3.PNG”素材拖至V2轨道上，为“3.PNG”素材添加“轨道遮罩键”效果，如图7-95所示。

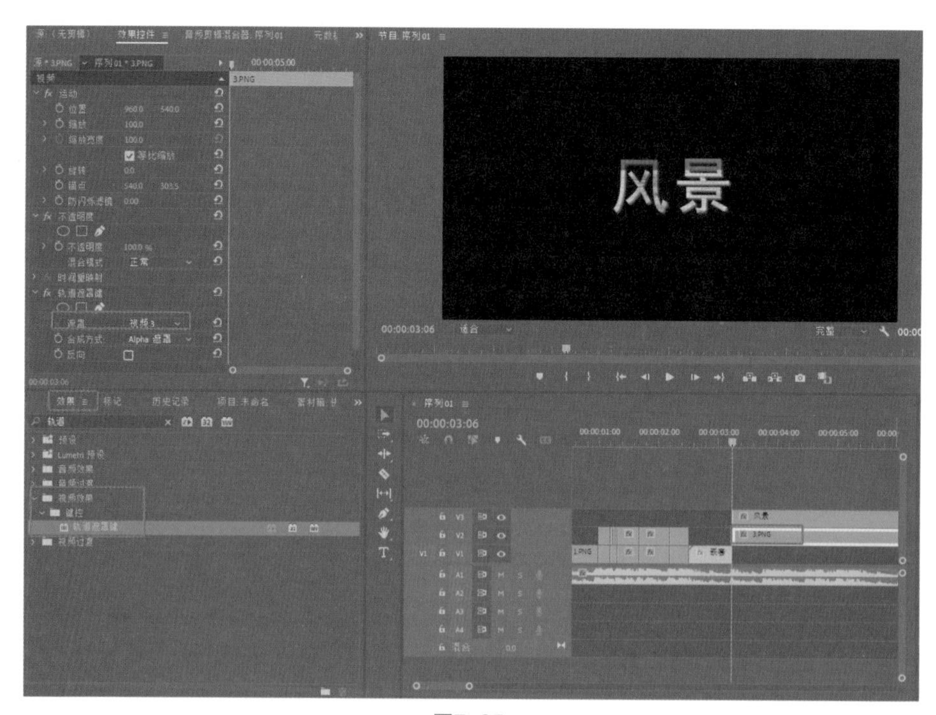

图7-95

⑤ 在V1轨道上放置“白色”素材，结束时间为第3秒第11帧，如图7-96所示。

⑥ 双击“项目”面板中“快闪文字”文件夹中的“风景”字幕素材，在弹出的“字幕”面板中单击“基于当前字幕新建字幕”按钮，在弹出的“新建字幕”对话框中将“名称”更改为“风景2”，单击“确定”按钮，如图7-97所示。

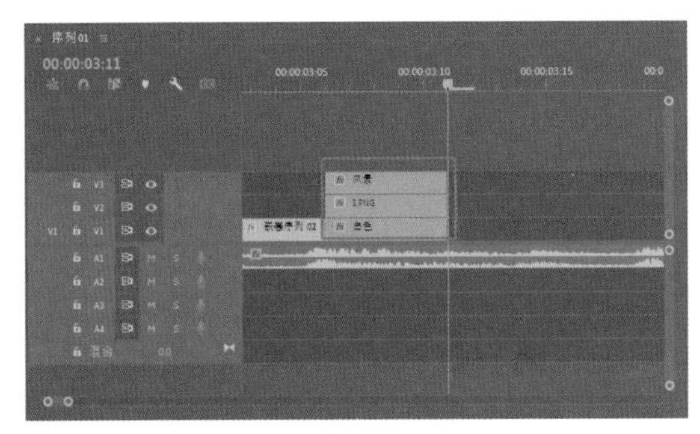
图7-96

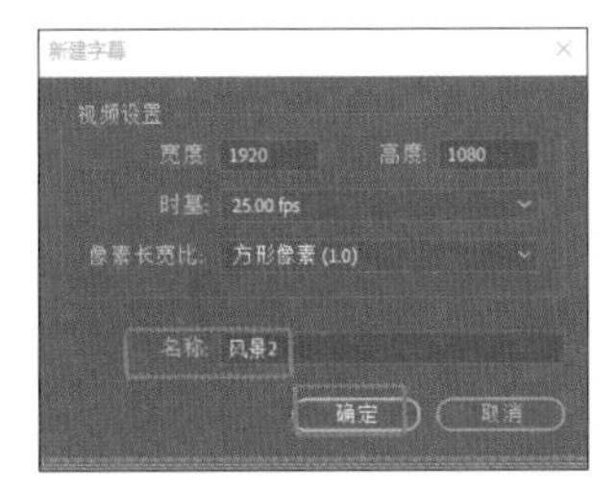

图7-97

7 将“颜色”更改为白色，如图7-98所示。

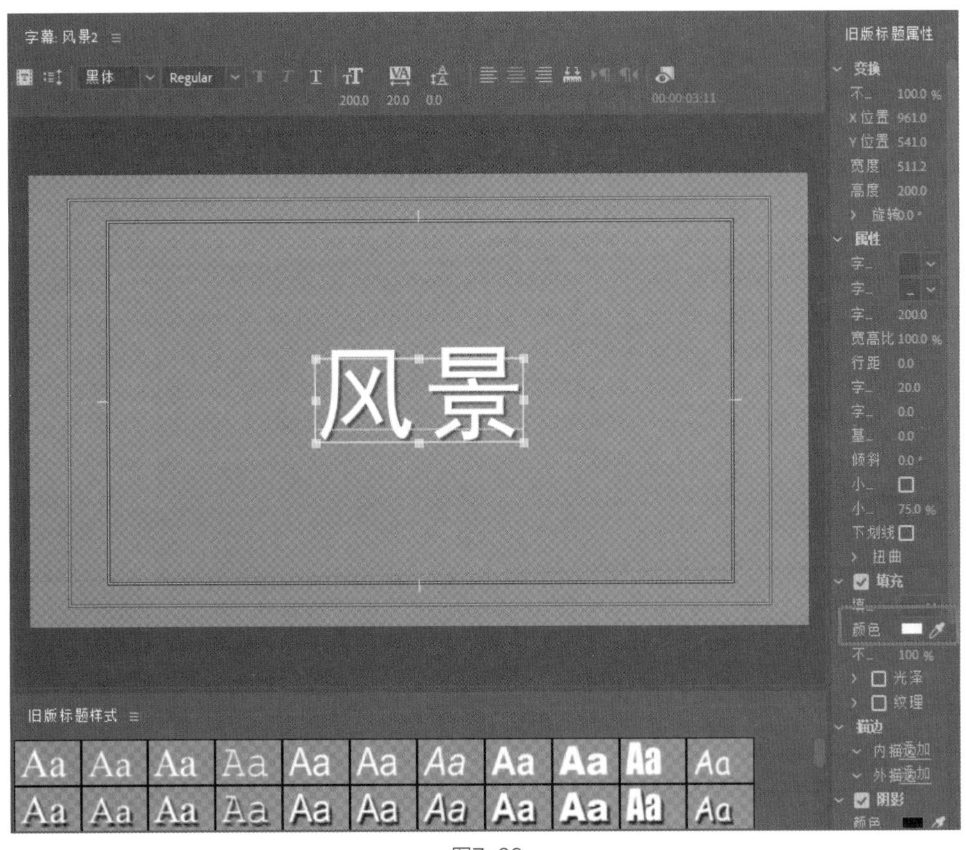

图7-98

8 将“风景2”字幕素材拖至V2轨道上，将“4.PNG”素材拖至V1轨道上，同时选中“风景2”字幕素材和“4.PNG”素材，单击鼠标右键，在弹出的快捷菜单中选择“嵌套”命令，对它们进行嵌套处理，效果如图7-99所示，将嵌套素材放置在“快闪序列”文件夹中。

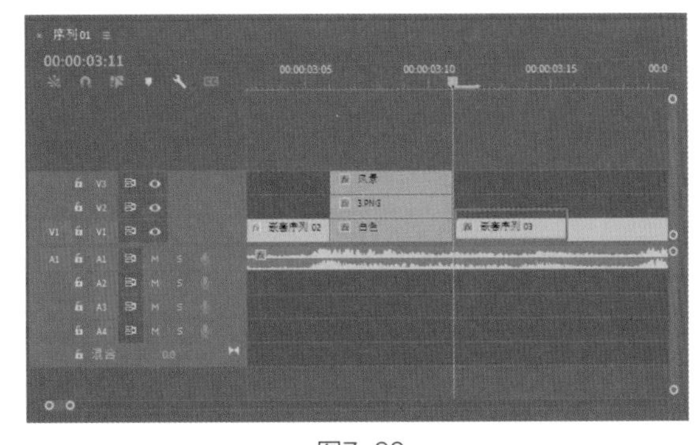
图7-99

9 将时间指示器移至嵌套素材的开始位置，打开“效果控件”面板，单击“缩放”左侧的“切换动画”按钮，制作缩放动画，如图7-100所示。这一部分的结束时间为第3秒15帧，将嵌套素材放置在“快闪序列”中。

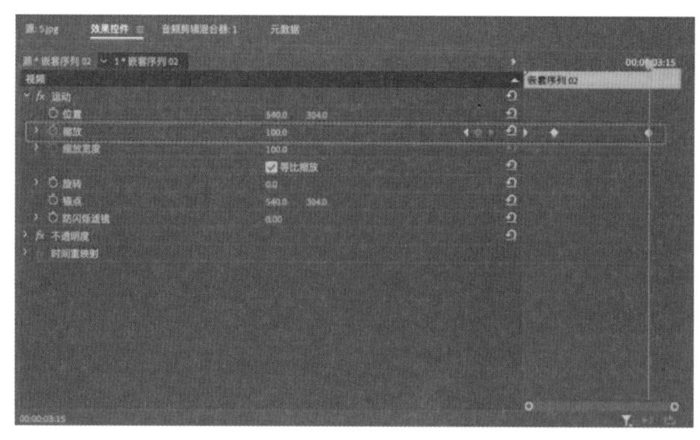

图7-100

7. 制作“在路上”遮罩动画

① 按照制作“风景”缩放动画的方法制作“在路上”字幕素材的缩放动画，并在“时间轴”面板中调整素材“在路上”“5.JPG”“白色”的位置，注意调整图片大小。单击鼠标右键，在弹出的快捷菜单中选择“缩放为帧大小”命令，这一部分的结束时间为第3秒21帧，素材的排列顺序如图7-101所示。

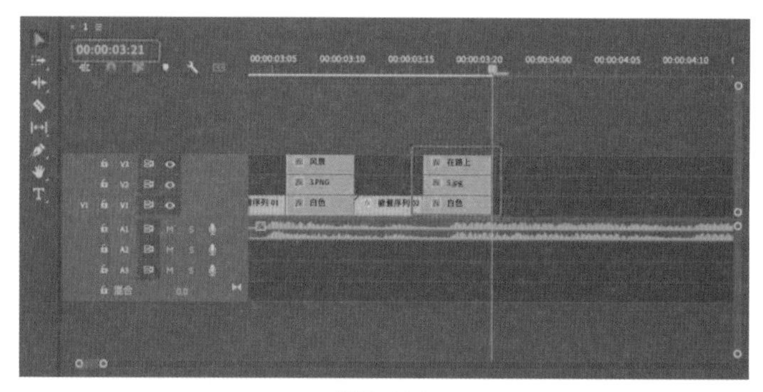

图7-101

② 对“在路上”素材、“5.JPG”素材、“白色”素材进行嵌套处理，为“5.JPG”素材添加“轨道遮罩键”效果，如图7-102所示。将嵌套素材放置在“快闪序列”文件夹中。

图7-102

③ 按照制作“风景2”缩放动画的方法，将素材“在路上”“6.JPG”拖至“时间轴”面板中，如图7-103所示。

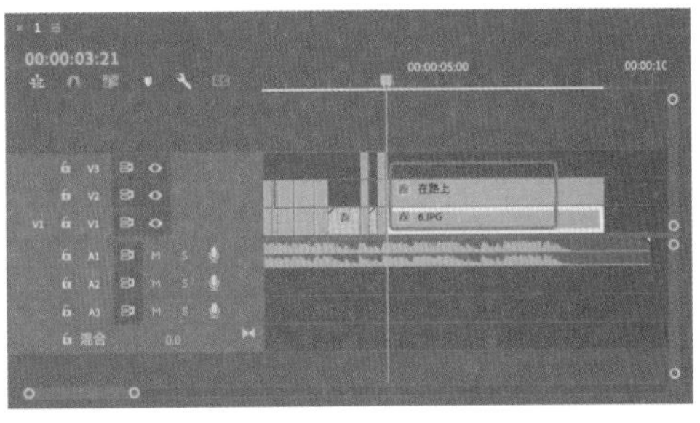
图7-103

④ 同时选中素材“在路上”“6.JPG”，单击鼠标右键，在弹出的快捷菜单中选择“嵌套”命令，对它们进行嵌套处理，制作缩放动画，这一部分的结束时间为第4秒3帧，如图7-104所示。将嵌套素材放置在“快闪序列”文件夹中。

⑤ 按照制作“风景”缩放动画的方法制作遮罩动画效果。在V1轨道中放置“黑色”素材，在V2轨道中放置“7.JPG”素材，在V3轨道中放置“在路上2”字幕素材，为“7.JPG”素材添加“轨道遮罩键”效果，并设置“遮罩”为“视频3”，这一部分的结束时间为第4秒7帧，如图7-105所示。

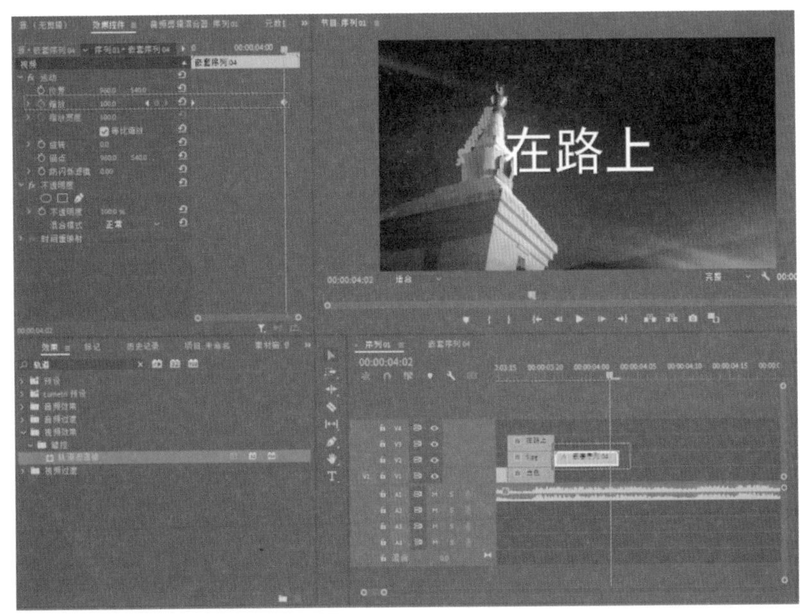

图7-104

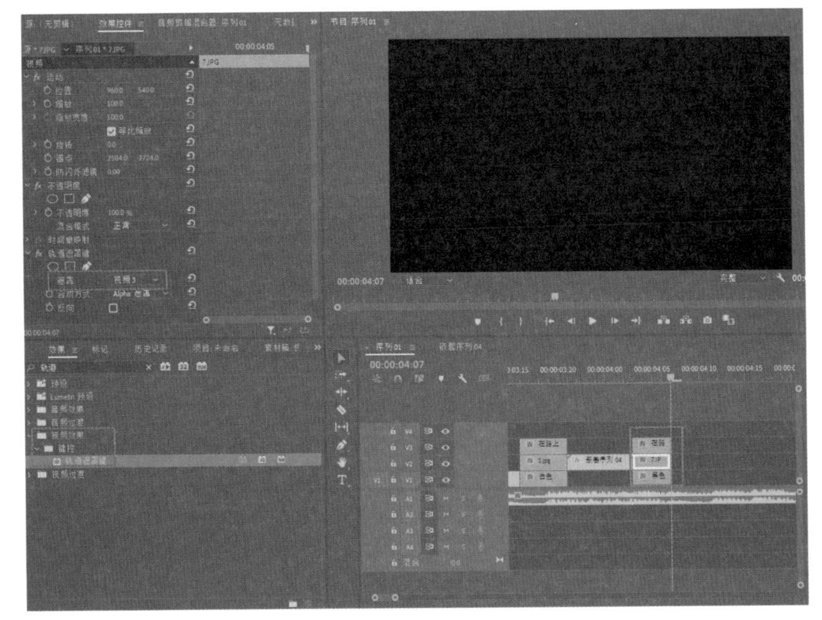
图7-105

8. 制作“没看清”缩放动画

❶ 双击“项目”面板中“快闪文字”文件夹中的“在路上”字幕素材，在弹出的“字幕”面板中单击“基于当前字幕新建字幕”按钮，在弹出的“新建字幕”对话框中将“名称”更改为“没看清”，单击“确定”按钮，如图7-106所示。

❷ 将文字“在路上”更改为“没看清”，效果如图7-107所示。

图7-106

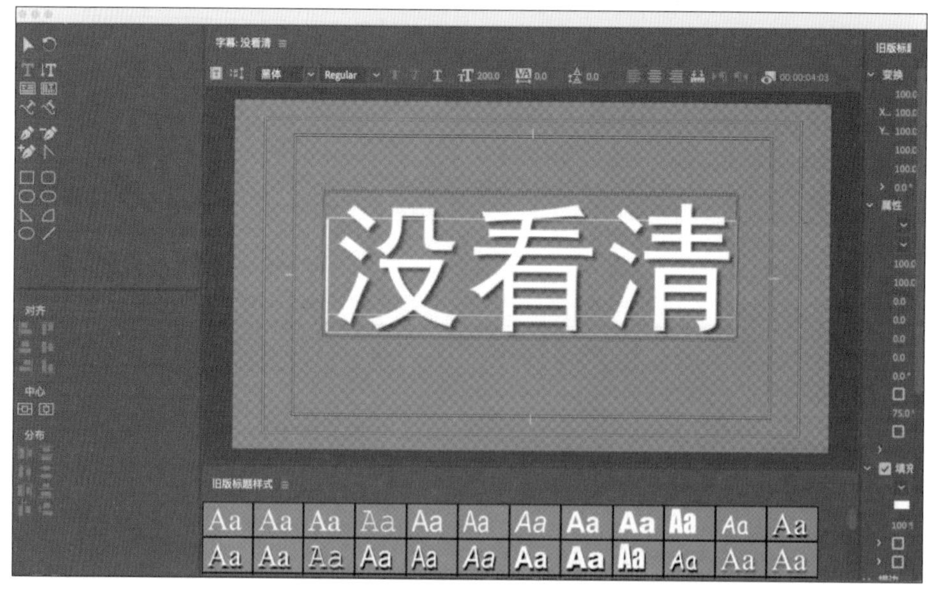

图7-107

❸ 将“没看清”素材和“黑色”素材拖至“时间轴”面板中，这一部分的结束时间为第4秒14帧，如图7-108所示。

❹ 为字幕素材“在路上”制作缩放动画。选择字幕素材，将时间指示器移至素材开始的位置，打开“效果控件”面板，单击“缩放”左侧的“切换动画”按钮，设置“缩放”为120.0；将时间指示器向后移动3帧，设置“缩放”为110.0；将时间指示器向后移动3帧，设置“缩放”为100.0；再将时间指示器向后移动3帧，设置“缩放”为90.0，制作缩放动画，效果如图7-109所示。

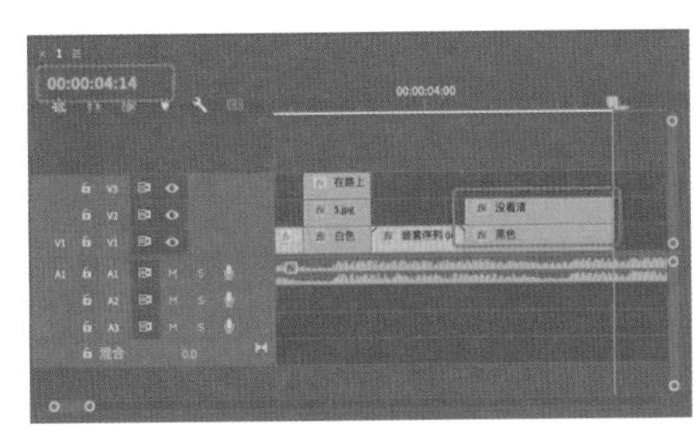

图7-108

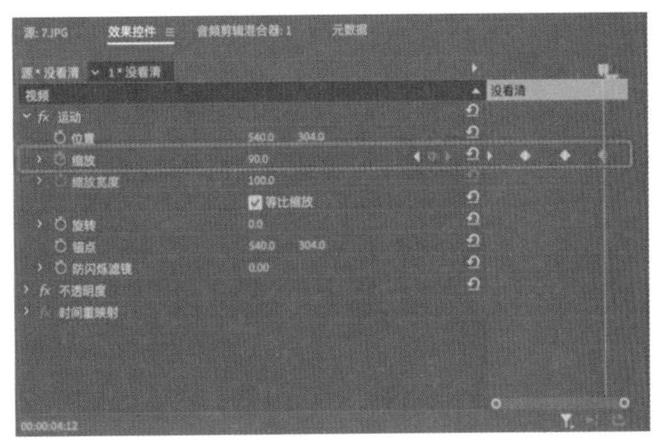

图7-109

9. 制作“旅”缩放动画

❶ 双击“项目”面板中“快闪文字”文件夹中的“没看清”字幕素材，在弹出的“字幕”面板中单击“基于当前字幕新建字幕”按钮，在弹出的“新建字幕”对话框中将“名称”更改为“旅”，单击“确定”按钮，如图7-110所示。

图7-110

❷ 将“颜色”设置为黑色，单击“水平居中”按钮和“垂直居中”按钮，如图7-111所示。

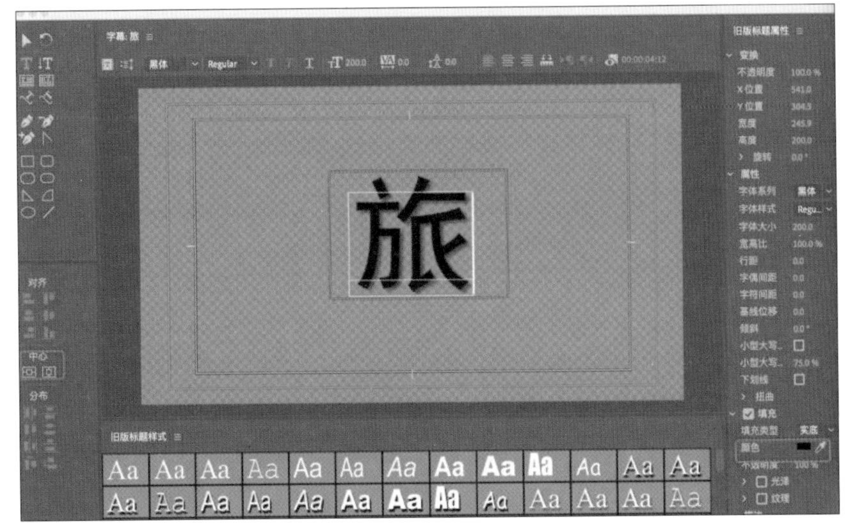

图7-111

3 将“旅”素材和“白色”素材拖至“时间轴”面板中，这一部分的结束时间为第4秒21帧，如图7-112所示。

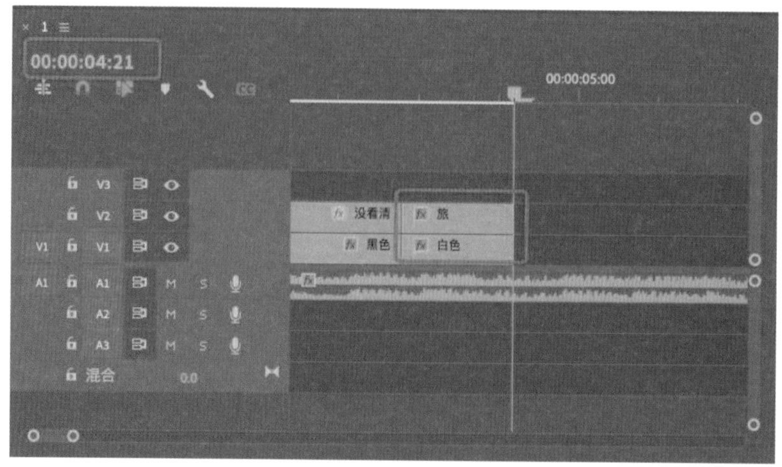

图7-112

4 为字幕素材“旅”制作缩放动画。选择字幕素材，将时间指示器移至素材开始的位置，打开“效果控件”面板，单击“缩放”左侧的“切换动画”按钮，设置“缩放”为120.0；将时间指示器向后移动3帧，设置“缩放”为110.0；再将时间指示器向后移动3帧，设置“缩放”为100.0，制作缩放动画，效果如图7-113所示。

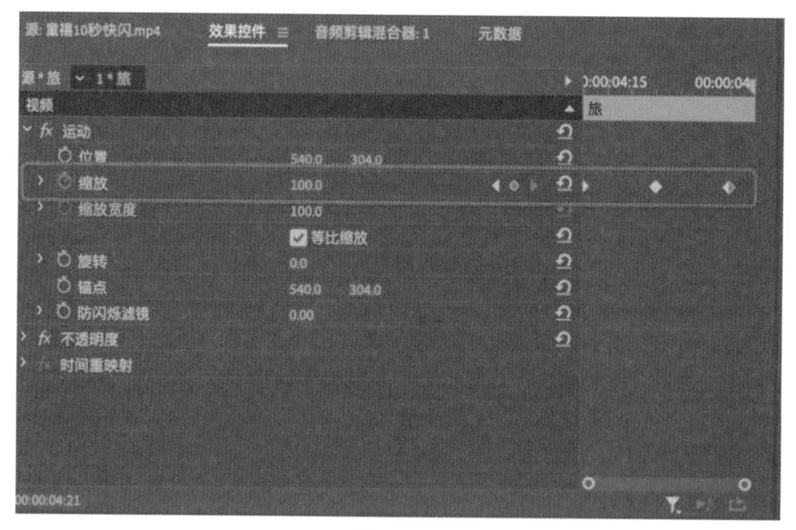

图7-113

10. 添加“行”字幕素材

1 双击“项目”面板中“快闪文字”文件夹中的“旅”字幕素材，在弹出的“字幕”面板中单击“基于当前字幕新建字幕”按钮，在弹出的“新建字幕”对话框中将“名称”更改为“行”，单击“确定”按钮，如图7-114所示。

2 将“颜色”设置为黄色，如图7-115所示。

3 将字幕素材“行”拖至“时间轴”面板的V1轨道上，这一部分的结束时间为第5秒2帧，如图7-116所示。

图7-114

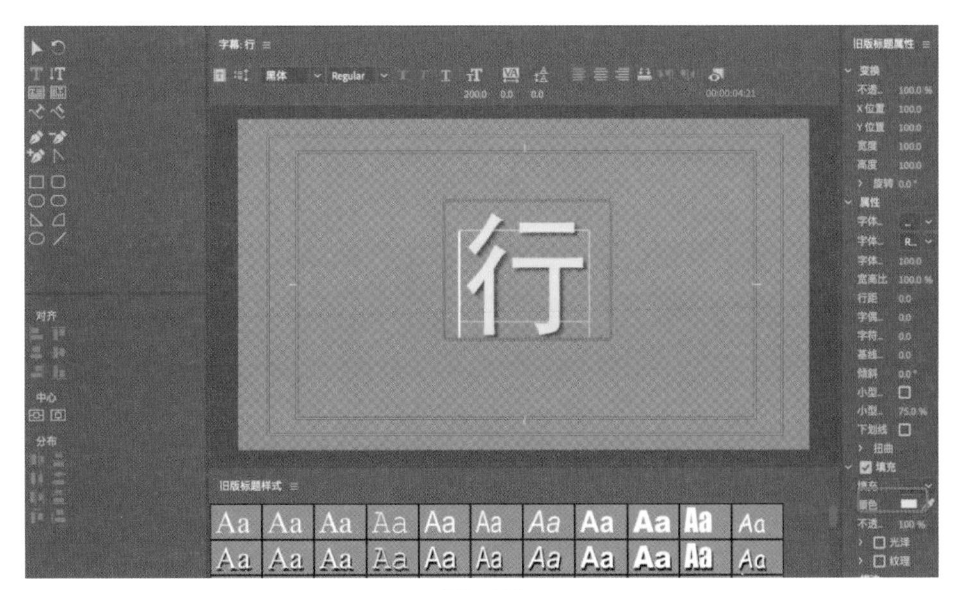

图7-115

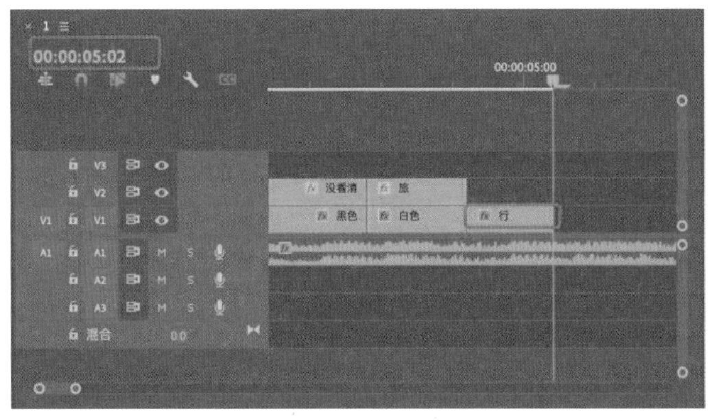

图7-116

11. 制作“风景”遮罩动画

❶ 双击“项目”面板中“快闪文字”文件夹中的“行”字幕素材，在弹出的“字幕”面板中单击“基于当前字幕新建字幕”按钮，在弹出的“新建字幕”对话框中将“名称”更改为“风景3”，单击“确定”按钮，如图7-117所示。

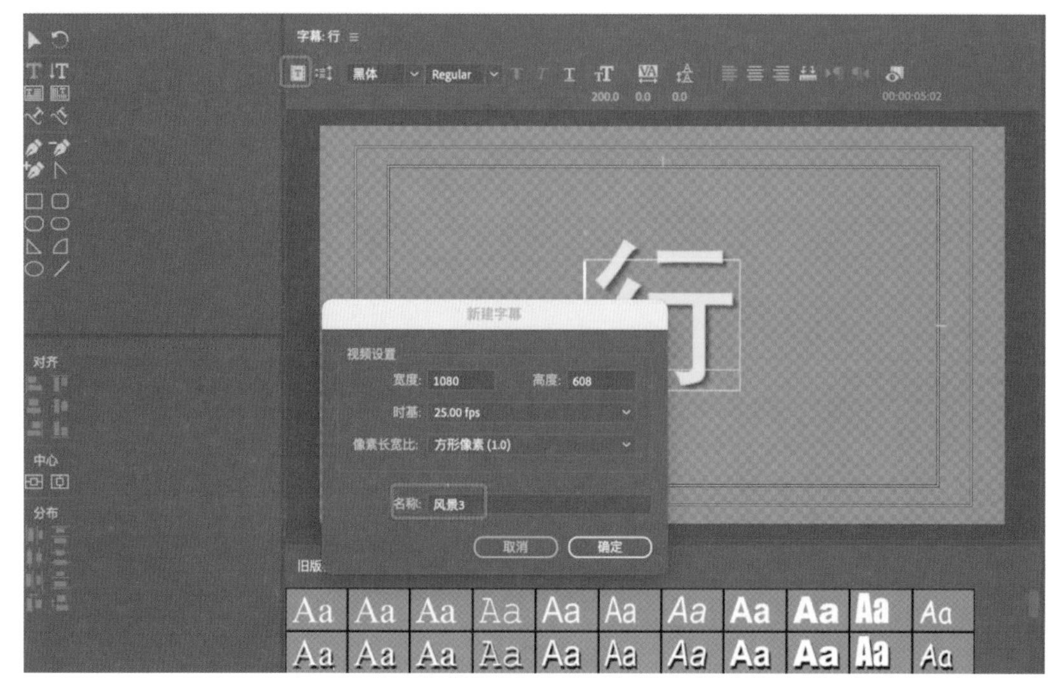

图7-117

❷ 将“颜色”设置为白色，单击“水平居中”按钮和“垂直居中”按钮，如图7-118所示。

图7-118

❸ 将字幕素材“风景3”拖至“时间轴”面板上，这一部分的结束时间为第5秒10帧，如图7-119所示。

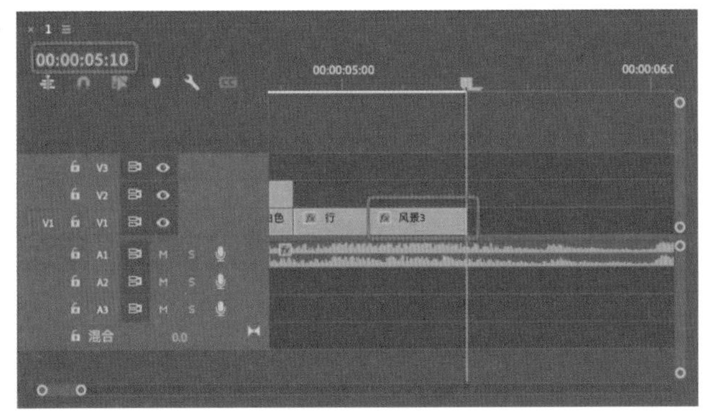

图7-119

4 为字幕素材“风景3”制作缩放动画。选择字幕素材，将时间指示器移至素材开始的位置，打开“效果控件”面板，单击“缩放”左侧的“切换动画”按钮，设置“缩放”为120.0；将时间指示器向后移动3帧，设置“缩放”为110.0；再将时间指示器向后移动3帧，设置“缩放”为100.0，制作缩放动画，效果如图7-120所示。

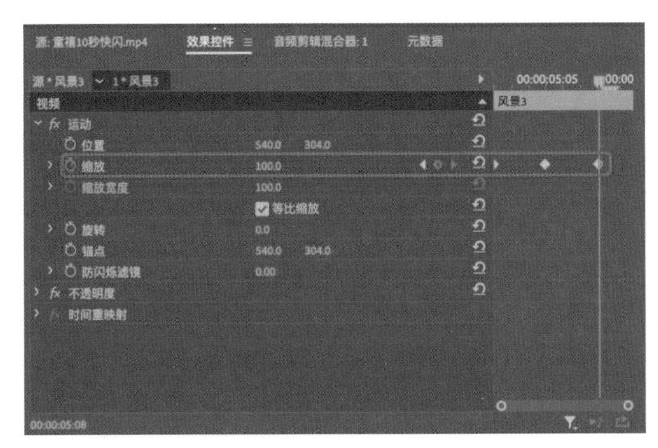

图7-120

5 将字幕素材“风景3”拖至“时间轴”面板的V3轨道上，将“2.PNG”素材拖至“时间轴”面板的V2轨道上，将“白色”素材拖至“时间轴”面板的V1轨道上，这一部分的结束时间为第5秒15帧，如图7-121所示。

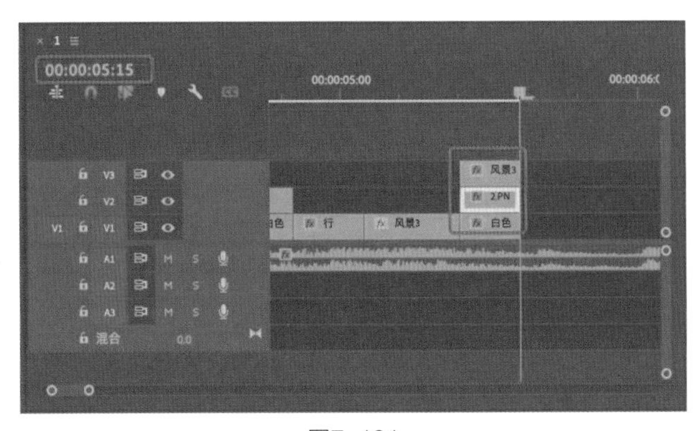

图7-121

6 为“2.PNG”素材添加“轨道遮罩键”效果，并在“效果控件”面板设置“遮罩”为“视频3”，如图7-122所示。

7 制作缩放动画。选择“风景3”“2.PNG”“白色”3个素材，对它们进行嵌套处理，并将嵌套素材放置于“快闪序列”文件夹。选择嵌套素材，将时间指示器移至素材开始的位置，打开“效果控件”面板，单击“缩放”左侧的“切换动画”按钮，设置“缩放”为120.0；将时间指示器向后移动2帧，设置“缩放”为110.0；再将时间指示器向后移动2帧，设置“缩放”为100.0，制作缩放动画，效果如图7-123所示。

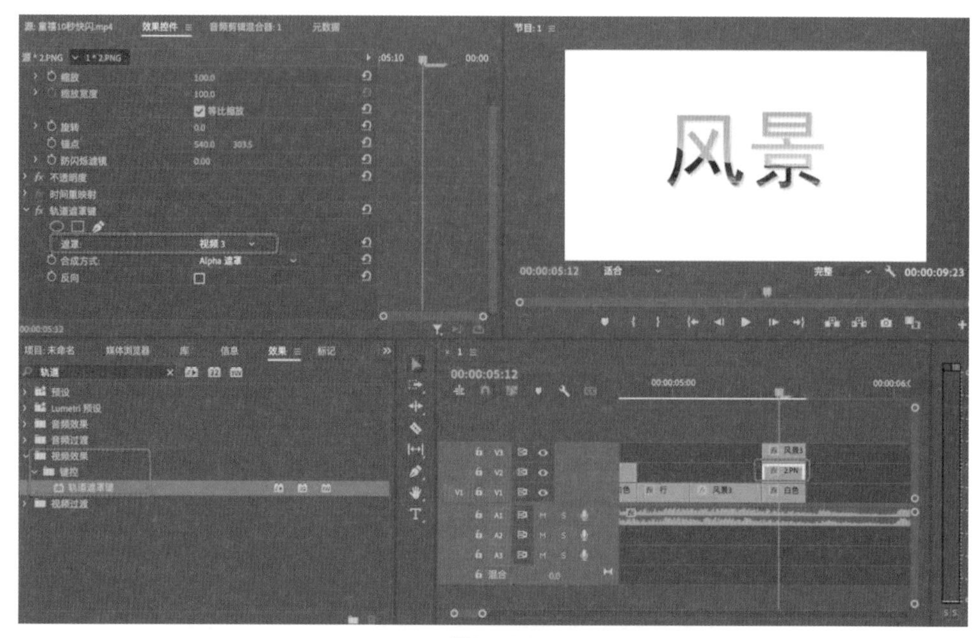

图7-122

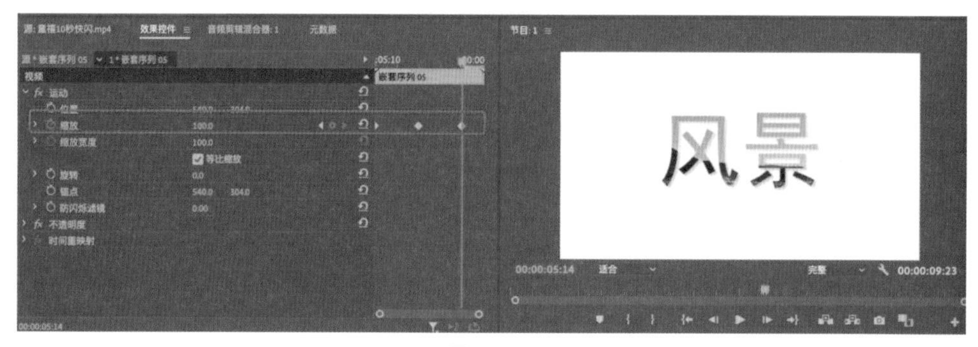

图7-123

⑧ 将字幕素材“风景3”拖至“时间轴”面板的V2轨道上，将“3.PNG”素材拖至“时间轴”面板的V1轨道上，这一部分的结束时间为第5秒24帧，如图7-124所示。

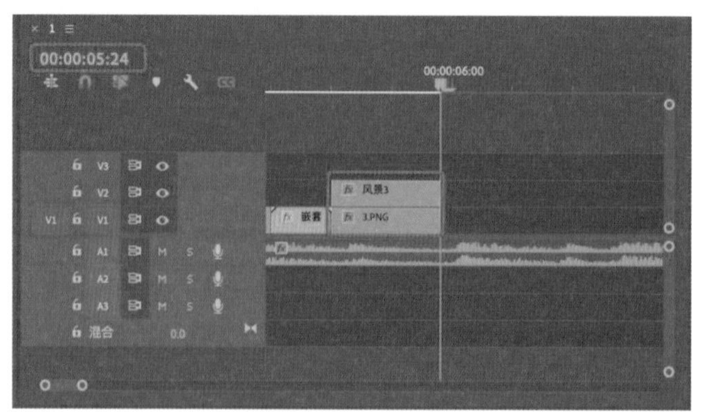

图7-124

⑨ 制作缩放动画。选择“风景3”“3.PNG”两个素材，对它们进行嵌套处理，并将嵌套素材放置于“快闪序列”文件夹。选择嵌套素材，将时间指示器移至素材开始的位置，打开“效果控件”面板，单击“缩放”左侧的“切换动画”按钮，设置“缩放”为120.0；将时间指示器向后移动3帧，设置“缩放”为110.0；再将时间指示器向后移动3帧，“缩放”为100.0，制作缩放动画，效果如图7-125所示。

图7-125

12. 制作“在路上”遮罩动画

① 双击“项目”面板中“快闪文字”文件夹中的“在路上”字幕素材，在弹出的“字幕”面板中单击“基于当前字幕新建字幕”按钮，在弹出的“新建字幕”对话框中将“名称”更改为“在路上2”，单击“确定”按钮，如图7-126所示。

图7-126

② 将“颜色”设置为黄色，如图7-127所示。

③ 将字幕素材“在路上2”拖至“时间轴”面板的V1轨道上，这一部分的结束时间为第6秒7帧，如图7-128所示。

④ 制作缩放动画。选择“在路上2”素材，将时间指示器移至素材开始的位置，打开“效果控件”面板，单击“缩放”左侧的“切换动画”按钮，设置“缩放”为100.0；将时间指示器向后移动3帧，设置“缩放”为110.0；再将时间指示器向后移动3帧，设置“缩放”为120.0，制作缩放动画，效果如图7-129所示。

图7-127

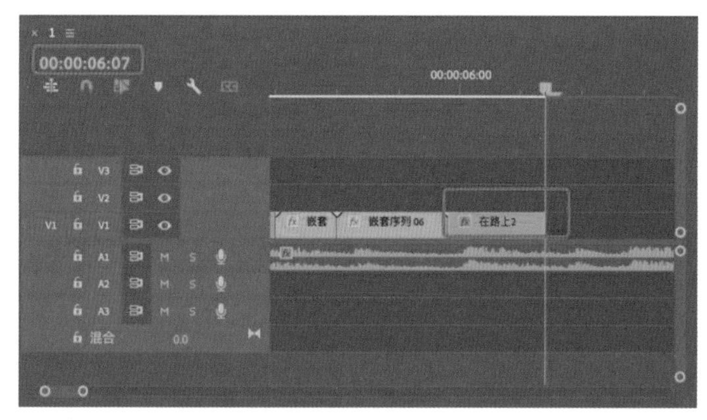

图7-128

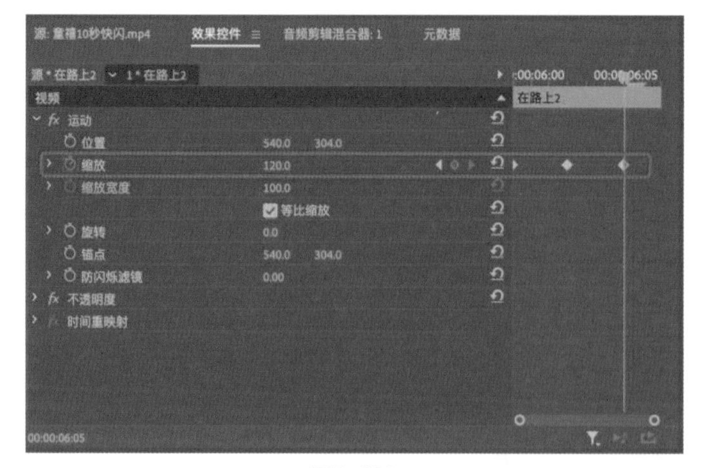

图7-129

5 将“在路上”素材、“4.PNG”素材、“白色”素材分别拖至“时间轴”面板上，这一部分的结束时间为第6秒16帧，如图7-130所示。

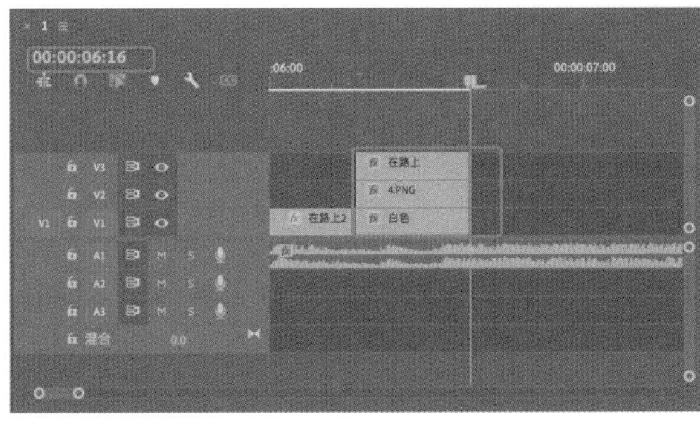

图7-130

❻ 为“4.PNG”素材添加“轨道遮罩键”效果，并在“效果控件”面板中将“遮罩”设置为“视频3”，如图7-131所示。

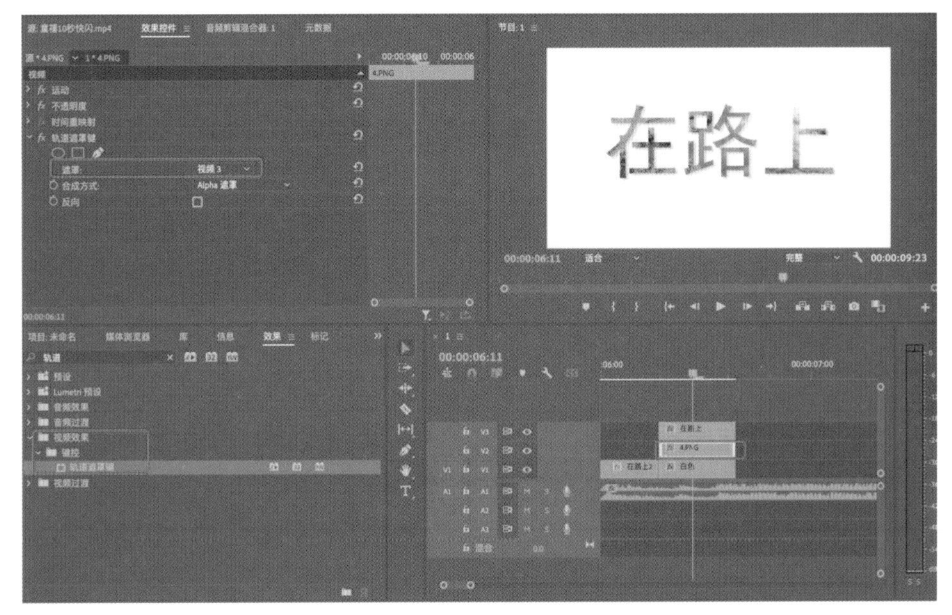

图7-131

❼ 制作缩放动画。选择“在路上”“4.PNG”“白色”3个素材，对它们进行嵌套处理，并将嵌套素材放置于“快闪序列”文件夹中。选择嵌套素材，将时间指示器移至素材开始的位置，打开“效果控件”面板，单击“缩放”左侧的“切换动画”按钮，设置“缩放”为130.0；将时间指示器向后移动3帧，设置“缩放”为120.0；将时间指示器向后移动3帧，设置“缩放”为110.0；接着将时间指示器向后移动2帧，设置“缩放”为100.0，制作缩放动画，效果如图7-132所示。

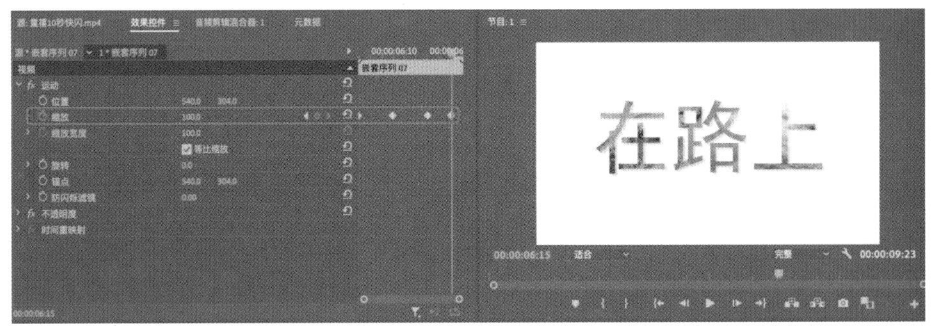

图7-132

⑧ 将素材“1.PNG”拖至V1轨道上，并将“1.PNG”素材与音乐素材的结束时间都设置为第7秒15帧，如图7-133所示。

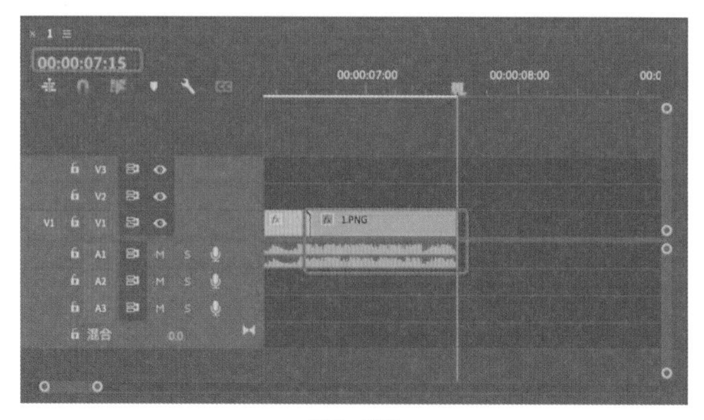

图7-133

⑨ 添加关键帧，为视频素材和音频素材制作淡出效果，如图7-134所示。

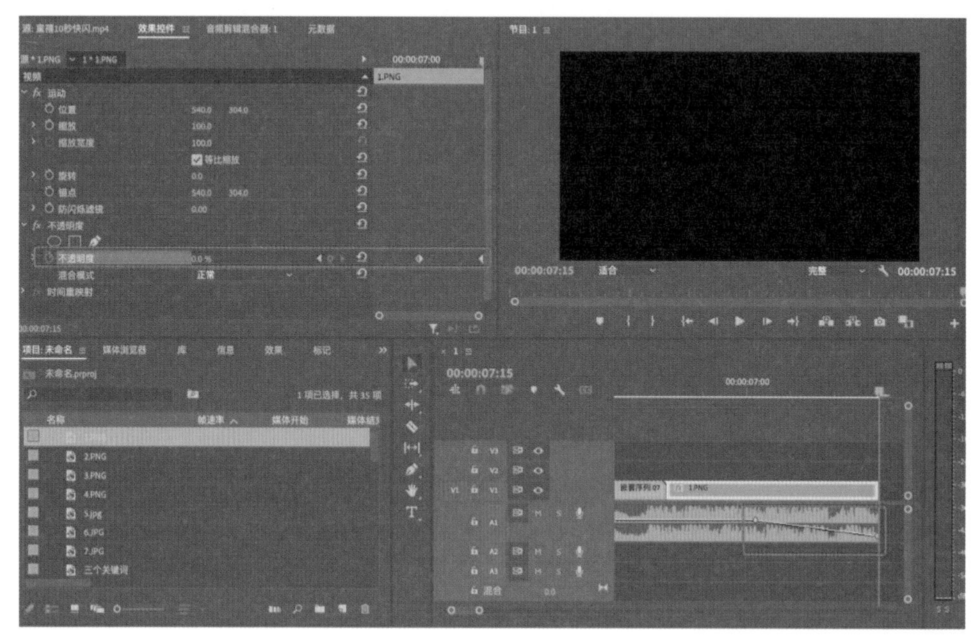

图7-134